丨广西乡村分类研究丛书丨

周 游 主编

基于“沙漏法”技术的广西乡村分类

雷 征 周 游 游裔芳 褚 震 著

中国建筑工业出版社

图书在版编目（CIP）数据

基于“沙漏法”技术的广西乡村分类 / 雷征等著. 北京：中国建筑工业出版社，2025. 2. --（广西乡村分类研究丛书）. --ISBN 978-7-112-30775-3

I. TU982. 296. 7

中国国家版本馆CIP数据核字第20259SY557号

基金项目：

国家自然科学基金：广西多民族乡村“分区-类型-潜力”多层级分类体系研究（批准号：52268007）

广西自然科学基金：基于评价筛选机制下南宁市乡村空间分类方法研究（批准号：2023GXNSFBA026351）

责任编辑：唐　旭

文字编辑：孙　硕

书籍设计：锋尚设计

责任校对：张惠雯

广西乡村分类研究丛书

周　游　主编

基于“沙漏法”技术的广西乡村分类

雷　征　周　游　游裔芳　褚　震　著

*

中国建筑工业出版社出版、发行（北京海淀三里河路9号）

各地新华书店、建筑书店经销

北京锋尚制版有限公司制版

建工社（河北）印刷有限公司印刷

*

开本：787毫米×1092毫米　1/16　印张：14　字数：321千字

2025年2月第一版　2025年2月第一次印刷

定价：**63.00**元

ISBN 978-7-112-30775-3

（43982）

如有内容及印装质量问题，请与本社读者服务中心联系

电话：（010）58337283　QQ：2885381756

（地址：北京海淀三里河路9号中国建筑工业出版社604室　邮政编码：100037）

“广西乡村分类研究丛书”编委会

总序

乡村是相对于城市而言的区域性概念，是以从事农业活动为主要生活来源、人口较分散、建设密度低的区域。乡村自古至今都是国家的重要组成部分。在我国，乡村更是中华民族赖以生存的根基。我国的乡村发展与管理源于古代社会，古代传统社会的历代统治者都非常重视乡村治理，但受封建社会乡村治理思想和生产力限制，乡村以农耕为主，生产工具落后，生产方式单一，农民生活贫困。乡村发展历程追溯到1949年新中国成立之初，我国的乡村经济和社会发展仍相对滞后，为改变乡村发展的落后面貌，政府实施了一系列推动乡村改革与发展的政策措施。20世纪50~60年代实施土地改革和农业互作化，70年代初实行人民公社化运动，1978年实行家庭联产承包责任制，90年代开始推进乡村工业化、农业现代化和城镇化发展。经过探索与改革发展，我国乡村发生了翻天覆地的变化，农业生产力大幅提升，农民收入翻倍增加，村民生活环境与生活质量明显改善，乡村设施建设和教育、医疗等社会事业发展成果斐然。但随着改革开放后城镇化进程的持续推进，乡村人口不断减少，乡村的“空心化”“老龄化”问题日益突出，乡村衰退问题不容忽视。在决胜全面建成小康社会和实现中华民族伟大复兴中国梦的关键历史时刻，党和国家领导人着眼于社会主义现代化建设事业发展全局，决定全面实施乡村振兴战略。

乡村振兴，规划先行。乡村振兴战略的实施对村庄规划赋予了更高的责任与使命。分类型、高质量地编制村庄规划，统筹安排各类资源，补齐乡村发展短板，是实现乡村振兴的关键一步。国家自上而下对乡村分类规划、分类发展提出了具体要求；2018年1月中共中央 国务院发布的《中共中央 国务院关于实施乡村振兴战略的意见》提出，要坚持因地制宜、循序渐进的原则，科学把握乡村的差异性和发展走势分化特征，做好顶层设计，注重规划先行、突出重点、分类施策、典型引路；2018年6月中共中央、国务院印发的《乡村振兴战略规划（2018-2022年）》提出，分类推进乡村发展，顺应村庄发展规律和演变趋势，根据不同村庄的发展现状、区位条件、资源禀赋等，按照集聚提升、融入城镇、特色保护、搬迁撤并的思路，分类推进乡村振兴，不搞一刀切；2019年1月中央农办、农业农村部、自然资源部、国家发展改革委和财政部五部门印发的《关于统筹推进村庄规划工作的意见》，提出要合理划分县域村庄类型，把乡村划分为集聚提升类、城郊融合类、特色保护类、搬迁撤并类和其他类，统筹考虑县域产业发展、基础设施建设和公共服务配置，引导人口向乡镇所在地、产业发展集聚区集中，引导公共设施优先向集聚提升类、特色保护类、城郊融合类村庄配套；2019年6月自然资源部办公厅印发实施的《关于加强村庄规划 促进乡村振兴的通知》确定了村庄规划的法定地位和作用，即村庄规划是法定规划，是国土空间规划体系中乡村地区的详细规划，是开展国土空间开发保护活动、实施国土空间用途管制、核发乡村建设项目规划许可、进行各项建设的法定依据。乡村分类规划、分类发展是党和国家对于各地实施乡村振兴战略确定的基本原则和关键要求，也是平衡乡村资源配置、缩小不同类型乡村差异、促进城乡融合发展、实现乡村全面振兴的迫切需要。

乡村是由自然、生态、社会、经济、人口等多种要素组合形成的复杂系统。乡村的复杂性和多样性决定了乡村分类研究是一项挑战性强的技术工作，乡村类型划分成为交叉学科领域中的重要议题。自20世纪70年代英国掀起乡村分类研究的序幕后，国内外学者在乡村分类研究领域做出了大量探索，针对不同研究区域在分类思路、技术方法、类型划分等方面形成了丰富的研究成果。从分类目的上看，国外将研究重点放在指导乡村规划与政策管理上，而我国则将研究重点放在乡村社会经济活动的地域分异规律上，对于指导规划管理的方向较少涉及。从分类技术方法上看，国外有成熟的适用于政府管理的技术方法，多考虑乡村的发展与变化情况，我国则以研究目前乡村现状与特征为主，技术方法与政策衔接较少，较少预测乡村未来发展以及乡村与城市的关系等区域问题。从分类尺度上看，国外已形成多地理尺度的分类体系，在我国则缺乏系统研究，研究尺度单一。根据目前我国实践工作及研究现状，乡村分类需要攻克的问题有如下方面：一是理论问题。目前实践中的困境揭示了其理论认识中的不足，以往的地理学、社会学和城乡规划学中研究的乡村分类理论不尽适用于乡村振兴新形势，理论研究薄弱，急需建立乡村分类的相关理论基础。二是技术问题。目前乡村分类方法体系不完善，针对乡村精细化管理工作的要求，需要建构地域性乡村分类体系，并解决几大问题：①现有技术方法缺乏对乡村动态演变过程中多样化发展类型和差异化特征的分析识别，不能准确识别乡村类型；②现有乡村分类等级结构体系混乱，各层级分类单元不清晰；③现有技术方法与政策、管理衔接较弱，分类结果不适用于治理。为进一步提升乡村分类研究方法，克服现实困难，形成适用性、科学性强的乡村分类体系，支撑广西低成本实用性简易型村庄规划编制和规划实施管理，提供全面实用的乡村差异化治理措施的建议，本丛书研究团队围绕乡村开启了长期深入的调研、探索和总结工作，形成了系列研究成果。

丛书计划出版《基于“沙漏法”技术的广西乡村分类》《自然聚落分类方法的构建和实证研究》《政府治理视角下村庄分类治理的新方向》《乡村规划分类编制的成果形式与内容研究》《多层级乡村分类理论框架研究》，这五本书分别从“创新分类技术”“探索空间尺度”“衔接政府治理”“分类编制规划”“建构分类体系”的不同视角对广西乡村分类进行多角度的深入研究。本书是丛书第一本，着眼于现有技术方法缺失对乡村动态演变过程中多样化发展类型和差异化特征的分析识别，不能准确识别乡村类型，继而进行技术上的创新；第二本自然聚落分类方法的研究，拟论证空间尺度层级的不同对分类的影响；第三本政府治理视角下村庄分类治理，拟聚焦现有技术方法与政策、管理衔接较弱的问题，建构分类与治理的关联性；第四本乡村规划分类编制的成果形式面向实际管理需求，基于分类的结果，构建与之相适宜的规划成果形式及内容；第五本在以上几本的基础上，拟建构广西具有地域性的乡村空间分类评价体系，指导广西的技术工作，也可作为样本向西部欠发达、多民族和边境地区进行推广和示范。本系列丛书的研究成果具有典型意义和示范作用。

十分感谢中国建筑出版传媒有限公司（中国建筑工业出版社）对出版“广西乡村分类研究丛书”的大力支持，感谢孙编辑和出版社诸位同仁的辛勤付出，预祝本系列丛书按计划顺利出版、实现既定目标。

周游

2024年6月于南宁

前言

党的十九大提出实施乡村振兴战略，党的二十大提出全面推进乡村振兴。实施乡村振兴战略是以习近平同志为核心的党中央为全面建设社会主义现代化国家作出的重大决策部署。2018年中共中央、国务院发布的《中共中央 国务院关于实施乡村振兴战略的意见》和《乡村振兴战略规划（2018-2022年）》，2019年中央农办、农业农村部、自然资源部、国家发展改革委、财政部五部门印发的《关于统筹推进村庄规划工作的意见》，均提出要针对乡村差异性，分类规划、分类施策、分类振兴。

乡村分类发展是科学有序推进乡村振兴战略的前提和基础，有利于明确乡村振兴各项任务时序，统筹安排村庄规划编制与实施，优化乡村生产生活生态空间，引导城镇基础设施和公共服务向乡村延伸，推进城乡统筹发展。在广西壮族自治区等后发达地区，存在乡村治理财政支出紧缺等问题。目前乡村仍处于动态变化之中，如何在有限的资源条件下，围绕乡村振兴的核心问题，对乡村区域进行科学合理和可实施的分类划定，是目前广西壮族自治区乡村管理中的核心问题。纵览国内外各类学者探索出的各种乡村分类方法，无论是基于类型学的定性研究，还是基于统计学的量化研究，都缺失对乡村动态演变过程中多样化发展类型和差异化特征的分析识别，且不能更准确识别乡村类型，此外现有的分类技术往往针对特定的区域，不具备普适性，很难灵活进行适应性修改。

针对技术方面的现实问题，本书采用“理论研究—技术构建—实践应用—检验反馈”的系统研究路线，通过梳理国家和广西壮族自治区对于乡村分类的政策措施，综合分析了国内外专家、学者关于乡村分类的系列研究和经验成效，批判总结了当前乡村分类存在的困境，即乡村分类技术方法不完善、乡村分类类型不统一、分类结果的技术检验环节缺失。本书创新地采用“还原论”和“突变论”作为理论支撑，提出理论假设：一是乡村特征可以拆解成多个方向的因子评价，二是差异性可以作为乡村分类筛选的核心关键点。全面系统阐述了“沙漏法”乡村分类模型体系，构建了一套定性识别核心差异、定量多维度评价、可灵活调整“滤网”、分类结果检验反馈、可指导实践应用的乡村分类模型，提出了该模型的工作流程为：确定乡村类型—实施定性沙漏法—实施定量沙漏法—检验与反馈—制定发展指引。选取广西壮族自治区首府南宁市和桂北资源县乡村开展了实证探索，通过实证技术检验“沙漏法”乡村分类模型的普适性和科学性，基于实证分类结果选择典型村庄提出差异化乡村治理措施和建议。沙漏法模型有三大创新，一是提出以构建模型方法的研究假设，丰富理论基础；二是将类型学与统计学相结合，有效地综合定量和定性两类乡村分类法的优点；三是优化改进了VCM筛选分类法，能够使自上而下的设置和自下而上的检验相结合，快速调整模型，更具有普适性。

沙漏法模型的提出对于广西壮族自治区推进乡村振兴战略、构建国土空间规划体系具有重要意义，提出的理论依据为全国深化乡村分类研究提供首创性理论借鉴，推动了乡村分类的理论研究讨论；提出的乡村分类原则和技术方法已部分运用在广西的村庄规划编制技术导则等政策文件中，获得广西壮族自治区自然资源厅以及多个市县的采纳认可，为广西开展低成本实用性简易型村庄规划编制提供分类支撑。研究成果运用和转化的社会效益明显，可为西部多民族地区乡村振兴与村庄规划管理工作提供参考和借鉴。

本书的出版得到了广西壮族自治区自然资源厅、广西壮族自治区自然资源调查监测院、广西大学等多家单位的大力支持，在编写过程中收到了市县自然资源局和村庄规划编制单位的许多宝贵修改建议，中国建筑工业出版社的孙编辑和诸位同仁在书稿的出版过程中给予了大力帮助。对以上单位和个人表示衷心地感谢。本书在写作过程中还广泛收集参阅了国内外相关领域的学术论文、会议论文、论著等，在参考文献中未能全部列出，谨致谢意和歉意。受限于作者水平和时间仓促，书中难免存在错漏和不妥之处，敬请读者予以批评指正。联络邮箱为leizheng2024@163.com。

雷征

2024年6月于南宁

目录

1

研究总论

1.1 研究背景

1.1.1 乡村振兴战略实施的基础工作

党的十九大提出实施乡村振兴战略。乡村振兴战略是以习近平同志为核心的党中央和国家领导集体，围绕新时代“三农”问题，加快农业农村现代化步伐，加快推动我国从农业大国向农业强国转变的重大战略举措。2018年中共中央、国务院印发的《乡村振兴战略规划（2018—2022年）》提出，分类推进乡村发展，顺应村庄发展规律和演变趋势，根据不同村庄的发展现状、区位条件、资源禀赋等，按照集聚提升、城郊融合、特色保护、搬迁撤并的思路，分类推进乡村振兴。乡村空间特征分析和乡村类型研究是分类有序推进乡村振兴战略的前提和基础，有利于明确乡村振兴各项任务时序，统筹安排各类资源，加快补齐乡村发展短板，优化乡村生产生活生态空间，还有利于引导城镇基础和公共服务设施向乡村延伸，推进城乡统筹发展。

不同类型乡村发展基础、特色与潜力差别较大，乡村振兴战略之所以对乡村分类做出明确要求，其初衷就是要求把握乡村差异性和发展趋势，立足各地不同的发展基础、资源禀赋、地形地貌、经济水平、产业基础、历史文化等条件，打造各具特色、不同风格的美丽乡村，夯实乡村振兴发展的根基。因此，乡村分类引导发展是深入实施乡村振兴战略的迫切需要，不但直接影响乡村发展定位与建设实施，影响有效引导乡村公共资源的科学合理分配，还对明确乡村发展方向和功能定位具有重要指导意义。对此，为落实国家关于乡村振兴战略的部署安排，各地结合实际工作需要，在国家确定的集聚提升、城郊融合、特色保护和搬迁撤并四大分类的基础上，提出了不同类型乡村的划分标准。广西结合边境地区乡村的发展需求，增加了固边兴边类乡村类型。

1.1.2 国土空间规划体系的重要组成

2019年，中共中央、国务院印发《中共中央 国务院关于建立国土空间规划体系并监督实施的若干意见》，拉开了全国各地编制国土空间规划的序幕。同年6 月，《自然资源部办公厅关于加强村庄规划 促进乡村振兴的通知》中指出：村庄规划是法定规划，是国土空间规划体系中乡村地区的详细规划，是开展国土空间开发保护活动、实施国土空间用途管制、核发乡村建设项目规划许可、进行各项建设的法定依据。2020年，《自然资源部办公厅关于进一步做好村庄规划工作的意见》中进一步指出：要充分考虑县级和乡镇级国土空间规划编制工作节奏，根据不同类型乡村发展需要，有序推进村庄规划编制。

村庄规划是“五级三类”国土空间规划体系的重要组成部分，在当前建立国土空间规划体系的关键时期，分类开展村庄规划是健全完善国土空间规划体系的要求，肩负着乡村地区国土管控与建设许可的使命。国土空间规划的每个空间层次都包含有乡村，村庄规划需要落实各个层级国土空间规划的内容。自治区级国土空间规划提出优化乡村居民点布局的纲领性要求，构建了与主体功能区相适应的农业农村空间格局，提出乡村分类的标准和规划导向，村庄规划编制时就需要考虑主体功能区的定位和分区管控。市、县级国土空间规划提出乡村分类布局的原则、减量化目标、村庄整治要求等，村庄规划编制时就需要重点落实发展定位和目标导向。乡镇级国土空间规划更是明确了不同类型村庄布局和规模管控，村庄规划编制时就需要传导落地指标管控和空间治理的具体措施。因此，在国土空间规划背景下，科学合理划分村庄类型，对因地制宜地编制实用性村庄规划，有序传导各级国土空间规划空间布局要求和管控规则，具有很强的理论价值和实践意义。

1.1.3 分类编制村庄规划的迫切需要

为切实解决乡村地区多个规划的冲突矛盾，提高村庄规划的实用性，国家明确提出要编制“多规合一”的实用性村庄规划。然而，不少已编制的村庄规划内容求全、面面俱到，成果本子很厚，实际可吸收利用的、符合村庄发展实际的关键信息却很少，导致耗费大量人力物力财力编制的规划成果只能“墙上挂挂”，村庄发展急需规划指导的难题并没有得到有效解决。而这其中最重要的原因就是村庄类型定位不准、导向不明，导致规划成果千篇一律、人云亦云、不切实际。

因此，乡村规划分类是开展实用性村庄规划编制的基础工作。只有明确乡村类型，才能更好地基于实际需求和乡村特色，编制出重点突出、针对性强、切实有用的村庄规划。比如：集聚提升类乡村编制重点是配置乡村基础设施和公共服务设施，确定农村人居环境整治项目，布局产业空间等；城郊融合类乡村重点是统筹乡村和城镇用地布局，推进基础设施共建互联和公共服务共建共享；特色保护类注重保护传统风貌格局、自然景观、历史人文要素等。

1.1.4 广西村庄规划编制的地方诉求

自2019年以来，广西严格落实中共中央国务院关于实施乡村振兴战略的重大决策部署，有序推进实用性村庄规划编制工作。截至2023年底，广西已有6000多个行政村完成村庄规划编制，为全域土地综合整治、重大交通沿线、重点生态修复区、旅游示范区等重点地区的乡村项目落地，及其基础设施建设、风貌提升、人居环境整治等工作提供了规划引领。但广西乡村基数大，目前还有近8000个行政村急需编制村庄规划，一方面规划编制任务重、时间紧、财政压力大，另一方面已编制的村庄规划在进村落地过程中凸显出成果不实用、规划内容缺少针对性、乡村类型区分不明显等问题，因此各地普遍提出了先分类、再规划、注重落地实施的村庄规划编制诉求。

2020年以来，广西壮族自治区自然资源厅及时部署了乡村分类和实用性村庄规划快速编制辅助软件开发工作，其中乡村分类是实用性村庄规划快速编制辅助软件开发的基础。乡村分类可以为地方政府统筹利用乡村地区提供参考依据，引导各地安排固边兴边类、集聚提升类、城郊融合类等有急切需求的乡村优先开展编制工作；可以为编制单位提供乡村调研和编制导向，引导乡村规划编制因地制宜、突出重点，解决当前的主要矛盾和问题；还可以借助实用性村庄规划快速编制辅助软件减少编制成本，减轻地方财政压力，为实现“花小钱、办大事”，确保村庄规划全覆盖奠定有利基础。

1.2 研究目的与意义

1.2.1 研究目的

乡村分类是村庄规划的前提和基础，如何科学划分乡村类型、制定差别化发展政策是村庄规划编制的重点。当前，国内很多地区对于乡村的分类，依据主要是五部门在《关于统筹推进村庄规划工作的意见》中提出的乡村分类法，即集聚提升类、城郊融合类、特色保护类、搬迁撤并类和其他类五种类型，但该意见对于如何进行乡村分类，缺乏明确的判别标准或分类说明。无论是国家层面的分类还是各地的分类方式，反映的都是乡村的发展趋势，目的是帮助管理部门根据乡村类型科学管理与决策，但目前在分类实施过程中却存在较大困难。各分类结果是基于不同层面的要素反映的，主要表现是：集聚提升类反映在产业经济发展和人口规模要素上；城郊融合类反映在交通区位要素上；特色保护类主要反映在特色自然与人文景观要素上；搬迁撤并类则主要反映在自然灾害与生态环境保护要素上。由于各分类反映的要素来源于不同层面，而现实中乡村情况复杂，一个乡村会集聚不同的要素，同一乡村或同一地域内乡村间的要素会相互叠加，最终造成单一的分类结果不能完全反映乡村类型特征。

基于以上乡村分类在实施中存在的问题，针对当前实用性村庄规划编制工作需要，本研究基于集聚提升、城郊融合、特色保护、固边兴边和搬迁撤并五种村庄一级分类，从资源本底、区位条件、人口活力、产业经济、村庄建设、设施配套、生态环境等多个维度，提出了乡村分类参考指标体系，建立了乡村分类模型，进一步明确了村庄二级分类类型、分类原则与方法，并选取南宁市、资源县等典型乡村进行实证分类研究。本研究提出的二级分类可以有效支撑广西实用性村庄规划快速编制软件的研发使用，提出的二级分类原则和方法可以精确指导即将大规模开展的实用性村庄规划编制工作。

1.2.2 研究意义

做好乡村分类是编制村庄规划的基本前提，是实施乡村振兴战略的基础。本研究首次在全国提出乡村分类的理论基础和“沙漏法”技术模型，引入“还原论”和“突变论”两种思维研究方式，从理论上提出乡村分类“拆分多因子评价”和“以差异性作为筛选核心关键”的两个基础理论思想，扩充了乡村分类研究领域的内涵，通过理论指导使分类技术进行革命性优化，率先从技术上改良原有定性或定量方法的局限性，提出采用“沙漏法”的新分类技术。系统性地研究并解决了广西乃至全国乡村分类实践中长期面临的乡村分类技术方法不完善、乡村分类类型不统一、分类结果的技术检验环节缺失等现实困境，创新性地提出了一套具有自适应性的、可识别乡村核心差异的、可灵活调整“滤网”的、可实现分类结果检验反馈的、可指导实践应用的“沙漏法”乡村分类模型，对完善国土空间规划体系、剖析乡村演变发展机理等方面具有重要的学术意义。

同时，本研究对加快编制实用性村庄规划，科学推进乡村振兴具有重要的现实指导意义：一是有利于及时指导村庄规划编制，传导市县级和乡镇级国土空间规划的布局要求和管控措施，促进乡村振兴战略在村级层面的有效落地；二是有利于明确乡村主体功能定位，优化乡村空间布局实现分类分区管控，有效布局乡村各类资源利用、特色产业发展、基础与公共服务设施建设、生态环境保护、土地综合整治等，促进乡村空间集约高效发展和城乡统筹协调发展；三是采取定性分析与定量评价相结合的分类方法，并从广西不同地域选取典型乡村作为研究对象，研究方法和思路可以为其他地区提供借鉴，具有实践意义；四是乡村二级分类结果和管控引导建议可以直接应用于实用性村庄规划快速编制辅助软件，用于指导广西村庄规划编制工作，具有重要的应用价值和现实意义。

1.3 概念界定

1.3.1 乡村

乡村通常是指以农业生产活动为主、农村居民生产与生活的聚集地，是社会生产力发展到特定阶段出现的具备独立性，综合自然、经济、社会等特性的地域综合体[①]。《村庄和集镇规划建设管理条例》中对村庄的定义是农村村民居住和从事各种生产的聚居点[②]。乡村的主要特点是人口较为集中，房屋成片分布，在平原、丘陵、盆地、山地等地形区均有分布。乡村囊括空间和区域范畴，能满足人们聚集和居住的各项需要。根据我国当前行政区划，乡村主要分为自然村屯和行政村。自然村屯是村民经过长时间的聚居而自然形成的村落，是村民从事农业、副业等生产生活所需的最基本的居住区。行政村是行政建制层面为方便管理而划分设立的农村基层管理单位，是我国行政区划中最基层的一级。在我国很多地区，行政村是由一个或多个自然村屯构成的边界鲜明的行政区域，也存在一个自然村屯就是一个行政村的情况。本研究所指的乡村是行政村。

① 李小建. 经济地理学（第二版）[M]. 北京：高等教育出版社，2006.

② 王德第，荣卓. 县域经济发展问题研究 [M]. 天津：南开大学出版社，2012.

1.3.2 乡村分类

《乡村振兴战略（2018—2022年）》中提出要科学把握乡村的差异性和发展走势分化特征，因势利导，分类施策。《关于统筹推进村庄规划的意见》中提出要通过研究乡村区位、人口变化和发展态势来划分乡村类型。《广西壮族自治区低成本实用性简易型村庄规划编制技术导则（试行）》指出：充分衔接市、县（市）国土空间总体规划对村庄布局和村庄分类指引要求，根据村庄区位条件、资源禀赋、基础条件和发展趋势合理归类。本研究所指的乡村分类是根据乡村发展中存在的客观差异性，在国家和自治区五个一级分类的基础上，对乡村进行细化分类研究，综合考虑乡村资源本底、区位条件、人口活力、产业经济、乡村建设、设施配套、生态环境等多个维度进行归类划分，以便于对不同类型乡村有针对性制定发展策略，进而指导乡村未来发展与规划建设。

1.3.3 村庄规划

中央农办等部门联合印发颁布的《关于统筹推进村庄规划工作的意见》和自然资源部印发的《关于加强村庄规划促进乡村振兴的通知》中明确要求编制“多规合一”实用性村庄规划。村庄规划要以一个或多个行政村为单元编制，同时要做到村域国土全覆盖。国土空间体系下的村庄规划要体现村域范围内国土空间用途的全域管控。本研究所指的村庄规划是自然资源部门主导下的，整合村在土地利用规划、村庄建设规划等乡村规划后编制的实用性村庄规划。本研究所指的村庄规划是涉及乡村的各类规划，如村庄建设规划、乡村风貌整治规划、历史文化名村保护规划、田园综合体总体规划等。

1.4 研究思路与方法

1.4.1 技术路线

本研究遵循“研究背景—现实困境—技术方法—实证研究”的技术路线：第一，基于广西壮族自治区乡村实地调研和各地村庄规划编制情况，从国家、广西壮族自治区和地方等不同层面论述课题研究的背景和意义；第二，对国家和广西壮族自治区乡村分类政策进行解读，收集国内外乡村分类的相关文献，对已有学者们对乡村空间发展、村庄规划编制和乡村分类的研究方法和技术思路进行梳理，总结分析当前乡村分类面临的现实困境；第三，在国家和广西壮族自治区确定的乡村分类政策框架范围内，借鉴学习已有乡村分类实践经验，制定乡村细化分类逻辑思路，形成以“还原论”“突变论”为理论基础的乡村分类技术方法，构建定性与定量相结合的“沙漏法”乡村分类模型，确定自上而下一级分类和二级分类相结合的乡村细化分类体系；最后，再选取广西壮族自治区首府南宁市、桂北资源县作为乡村分类实践对象，对市域和县域的行政村进行细化分类研究，南宁地处盆地，是典型的冲积平原，乡村聚落呈现多、大、快等特点，而资源县是广西典型的山地地貌，乡村聚落呈现小、散、慢等特点，可以有效检验论证乡村分类模型的适用性和科学性（图1–1）。

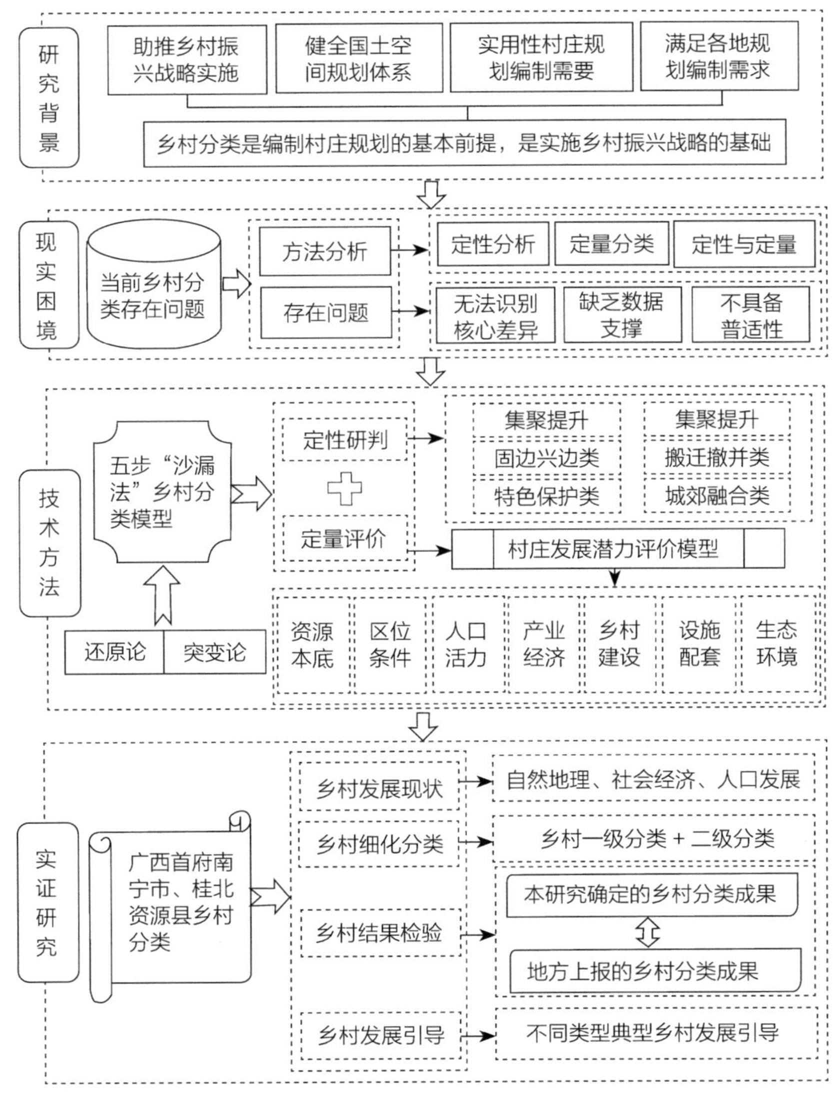

图1–1 研究技术思路

1.4.2 研究方法

1. 文献学习与实地调查相结合

汇总梳理乡村规划和分类有关的政策文件、论文著作和网络资料，归纳提炼乡村分类相关理论与方法，为本研究提供理论基础及参考依据。同时，深入乡村进行调研，采用问卷调查、座谈、访谈等方式，收集乡村现状与发展规划等相关的数据资料，为本研究的乡村发展潜力、乡村分类与建设提供数据支撑。

2．理论分析与实践验证相结合

以“突变论”“还原论”等研究方法为指导，同时基于构建的乡村分类模型，选取典型地区的乡村作为实证研究对象，验证乡村分类模型的普适性和有效性，及时修正评价指标体系和评价模型中存在的不足。

3．定性分析与定量评价相结合

先采用定性研判方法，依靠单一决定性因素从乡村库中把固边兴边类、搬迁撤并类、特色保护类和城郊融合类中的大部分有突出特色的乡村提取出来，再基于资源本底、区位条件、人口活力、产业经济、乡村建设、设施配套、生态环境等因素构建乡村分类评价模型，通过定量评价方法对集聚提升类和一般乡村进行分类。

2

乡村分类的现实困境

乡村是一个复杂系统，乡村的复杂性决定了乡村分类会面临诸多困难，破解乡村分类难题是本研究的主要目标与价值所在。2018年，国家才出台关于乡村分类的指导意见，对于如何分类没有提出具体的标准与要求，虽然学者们在实践中探索了一些技术方法，但是仍然存在乡村分类技术方法不完善、乡村分类类型不统一、乡村分类结果的技术检验环节缺失等问题，反映出乡村分类目前仍然存在现实困境，本章系统性地梳理乡村分类技术方法存在的问题，思考背后的逻辑原因。

2.1 政策文件解读

2.1.1 国家乡村分类政策

1.《乡村振兴战略规划（2018－2022年）》

2018年，由中共中央、国务院印发的《乡村振兴战略规划（2018—2022 年）》中明确提出实施乡村振兴战略要统筹城乡发展空间，优化乡村发展布局，提出把国土空间划分为生产、生活、生态的“三生”空间。该规划对乡村建设提出了新要求，强调要发扬乡村的特色，建设生态宜居的美丽乡村，传承乡村文化，合理安排乡村布局，加强乡村风貌管控，加强农房单体个性设计，防止乡村景观城市化。对于乡村分类，提出根据不同乡村的发展现状、区位条件、资源禀赋等，按照集聚提升、融入城镇、特色保护、搬迁撤并的思路，分类推进乡村振兴。

2.《关于统筹推进村庄规划工作的意见》

2019年，由中央农办、农业农村部、自然资源部、国家发展改革委、财政部五部门联合印发的《关于统筹推进村庄规划工作的意见》，是在实施乡村振兴战略下统筹推进村庄规划工作的纲领性文件，重点明确了村庄规划工作的重要性和总体要求，并对《乡村振兴战略规划（2018—2022年）》确定的四大乡村类型做了进一步阐释和补充。该意见把县域乡村类型划分为城郊融合类、集聚提升类、特色保护类、搬迁撤并类和其他类，提出对于看不准的乡村，可暂不做分类，留出足够的观察和论证时间。由此可看出，各地在实际工作中还需要根据实际情况进一步研究和丰富乡村类型（表2-1）。

乡村基本类型及定义一览表　　表 2-1

乡村类型	定义	发展引导
集聚提升类	现有规模较大的中心村	引导人口向乡镇所在地、产业发展集聚区集中，引导公共设施优先向集聚提升类、特色保护类、城郊融合类村庄配套
城郊融合类	城市近郊区以及县城城关镇所在地乡村	
特色保护类	历史文化名村、传统村落、少数民族特色村寨、特色景观旅游名村等特色资源丰富的乡村	

续表

乡村类型	定义	发展引导
搬迁拆并类	位于生存条件恶劣、生态环境脆弱、自然灾害频发等地区的村庄，因重大项目建设需要搬迁的村庄，以及人口流失特别严重的村庄，确定为搬迁撤并类村庄	充分听取村民诉求，获取村民支持
其他类	当前看不准的乡村	可暂不做分类，留出足够的观察和论证时间

（备注：根据《关于统筹推进村庄规划工作的意见》的相关内容整理汇总。）

3.《关于加强村庄规划促进乡村振兴的通知》

2019年，由自然资源部办公厅印发的《关于加强村庄规划促进乡村振兴的通知》明确村庄规划为法定规划，是国土空间规划体系中乡村地区的详细规划，是开展国土空间开发保护活动、实施国土空间用途管制、核发乡村建设项目规划许可、进行各项建设等的法定依据。该通知虽然提出力争到2020年底，结合国土空间规划编制在县域层面基本完成乡村布局工作，有条件、有需求的乡村应编尽编，但同时强调要坚持有序推进、务实规划，防止一哄而上，片面追求村庄规划快速全覆盖。同时，提出了因地制宜、分类编制的要求，要编制能用、管用、好用的实用性村庄规划，鼓励各地结合实际，合理划分乡村类型，探索符合地方实际的规划方法。

4.《关于进一步做好村庄规划工作的意见》

2020年，自然资源部针对村庄规划工作中反映的问题，在《关于加强村庄规划促进乡村振兴的通知》基础上印发了《关于进一步做好村庄规划工作的意见》。该意见指出要根据不同类型乡村发展需要，有序推进村庄规划编制，集聚提升类等建设需求量大的乡村加快编制，城郊融合类的乡村可纳入城镇控制性详细规划统筹编制，搬迁撤并类的乡村原则上不单独编制，避免脱离实际，片面追求村庄规划全覆盖。该意见对合理有序推动不同类型村庄规划编制提出了建设性意见，各地可结合实际需求，优先编制集聚提升类村庄规划。

5.《关于加强和改进乡村治理的指导意见》

2020年，由中共中央办公厅、国务院办公厅印发的《关于加强和改进乡村治理的指导意见》对加强和改进乡村治理提出了有关意见，提出了乡村治理的总体要求、主要任务和组织实施。该文件认为实现乡村有效治理是乡村振兴的重要内容，其中要求乡村治理要加强分类指导、分类落实举措。由此可见，乡村分类治理是贯彻落实的乡村振兴战略的必要措施，因此乡村分类工作需充分考虑乡村治理的有关内容，特别是乡村公共环境、配套设施治理和村庄风貌保护。

2.1.2　广西乡村分类政策

1.《广西壮族自治区村庄规划编制技术导则（试行）》

为科学有序引导村庄规划编制，引导生态宜居的美丽乡村建设，依据相关法律法规和技术规范，2019年7月，广西制定了《广西壮族自治区村庄规划编制技术导则（试行）》。该导则在国家乡村分类基础上，结合广西实际，把乡村一级分类划分为五类，分别是集聚提升类、城郊融合类、特色保护类、搬迁撤并类和固边兴边类。导则中明确，针对不同类型的乡村，现状分析应各有侧重，如集聚提升类村庄应对其与产业发展的对接作深入分析；城郊融合类村庄应对其与城镇发展的对接作深入分析；特色保护类村庄应对其与乡村旅游及特色产业的对接作深入分析；固边兴边类村庄应对其与沿边基础设施建设、国防建设、边境特色产业的对接作深入分析；搬迁撤并类村庄应对其与精准扶贫及生态保护的对接作深入分析。

2.《广西壮族自治区低成本实用性简易型村庄规划编制技术导则（试行）》

为进一步科学有序指导村庄规划编制，2023年11月，广西制定《广西壮族自治区低成本实用性简易型村庄规划编制技术导则（试行）》，明确提出要根据乡村区位条件、资源禀赋、基础条件和发展趋势合理归类。乡村具有多种功能定位特点的，宜以最具特点、最突出的功能优势综合确定类型。该导则对不同类型乡村的规划编制提出指导意见，其中集聚提升类乡村要聚焦解决村庄在产业发展、基础设施及空间品质等方面的弱项短板问题，增强村庄吸引人和产业的能力，保障"集聚"和"提升"的合理用地需求；城郊融合类乡村应积极融入区域城镇化发展，承接城镇功能外溢，加快推动与城镇公共服务设施的共建共享、基础设施的互联互通；特色保护类乡村应深入挖掘村庄历史文化特色要素，在守牢历史文化保护底线的基础上，利用历史文化资源丰富的优势，高质量发展乡村旅游和特色产业，统筹保障其合理用地需求；固边兴边类乡村要把提升乡村"边"的特色与活力、吸引和留住人口、产业作为出发点和落脚点，在国土空间布局和土地要素保障上助力畅通村庄对外交通、提升公共服务设施品质、壮大产业发展和塑造空间品质特色；搬迁撤并类乡村原则上不单独编制村庄规划，应严格限制新建、改扩建活动，做好生态环境保护与修复，保护自然人文资源，留住村庄的记忆。

3.《桂林市村庄规划编制技术导则（试行）》

广西各地市中，桂林市根据地方需要，于2021年8月出台了《桂林市村庄规划编制技术导则（试行）》，提出了具有桂林特色的"先定区、后分类"乡村分类体系。

（1）先定区

首先明确乡村发展的"区域格局"，通过明确乡村所处区域的主导功能，对接区域发展战略、产业协同、生态保护等要求，在乡村分类中精准地识别不同类型村庄的发展方向及规划重点。桂林市把乡村所在区域划分为城镇建设区、城镇化影响区（其中包括城镇辐射区、产业带动区）和纯农区。

（2）后分类

在明晰村庄所在区域格局的基础上，根据乡村人口变化、区位条件、现状基础等因素，尊重乡村发展规律，对乡村进行类别划分，提出乡村差异化发展导向和规划编制要求。桂林市采用两级分类，一级分类对接国家及广西乡村分类要求，分别为集聚提升类、城郊融合类、特色保护类、搬迁撤并类、现状整治类五类。根据乡村产业现状及发展策略，集聚提升类乡村可细分为优化提质型和重点培育型；根据乡村与城镇融合的特征及发展方向，城郊融合类乡村可细分为环境交融型和城镇融合型；综合评估特色保护类乡村的保护现实、发展规律及发展潜力，细化为保护发展型、特色保障型、管控限制型；搬迁撤并类乡村不做细化；暂时看不准、发展前景不明确的乡村，近期不进行重点开发建设，但考虑村民建房等生活改善基本需求，暂列为现状整治类（表2–2）。

桂林市乡村所在分区主导功能表　　表 2–2

分区		分区范围与特征	乡村主导功能
城镇建设区		现状和规划城镇建设用地集中分布的区域	依据国土空间规划，逐步转为城镇功能，按照城镇建设标准和要求，引导乡村进行就地改造或拆迁
城镇化影响区	城镇辐射区	城镇集中建设区外，在人口、资金、技术、信息、商品等要素与城镇交流紧密的区域。包含城市郊区、县城城关镇周边城乡过渡带	主导功能是城镇人口、经济集聚的载体，注重于城镇产业、公共服务设施的衔接
	产业带动区	重要旅游景区、产业集聚区周边区域。该区域乡村虽然保留有一定农业生产，但人口、经济、信息等要素已呈现区域产业融合发展的态势	主导功能是所在区域产业集聚发展的载体，注重满足相关产业发展的需求
纯农区		上述范围以外的其他区域，主要为现状及规划均以农业生产活动为主的乡村	主导功能是进行农业生产和发展乡村特色产业

2.1.3 分类政策的评析

乡村分类发展是当前国家乡村振兴战略的重要决策内容，广西非常重视并出台政策文件部署落实，但无论是国家层面的《乡村振兴战略规划（2018—2022年）》《关于统筹推进村庄规划工作的意见》《关于加强村庄规划促进乡村振兴的通知》等，还是《广西壮族自治区低成本实用性简易型村庄规划编制技术导则（试行）》，都是针对乡村一级分类提出了划分标准和引导措施，广西各地市中目前也只有桂林市出台了具有地方特色的乡村二级分类和规划编制导则。国家、广西壮族自治区分别从全国和全区层面指出了乡村分类的总原则和大方向，让各地乡村分类有据可依、有章可循。但总体来讲一级分类结果较为简单，分类指引不够详细，类型特征细化不够明显，难以满足数量庞大且类型复杂的乡村分类需求。因此，基于国家和广西乡村分类的总体原则和要求，结合地方实际需求，构建指引性强、类型特征明显的乡村细化分类体系尤为迫切。

2.2 乡村分类研究综述

2.2.1 国外研究

国外的乡村分类工作开展时间不一。英国是全球乡村建设方面的典范，较早开始乡村分类的研究，从开始探讨乡村区域化特征差异到后期转为研究政府管理不同地区乡村的政策工具，其相关研究成果可作为欧洲发达国家的代表。作为对比，欧洲的塞尔维亚作为一个以乡村为主的国家，也开展了一系列乡村分类方面的研究。在研究方法上穿插介绍韩国、波兰、厄瓜多尔等地区学者的研究。由于政体国情、土地制度、发展情况的不同，国外的乡村分类仅做简要介绍。

1．定性分类

早期欧洲乡村类型学一般是一维的，以行政数据为基础，无法充分界定所观察地区的多样性。乡村地区类型的确定是一个复杂的问题，它需要采用多维方法，并对描述农村多样性的各种属性进行评估。受所谓“后乡村方法”的启发，较新的乡村研究将重点放在乡村地区的多样性和可变性、其动态组成部分和转型上（Cloke，1977[①]；Marsden，1998[②]；Murdoch & Pratt，1993[③]；Woods，2012[④]）。从20世纪70年代起，英国学术界及政府部门都提出了多种乡村划分的方法，其中定性分类研究的主要代表有Marsden T（1998），他基于后生产主义，认为乡村发展有四个核心领域：大宗食品市场、高品质食品市场、农业变化和乡村重构[⑤]，并基于此将乡村分为受保护型乡村、竞争型乡村、家长型乡村及依附型乡村[⑥]。Halfacree K（2006）[⑦⑧]根据亨利·列斐伏尔的空间生产理论，构建了理解乡村空间的三个维度：乡村地区、乡村的表象、乡村的生活，提出四种英国乡村空间情景模式，即超级生产主义乡村、消费的乡村、消逝的乡村、对抗的乡村。英国的定性分类模式着重于表达研究者强烈的学术观点和社会视角，其并不关注是否建立一套普适的分类标准，主要着眼于揭示乡村空间的实质性差异。但也有学者认为

① Cloke P J. An index of rurality for England and Wales[J]. Regional Studies, 1977, 11(1): 31-46.

② Marsden T. New rural territories: regulating the differentiated rural spaces[J]. Journal of Rural Studies, 1998, 14(1): 107-117.

③ Murdoch J, Pratt A C. Rural studies: modernism, postmodernism and the ‘post-rural’ [J]. Journal of Rural Studies, 1993, 9(4): 411-427.

④ Woods M. New directions in rural studie?[J]. Journal of Rural Studies, 2012, 28(1): 1-4.

⑤ Marsden T.New Rural Territories: Regulation the Differentiated Rural Spaces[J]. Journal of Rural Studies，1998，14:107-117.

⑥ Marsden T, Murdoch J, Lowe P, et al. Constructuring the countryside: An approach to rural development[M]. London: UCL Press, 1993.

⑦ Halfacree K. Rural space: constructing a three-fold architecture[J]. Handbook of Rural Studies, 2006, 44: 62.

⑧ Halfacree K, Walford N, Everitt JC, et al. A New Space Or Spatial Effacement?: Alternative Futures for the Post-productivist Countryside[M]. CABI Pub, 1999 May 29.

类型学的方法存在一定局限，Radovanović（1965）[①]认为重要的是需要形成一套标准，对农村住区进行综合全面的类型划分，力求将农村环境中尽可能多的要素作为一个地域、社会和经济有机体纳入其中进行分析；Van Eupen等（2012）[②]认为基于新的类型学是困难的，因为乡村的含义会因观察环境的不同而有所差异。创建一套分类类型意味着研究者需要对农村层面有综合的认识，并找到为特定研究目标和发展政策而创建的相对同质的单元。

塞尔维亚从20世纪初首次开展农村居民点的重大科学研究，并应用类型学进行分类。Marija Drobnjaković（2019）[③]在总结多年来塞尔维亚学者们进行的乡村类型学研究后，将乡村类型学研究分为五类：人口类型学、城市形态类型学、功能类型学、社会经济类型学、复杂类型学，认为实施类型学分类的目的在于根据当时社会需求和实际潜力规划乡村地区的发展，其中人口类型学、城市形态类型学的研究主要为定性分类。

人口类型学划分主要基于居民点的人口规模（Ban，1970[④]；Stamenković，1985[⑤]；Tošić，1999[⑥]），其后有学者认为应当加入更多相互关联的特征。例如，根据受生物和移民因素影响的人口变化对住区进行分类（Tošić，1999[⑥]），根据人口老龄化阶段进行分类（Penev，1997[⑦]）等，这些分类方法主要反映了乡村居民点的人口变化趋势。城市形态类型学划分根源是传统居住区形态和基因类型学，Cvijić（1922）[⑧]的居住区分类法是鼻祖，其基础是形态或地形要素，也是后来许多学者进行此类分类尝试的范本。近期的城市形态类型学基于衍生指标，最常见的是土地利用和建成区范围，以及间接影响土地利用方式差异的因素，如人口集中度和地理位置。

乡村聚落空间格局分类的定性分类研究主要采用一般性描述，以乡村个体形态为标准进行描述划分类型，如Demangeon（1939）在聚落类型两分法（将聚落类型划分为聚集和散布两种形态）的基础上，依据村落个体自身形态把法国聚集村落再细分为线形、团状和星形村落；Christaller（1961）把村庄类型划分为不规则的群集村庄和规则的群集村庄（包括街道式村落、线形村落、庄园式村落等）；Hill（2003）则总结归纳出六种农村聚落的空间形式：集

① Radovanović, Methodological issues regarding typological classification of rural settlements with special focus on Serbia[M]. Zbornik radova, Prirodno-matematički fakultet Univerziteta u Beogradu, Geografski zavod, 1965, 12: 97–110.

② Van Eupen M, Metzger M J, Pérez-Soba M, et al. A rural typology for strategic European policies[J]. Land Use Policy, 2012, 29(3): 473-482.

③ Drobnjaković M. Methodology of typological classification in the study of rural settlements in Serbia[J]. Зборник радова Географског института "Јован Цвијић" САНУ, 2019, 69(2): 157-173.

④ Ban M. Naselja u Jugoslaviji i njihov razvoj u periodu 1948-1961[M]. Institut društvenih nauka-Centar za demografska istraživanja, 1970.

⑤ Stamenković, S. Sistematizacija naselja vranjskog kraja prema populacionoj veličini [J]. Bulletin of Serbian Geographical Society, 1985, 65(2): 59–68.

⑥ Tošić D. Prostorno-funkcijski odnosi i veze u nodalnoj regiji Užica [Spatial-functional relations in nodal region of Užice](Unpublished doctoral dissertation)[J]. University of Belgrade, Faculty of Geography, Belgrade, Serbia, 1999.

⑦ Penev G. Demografske determinante starenja stanovništva SR Jugoslavije. Modelski pristup[J]. Stanovnistvo, 1997, 35(3-4): 109-129.

⑧ Cvijić J. Balkansko poluostrvo i južnoslovenske zemlje: osnove antropogeografije[M]. Hrvatski štamparski zavod, 1922.

聚型、低密度型、高密度型、规律型、随机型与线性型①；Skinner认为不能仅关注农村内部而忽略外部联系，他根据聚落的市场规模和中心地类型，由低到高将其分为基层集镇、中间集镇、中心集镇、地方城市、地区城市五级，而村庄则是指基层集镇之下，不能独立支撑标准市场(standard market) 的分散村落②。

2．定量研究

英国等欧洲国家所采用的定量分类一般是基于统计学，选取政府或权威机构发布的一个或多个关键指标，对乡村的发展状况、城乡关系进行量化描述，直观的数据可以较为形象地解释抽象的乡村地区。英国学者Paul Cloke（1977）③采用主成分分析法结合人口普查数据分析，来确定关键性乡村指标，基于此将乡村分为极端农村、中间农村、中间非农村、极端非农村。英国公共部门和政府文件中最广泛使用的是2011版英国城乡分类体系（RUC2011）④，该分类方法是政府委托谢菲尔德大学对2001年版本（RUC2001）进行更新，新的分类中采用空间网格划分、人口普查数据和房屋邮编数据结合分析，将居民点规模和“稀疏度”确定为核心参数指标，将城乡分为四种城市类型和六种乡村类型。van Eupen等（2012）⑤为了充分解决农村地区土地多样性的新政策需求，对欧洲乡村进行定量分析，通过主成分分析法（PCA）对32个政策指标分析得出：人工土地利用密度、可达性、人口密度、GDP和经济密度是对乡村分类意义重大的五个关键指标，在该研究中乡村区域被分为三类，即城市周边乡村、乡村和深度乡村，并指出优化欧洲乡村类型学可以从选择适宜的空间尺度、使用高分辨率数据、根据地理差异性选择数据指标等方面深化展开。土耳其学者Gulumser（2009）⑥等在总结由不同的国际组织和欧盟等经合组织制定的一些乡村地区分类和乡村性指标的基础上，将土耳其乡村与欧洲其他乡村进行比较，建立新的指标评价体系，将城市吸引力、非农业技术就业潜力、农村吸引力、农业和技术消费能力等五个指标确定为主要影响因素，通过主成分分析法（PCA）对土耳其的乡村结构进行了评估，最后利用ArcGIS进行图示化表达，将土耳其分为城市地区、城市化较为明显的地区、中度乡村地区、乡村地区、乡村性明显的地区五类。

塞尔维亚的学者也在探索量化乡村分类的技术方法，Aleksandra Gajić等（2018）⑦以塞尔维亚乡村为例，构建了基于自然地理、社会经济和功能特征三方面的多因子评价指标框架，采

① Hill M. Rural settlement and the urban impact on the countryside[J]. (No Title), 2003.

② Skinner G W. Marketing and social structure in rural China, Part I[J]. Journal of Asian Studies, 1964, 24(1): 3-43.

③ Cloke P J. An index of rurality for England and Wales[J]. Regional Studies, 1977, 11(1): 31-46.

④ Bibby P, Brindley P. The 2011 rural-urban classification for small area geographies: a user guide and frequently asked questions (v1. 0) [J]. Office for National Statistics, 2013.

⑤ Van Eupen M, Metzger M J, Pérez-Soba M, et al. A rural typology for strategic European policies[J]. Land Use Policy, 2012, 29(3): 473-482.

⑥ Gulumser A A, Baycan-Levent T, Nijkamp P. Mapping rurality: analysis of rural structure in Turkey[J]. International Journal of Agricultural Resources, Governance and Ecology, 2009, 8(2-4): 130-157.

⑦ Gajić A, Krunić N, Protić B. Towards a new methodological framework for the delimitation of rural and urban areas: a case study of Serbia[J]. Geografisk Tidsskrift-Danish Journal of Geography, 2018, 118(2): 160-172.

用多变量分析方法（PCA、FA和CA）对塞尔维亚具有相似特征的乡村和地方自治单位进行分类，研究得出了五种类型的地区。Natalija Bogdanov等（2008）[①]认为单因子分析无法准确识别乡村特征，故提出采用数据技术的组合，主要是通过主成分分析法（PCA）对数据进行缩减和通过聚类分析（CA）将数据分组，即采用国际公认的三重标准确定农村地区，对社会、经济和人口指标进行统计分析，最后借助原则成分分析确定农村市镇的主要特征，识别具有相似核心特征的农村地区群体，将塞尔维亚农村地区类型定义为四种：高产农业和综合经济型、劳动密集型农业的小城镇经济体型、以自然资源为导向的山区经济体型、宜旅游但农业欠发达型。Marija Martinović等（2015）[②]采用主成分分析法和聚类法来分析塞尔维亚巨大的农村空间的异质性和多维性质，研究结果将塞尔维亚乡村分为五个区域，同时认为人口潜力、农业潜力、经济潜力和城市影响是乡村分类中较为重要的四个参考指标。Aleksandra Gajić等（2021）[③]考虑到城市与乡村地区的多维性，为塞尔维亚乡村地区进行了一个分类框架设计，研究选择了反映塞尔维亚农村地区主要人口、经济和自然地理特征的相关指标后，使用多变量分析法即主成分法（PCA）和因子分析法（FA）确定影响农村和城市地区分类的主要因素，最后使用聚类分析法（CA），确定了具有相似特征的六种区域类型：城市、城镇与郊区、周边乡村地区、经济薄弱的乡村地区、农业主导的乡村地区、可持续的乡村地区。

从以上研究可以看出，主成分分析法（PCA）、聚类分析法（CA）、多变量分析法（PCA、FA和CA）等方法被国外学者广泛应用于乡村分类研究中，在Malinen (1995)[④]，McHugh (2001)[⑤]和Gulumser (2007)[⑥]的研究中，PCA和CA也曾被结合起来，对农村地区进行了特征描述和分类。韩国学者Kim Ji-Hyun（2005）[⑦]对农村地区设施进行了调查，并采用主成分分析法（PCA）把乡村分为六类，分别为村庄规模型、人口型、基础设施型、交通型、教育福利型、旅游休闲型，并分析了其特征。

3. 定性与定量结合

当前的乡村主流分类思维主要是使用综合类型学来进行乡村划分，这也是世界乡村类型学和乡村研究的趋势。学界从片面和简单的分类转变为更复杂、系统和偏重于应用的分类，最终

① Bogdanov N, Meredith D, Efstratoglou S. A typology of rural areas in Serbia[J]. Ekonomski Anali, 2008, 53(177): 7-29.

② Martinović M, Ratkaj I. Sustainable rural development in Serbia: Towards a quantitative typology of rural areas[J]. Carpathian Journal of Earth and Environmental Sciences, 2015, 10(3): 37-48.

③ Aleksandra G, Nikola K, Branko P. Classification of Rural Areas in Serbia: Framework and Implications for Spatial Planning [J]. Sustainability, 2021, 13 (4): 1596.

④ Malinen P, Keränen R, Keränen H. Rural area typology in Finland: a tool for rural policy[M]. Oulun Yliopisto, 1994.

⑤ McHugh C. A Spatial Analysis of Socio-economic Adjustments in Rural Ireland 1986-1996[D]. National University of Ireland, Maynooth, 2001.

⑥ Gulumser A A, Baycan-Levent T, Nijkamp P. Mapping rurality: analysis of rural structure in Turkey[J]. International Journal of Agricultural Resources, Governance and Ecology, 2009, 8(2-4): 130-157.

⑦ Kim J H, Yoon S S, Rhee S H. Classification of Rural village of Eum-Seong Gun by Amenity investigation base on village[C]// Proceedings of the Korean Society of Agricultural Engineers Conference. The Korean Society of Agricultural Engineers, 2005: 461-466.

趋向采用多元分类方法，反映其对乡村空间复杂性认识的进一步深化。欧洲国家当前的乡村类型学主要研究学者（Ballas, Kalogeresis, Labrianidis，2003①；Blunden等，1996②；Böhme等，2009③；Cloke，1977④；Copus等，2008⑤），多采用了系统和跨学科的复杂方法。建立这种类型学的趋势是合理的，因为研究结果能综合反映乡村居民点的实际情况。难点在于欧洲国家当前的乡村类型分类标准，需要使用系统和跨学科的方法进行，对一些数据基础并不完善的国家存在局限，部分数据难以量化分析，需要多学科交叉研究。

塞尔维亚在本国类型学的基础上，借鉴欧洲量化研究，进行更为复杂且细化的划分。其中功能类型学是开始，社会经济类型学正在逐渐迈向综合类型学。功能类型学划分被广泛应用于区分乡村和城市地区，许多学者认为建立指标是首要的（Šuvar，1972⑥），最常用的关于工作功能发展和工作中心重要性的指标有：按活动部门划分的从事职业的活跃人口比例、农业人口比例、工业或第三产业就业比例、职能或机构集中度、决定居民点类型及其发展的基本功能和特定功能等。社会经济类型学划分，是顺应当前研究趋势，基于衍生的社会经济指标的类型。根据明确定义的规则或在所选指标值的范围内，确定所观察的空间单位之间的差异。其中一些分类仅基于1~2个指标，另一些分类则包含一组指标，一般采用与日常流动性相关的部分作为基本指标（Grčić，1999⑦；Jovanović，1988⑧；Stamenković, Gatarić，2005⑨；Tošić，1999⑩）。

此外一些国家也进行了定性定量研究相结合的尝试。如波兰学者Monika Stanny等（2021）⑪先结合社会经济发展情况对乡村现状进行定性分析以确定分类目标，再选择分析的空间层次—单元聚合及最合适的11类指标（如空间可达性、人口、教育、地方经济、文化等），

① Ballas D, Kalogeresis T, Labrianidis L. A comparative study of typologies for rural areas in Europe[J]. European Urban and Regional Studies, 2003, 10(4): 341-358.

② Blunden J R, Pryce W T R, Dreyer P. The classification of rural areas in the European context: An exploration of a typology using neural network applications[J]. Regional Studies, 1998, 32(2): 149-160.

③ Böhme K, Hanell T, Pflanz K, et al. ESPON Typology Compilation[J]. Scientific Platform and Tools, 2013, 3: 022.

④ Cloke P J. An index of rurality for England and Wales[J]. Regional Studies, 1977, 11(1): 31-46.

⑤ Copus A, Psaltopoulos D, Skuras D, et al. Approaches to rural typology in the European Union[J]. Luxembourg: Office for Official Publications of the European Communities, 2008: 47-54.

⑥ Šuvar S. Tipologijska metoda u našem istraživanju, u: Stipe Šuvar i Vlado Puljiz (red.): Tipologija ruralnih sredina u Jugoslaviji: zbornik teorijskih i metodoloških radova[J]. Zagreb: Centar za sociologiju sela, grada i prostora Instituta za društvena istraživanja Sveučilišta u Zagrebu, 1972: 137-159.

⑦ Grčić M. Funkcionalna klasifikacija naselja Mačve, Šabačke posavine i pocerine[M]. Bulletin of Serbian Geographi-cal Society, 1999.79(1), 3–20.

⑧ Jovanović, R. B. Sistem naselja u Šumadiji (Posebna izdanja, Knjiga 35) [System of settlements in Šumadija (Special issue, Book 35)]. [J]. Belgrade, Serbia: Geografski institut "Jovan Cvijić" SANU, 1988.

⑨ Stamenković, S, & Gatarić, D. Dnevne migracije učeničke seoske omladine prema Svilajncu, kao indikator perspektive ruralnog razvoja [Daily Migrations of Village Schoolchildren towards Svilajnac as an Indicator of the Rural Development Perspective][J]. Demografija, 2005,2, 81–95. Retrieved from http://www.gef.bg.ac.rs/img/ upload/files/TEKST-6-strane81-94%20a.pdf.

⑩ Tošić D. Prostorno-funkcijski odnosi i veze u nodalnoj regiji Užica [Spatial-functional relations in nodal region of Užice](Unpublished doctoral dissertation)[J]. University of Belgrade, Faculty of Geography, Belgrade, Serbia, 1999.

⑪ Monika S, Łukasz K ,Andrzej R . The Socio-Economic Heterogeneity of Rural Areas: Towards a Rural Typology of Poland [J]. Energies, 2021, 14 (16): 5030.

接着对统计数据进行收集、归一处理、计算，最终基于Diday的动态云聚类分析得到了7种类型的乡村单元：以传统农业为主的乡村地区、以大规模农业为主的农村地区、以农业为主的乡村地区、农业分散和多种收入来源的乡村地区、多功能乡村地区、农业减少的城郊乡村、高度城市化的乡村地区。Jerzy Bański等（2016）①为促进波兰土地政策实施，从发展动态、经济结构和交通可达性三方面构建了乡村评价框架，旨在评估村庄空间分异和发展状况，并经过四个阶段过程将村庄分为具有消费功能且参与开发进程的非常通达村庄、以生产功能为特色的通达村庄、具有混合功能的交通便利的村庄、功能混合且参与发展进程的周边村庄等12种类型。韩国学者Kim, Young Taek, Choi（2014）②等采用先定性后定量分析的方法，通过文献调查法、适用性探讨及专家评估构建了由3个大类、8个中类、19个小类、39 个具体指标组成的村庄综合评价指标体系，将村庄分为生活基础设施型、农业型、流通加工型、城乡交流型、生活满足型5种类型。厄瓜多尔学者Rosa Cuesta Molestina等（2020）③通过统计数据定义分析单元，选择农村地区的关键变量，定量分析确定不同空间特征后，进行定性分析（描述性分析），对乡村进行特征描述，并采用一个最重要元素为其命名，最终将厄瓜多尔乡村分为6类：生产和城乡关系高度活跃的乡村地区、随着城市化进程产生的多元化乡村地区、以家庭农业带动活力的乡村地区、拥有自给农业但环境脆弱的乡村地区、边缘和边境的乡村地区、有保护和旅游活动的乡村地区。

2.2.2 国内研究

20 世纪 90 年代以来，国内不少学者研究了乡村分类，提出了乡村分类的规则和方法，尤其是乡村振兴战略提出并实施以来，学者们更是掀起了乡村分类研究的热潮。通过汇总分析学者们的乡村分类研究成果可知，当前乡村分类的方法主要有三种，一是定性的分类方法，二是基于多指标定量评价的分类方法，三是定性和定量相结合的分类方法。本书以定性和定量分类方法作为区分，对国内学者们的分类方法进行汇总分析。

1．定性研究

（1）分类思路

国内学者在乡村定性分类研究中，根据分类依据的不同主要有单一视角直接分类、综合多种因素分类等思路方法，根据分类流程与逻辑思路不同则有构建分类框架或模型、分区分步分类法等方法。

① Bański J, Mazur M. Classification of rural areas in Poland as an instrument of territorial policy [J]. Land Use Policy, 2016, 54:1-17.

② Kim Y T, Choi S M, Kim H G, et al. Development of evaluation indicators system by rural village types[J]. Journal of Korean Society of Rural Planning, 2014, 20(1): 37-49.

③ Molestina R C, Orozco M V, Sili M, et al. A methodology for creating typologies of rural territories in Ecuador[J]. Social Sciences & Humanities Open, 2020, 2(1): 100032.

单一视角直接分类：彭震伟以乡村与城镇的关系为切入点，直接定性地将乡村划分为并入城镇型、城镇周边型、集聚发展型、控制发展型和撤并型五种类型；张荣天等（2014）①以长三角地区为例，首先划分出农业主导、工业主导、服务主导和均衡发展四种乡村发展类型，再基于区域城乡一体的思想构建乡村性指数RI理论公式，对2000～2012年长三角地区乡村性及演变特征进行了探讨，最后提出未来长江三角洲地区乡村发展相关的重构建议。

综合多种因素分类：董越等（2017）②从经济、建设、生态的辩证关系出发，结合全国多个案例，依据三者发展程度的相对平衡关系划分出八种乡村类型、各类型间演替的规律及其未来发展的趋势；黄京（2019）③结合相关经验在全域“三区三线”空间统筹管控的基础上，制定六类分区的空间管控要求，对应形成四大类七小类的乡村分类体系，并对各类乡村提出管控要求和规划编制建议，有效指引乡村规划和发展建设；伍志凌等（2020）④从乡村分类的涵义和意义出发，探究了乡村分类的基本原则，并结合乡村分类的实践，根据不同乡村的发展现状、区位条件、资源禀赋等要素，将乡村划分为示范引领、特色发展、改造提升和搬迁撤并四种类型，探讨乡村振兴战略下乡村分类的方法，为类似区域乡村分类提供参考和借鉴。

构建分类框架或模型：于水等（2019）⑤以异质性资源禀赋为逻辑起点、乡村分类为中间变量，构建乡村振兴的分类治理分析框架，并通过三个典型案例的剖析，提出不同类型乡村的内生发展动力及其振兴模式存在较大差异，因而需制定分类治理的靶向振兴计划，厘清不同资源禀赋乡村在振兴过程中政府、市场和社会的关系，以期实现乡村的分类振兴。李裕瑞等（2020）⑥建立了乡村分类模型（VCM），从乡村特色、村民生存、发展建设、城村联系、村庄功能五个维度，提出乡村分类的参考指标，结合“人工初步筛选—系统精确筛选—系统查漏查重—专家综合评定”的操作流程，以宁夏回族自治区盐池县作为案例区，对该县102个行政村进行分类，并提出鉴于乡村内外条件的差异性和复杂性，具体工作时仍需结合实际情况进行部分参数、阈值的设定。

分区分步分类法：陆学等（2018）⑦以宏观稳定性应对微观不确定性的思路，基于地域空间功能分异视角，提出了“两级三步法”的定性乡村分类方法，并运用“两级三步法”，对秦皇岛海港区北部区域乡村分类进行了实证研究。宋宁（2021）⑧以庄河市为例，探讨市域乡村

① 张荣天，焦华富，张小林．长三角地区县域乡村类型划分与乡村性评价［J］．南京师大学报（自然科学版），2014，37（3）：132–136.

② 董越，华晨．基于经济、建设、生态平衡关系的乡村类型分类及发展策略［J］．规划师，2017，33（1）：128–133.

③ 黄京，基于“三区三线”空间统筹管控下的村庄分类研究［J］．城市建筑，2019，16（36）：40–41.

④ 伍志凌，张冬．乡村振兴战略下的村庄分类探索——以罗平县旧屋基彝族乡为例［J］．四川水泥，2020（2）：310.

⑤ 于水，王亚星，杜焱强．异质性资源禀赋、分类治理与乡村振兴［J］．西北农林科技大学学报（社会科学版），2019，19（4）：52–60.

⑥ 李裕瑞，卜长利，曹智，等．面向乡村振兴战略的村庄分类方法与实证研究［J］．自然资源学报，2020，35（2）：243–256.

⑦ 陆学，罗倩倩，王龙．村庄分类方法—两级三步法探讨［J］．城乡建设，2018（3）：40–43.

⑧ 宋宁．庄河市市域乡村建设规划之村庄分类管控初探［J］．中国集体经济，2021（9）：11–12.

建设规划如何通过分区、分类来进行村庄规划编制的管控和指导问题。他认为要从城乡统筹的角度提出不同类型乡村的发展模式及策略，优化发展的用地控制要求，为优化城乡空间格局、实现乡村振兴提供有效的基础支撑。

（2）乡村类型

不少定性乡村分类结果与分类依据有关，比如根据乡村地理环境、乡村与城镇关系进行分类。朱彬等（2011）①根据地形将苏北地区乡村划分为平原型、丘陵型、过渡型等；孙婧雯（2019）②从旅游资源的角度，通过分析案例区资源分布、市场条件等因素，定性总结出五种景区乡村发展类型，即资源依托型、文化依托型、环境依托型、产业依托型、景区依托型；单勇兵等将苏中地区乡村划分为里下河湖荡型、沿江沿海滩地型和苏中平原型；黄京（2019）③基于乡村分区管控，定性将全域乡村划定为四大类，并将各类乡村根据其职能不同细分为七类，分别为城中村（城市综合社区型、特色服务功能型），城边村（城市专业服务型、特色主题旅游型）、远郊村（农业型村庄、非农型村庄）、生态村；彭震伟等（2009）④基于城乡统筹要求，从农村人居环境体系的发展方向和与城镇的关系来定性划分乡村类型，将乡村分为并入城镇型、城镇周边型、集聚发展型、控制发展型和撤并型等不同类型；赵勇（2021）⑤按照乡村距离城镇的远近把城郊融合类乡村划分为城镇区型、城镇融合型、城镇发展型、城镇影响型、无影响型，把集聚提升类乡村划分为工贸发展集聚型、产业融合提升型。

定性分类结果还与研究者采用的分类思路密切相关。比如陆学等（2018）⑥按照“先分区、后分类”的分类思路，把秦皇岛海港区北部区域整体上分为城镇化地区和农村地区，城镇化地区又细分为城镇集中建设区、产业集聚区，农村地区细分为采空区、生态保护区、其他地区。在此基础上，将研究区域204个村庄划分为城镇化整治村庄、迁并村庄和保留村庄三大类和改造型村庄、控制型村庄、引导型村庄、城镇安置型村庄、农村安置型村庄、特色村、一般村七小类。李裕瑞等（2020）⑦基于乡村振兴战略，建立乡村分类模型，通过筛选和专家综合评定的方式，划分出特色保护、搬迁撤并、城郊融合、集聚提升四个一级类和中心集聚型、成边型、国有农林场所辖型、治理改善型、城市近郊型、县城城关型等22个二级类。张磊等（2019）⑧基于二元结构理论，根据乡村新二元结构强度特征，通过分析农村地区乡村二元结构转型的难

① 朱彬，马晓冬．苏北地区乡村聚落的格局特征与类型划分［J］．人文地理，2011，26（4）：66–72.

② 孙婧雯．A级景区村庄分类集群化发展研究［J］．合作经济与科技，2019（12）：39–41.

③ 黄京．基于“三区三线”空间统筹管控下的村庄分类研究［J］．城市建筑，2019，16（36）：40–41.

④ 彭震伟，陆嘉．基于城乡统筹的农村人居环境发展［J］．城市规划，2009，33（5）：66–68

⑤ 赵勇，王嘉成．乡镇域村庄多级分类方法探究——以河北省滦州市榛子镇为例［J］．山西师范大学学报（自然科学版），2021，35（2）：45–53.

⑥ 陆学，罗倩倩，王龙．村庄分类方法—两级三步法探讨［J］．城乡建设，2018（3）：40–43.

⑦ 李裕瑞，卜长利，曹智，等．面向乡村振兴战略的村庄分类方法与实证研究［J］．自然资源学报，2020，35（2）：243–256.

⑧ 张磊，叶裕民，孙玥，等．特大城市城乡结合部村庄分类研究与特征分析——以广州市农村地区为例［J］．城市规划，2019，43（8）：47–53.

易程度，将大城市郊区快速城镇化地区的乡村分为三类：刚性二元村、弹性二元村和一般远郊村。

还有学者直接根据国家层面确定的乡村大类进行细化分类。比如罗文（2020）[①]分析当前按照文件确定的“集聚提升类”“城郊融合类”“特色保护类”“搬迁撤并类”四个类别进行乡村分类时出现的难点与问题，提出要结合地方实际，对乡村类型进一步细化深化，即在原四大类基础上，细化为十种类型的二级县域乡村分类。集聚提升类乡村可细分为功能提升型、产业发展型和环境整治型；城郊融合类乡村可细分为城边村和城中村两个类型；特色保护类乡村可细分为文化传承型、休闲旅游型和生态保护型；搬迁撤并类乡村按实施条件和建设时序可细分为搬迁撤并型和控制发展型。

2. 定量研究

（1）分类思路

国内学者多采用多因子综合评价法、主成分分析法、层次分析法、构建乡村发展潜力评价体系法、建立乡村筛选分类模型及采用其他创新分类方法对乡村进行定量评价并分类。

多因子综合评价法：周游等（2019）[②]在地理学乡村性评价总体思路的基础上，运用了“多因子综合评价法 + 二层级叠合分类法”，分别确定了乡村空间评价指标体系和分类体系。以北部湾区域南宁市乡村空间为研究对象，从经济水平、资源利用方式、产业特征、人口聚落和乡村社会发展五个方面确定评价因子，通过对评价因子进行赋值计算、运用ArcGIS软件分析等手段，将空间类型划分为三个大类和六个小类，并对不同类型的乡村提出差异化发展策略和乡村规划编制侧重点。曹先密等（2021）[③]以江苏省常州市武进区村庄乡村地区为研究对象，先开展土地适宜性评价构建空间基底，统一协调生态控制线、永久基本农田保护线、林业专项规划、农业相关规划、城规“六线”等相关控制要求，采用多因子空间叠合评价法划分出禁止发展区、限制发展区和适宜发展区。开展村庄发展潜力评价，构建村庄发展潜力综合评价指标体系，运用多指标综合评分法对各自然村进行发展潜力综合评价，加权得到各村庄的发展潜力综合指标，按分值高低分为四级。最后耦合土地适宜性评价和村庄发展潜力评价成果，制定分类规则，依据土地适宜性评价分区，调整各自然村发展潜力评价结果，对应集聚提升类、城郊融合类、特色保护类、搬迁撤并类和其他一般村庄五种目标类型。王梦婧等（2020）[④]以山东省莱州市 977 个乡村的分类实践过程为例，探讨以ArcGIS为辅助的多因子综合评价法，构建“村庄体检评估—村庄潜力评价—村民深度参与”的分类模式。具体通过由设施服务条件、自然生态条件、社会经济条件、文化乡愁四个大方面的各类指标，构成“乡村体检评估”体系对现状

① 罗文. 两级村庄分类方法探讨［J］. 中国土地，2020，(6)：49–50.
② 周游，李升松，周慧，等. 乡村空间分类量化评价体系构建及南宁实践［J］. 规划师，2019（21）：59–64.
③ 曹先密，徐杰. 耦合用地适宜性评价和发展潜力评价的村庄分类方法研究［J］. 城市勘测，2021（2）：61–64，68.
④ 王梦婧，吕悦凤，吴次芳，等. 国土空间规划背景下的县域村庄分类模式研究——以山东省莱州市为例［J］. 城市发展研究，2020，27（9）：1–7.

条件进行评估，通过乡村发展潜力分析来评价乡村发展前景，结合村民深度参与，确定乡村分类结果。史秋洁等（2017）[①]在特定原则指导下，从面向村庄规划建设的角度，从总体和结构两方面建立包括自然禀赋、区位条件、村庄规模、形态结构、人口结构、经济结构和用地结构的乡村类型指标体系，采用聚类分析、KW检验和主成分分析方法构建指标体系简化的思路和方法，将乡村分为平原传统农业村、山区传统农林村、养殖专业村、远山特色农业村、城郊非农产业村和平原非农产业村等类型，并以全国7省12县48个行政村为案例，验证指标体系和分类方法的有效性。文琦等（2019）[②]解析了乡村地域系统发展理论，阐释了城乡融合发展理论，剖析了村域空间结构格局演变和城乡要素结构功能优化重组，构建了西北干旱贫困地区乡村振兴村落类型识别体系，运用指标评价和自然间断点法识别乡村主导类型，将乡村振兴村落类型识别为集聚提升类、三产融合类、城郊融合类、特色保护类、搬迁撤并类，结合不同乡村振兴模式提出了相应的发展路径。

构建乡村发展潜力评价体系：杨秀等（2019）[③]从增强乡村振兴吸引点和满足乡村振兴目标出发，从内生潜能和外部赋能角度分析了影响乡村发展的五个潜力要素，构建"目标—分类—要素—指标"多层次乡村发展潜力评估指标体系。在此基础上，以山东省东阿县为例，通过ArcGIS叠加分析技术探索其乡村发展潜力单项评估和综合评估水平，并依据评估结果和地缘特征划分乡村振兴发展的类型，提出不同类型的规划引导建议。郑兴明（2019）[④]构建了乡村振兴潜力评价指标体系，并运用AHP层次分析法与Delphi法相结合的方式确定各指标的相对权重，再以六个村庄为实例，验证评价指标体系的可行性及可信度。欧维新等（2021）[⑤]按照"振兴潜力—资源效率"的逻辑，从乡村振兴潜力及土地利用效率两个维度分别构建评价指标体系。其中，乡村振兴潜力评价的目的是根据村庄的现状特征，评价村庄在社会、经济、产业等方面的发展潜力，从人力资源和产业发展两个方面构建乡村振兴潜力评价指标体系；土地利用效率的评价目的在于识别村庄发展过程中对土地资源的利用情况，从耕地、建设用地和生态用地三个方面构建土地利用效率评价指标体系。最后，基于乡村振兴潜力和土地利用效率，运用象限法对村庄进行分类，将村庄划分为高潜力高利用型、高潜力低利用型、低潜力低利用型和低潜力高利用型。朱泽等（2021）[⑥]以广州市从化区为例，基于多源数据构建评价指标体系，采用熵值法确定指标权重后进行村庄发展潜力评价，并结合潜力评价结果、POI（兴趣点）数

① 史秋洁，刘涛，曹广忠. 面向规划建设的村庄分类指标体系研究［J］. 人文地理，2017，32（6）：121-128.

② 文琦，郑殿元. 西北贫困地区乡村类型识别与振兴途径研究［J］. 地理研究，2019，38（3）：509-521.

③ 杨秀，余龄敏，赵秀峰，等. 乡村振兴背景下的乡村发展潜力评估、分类与规划引导［J］. 规划师，2019，35（19）：62-67.

④ 郑兴明. 基于分类推进的乡村振兴潜力评价指标体系研究——来自福建省3县市6个村庄的调查数据［J］. 社会科学，2019，（6）：36-47.

⑤ 欧维新，邹怡，刘敬杰，等. 基于乡村振兴潜力和土地利用效率的村庄分类研究［J］. 上海城市规划，2021（6）：15-21.

⑥ 朱泽，杨颢，胡月明，等. 基于多源数据的村庄发展潜力评价及村庄分类［J］. 农业资源与环境学报，2021，38（6）：1142-1151.

据核密度分析、引力模型划分村庄类型。

主成分分析法和层次分析法：樊彤彤（2021）①基于主成分分析法，从自然地理、人口规模、资源条件、经济条件、产业条件、农户生计条件、基础设施七个方面构建指标体系。在研究集聚提升类、城郊融合类、特色保护类、搬迁撤并类四种类型村庄的内涵和特征基础上，找出村庄发展的差异，根据分类依据，识别研究对象，建立二级分类。其中，城郊融合类细化为自主发展型、服务拉动型，集聚提升类细化为产业扶持型、生态发展型。计忠飙等（2022）②以河南省商丘市睢阳区宋集镇为例，利用灰色定权聚类方法，构建评价指标体系，利用 AHP 层次分析法确定各指标的权重，结合当地农民耕作半径，分别对该镇的自然村和行政村进行了分类研究。段琳琼等（2022）③采用文献梳理、AHP 层次分析法在系统分析现状的基础上对村庄类型进行划分以及村庄规划与村庄分类和两者之间存在的互动关系进行探讨。

乡村分类筛选模型：刘李等（2020）④结合村庄发展实际情况和已经出台的各省市乡村分类布局规划，将五大村庄类型（在四大类基础上增加其他类）的分类依据进一步量化。先将收集到的村庄信息初步整理形成基础信息库，然后利用Python编程语言的处理数据优势，构建乡村分类模型（Rural Classification Model，RCM），将整理好的县域乡村基本信息数据库通过如同筛子的“RCM”模型，不同类型的分类要求如同粗细不同的筛网一样，按照特色保护类、搬迁撤并类、城郊融合类、集聚提升类，衔接现有村庄规划分类顺序将具有不同特征的乡村筛选出来，达到乡村分类的目的。

其他创新型定量分类方法：周游等（2021）⑤建立了三个乡村分类一般性理论问题，通过类型学“具体—抽象—具体”的方法，讨论确立区位度、资源值、经济量为乡村分类标准。以广西天等县作为案例，以自然聚落为分类尺度单元，引入规划类指标，运用熵值法与德尔菲法确定权重，运用线性加权法计算各自然聚落分值（RI），创新采用保护类与发展类相互叠加的思路，形成了四大类七小类分类结果。姜洪宇（2011）⑥根据对皖北地区村庄空间分布模式、村庄空间竞争过程及影响村庄空间竞争力因素的分析研究，提出了皖北地区村庄空间竞争力的评价体系，通过函数赋分法，引入TOPSIS评价模型，以亳州市利辛县孙庙乡所辖的村庄为例，将村庄划分为三个类型：积极发展型、控制发展型、缩减消亡型。马晓冬等（2012）⑦运用探索性空间数据分析、空间韵律测度等模型和方法定量分析乡村聚落的空间分布、空间分

① 樊彤彤. 面向乡村振兴的村庄分类、评价——以平利县为例［J］. 建筑与文化，2021（5）：74–75.

② 计忠飙，毕庆生，裴贝贝，等. 基于灰色聚类和耕作半径的自然村村庄分类研究——以商丘市宋集镇为例［J］. 小城镇建设，2022，40（5）：40–47.

③ 段琳琼，陈亚南. 国土空间规划背景下的村庄分类研究［J］. 农村经济与科技，2022，33（5）：45–48.

④ 刘李，刘静，郑溢芳，等. 乡村振兴战略下村庄分类规划方法与实证研究［A］. 中国城市规划学会,成都市人民政府. 面向高质量发展的空间治理——2020中国城市规划年会论文集（16乡村规划）［C］. 湖南省建筑设计院有限公司，长沙市建筑设计院有限责任公司，2021：9.

⑤ 周游，廖婧茹，鲍梓婷. 乡村振兴战略下乡村分类方法的探讨——以天等县为例［J］. 南方建筑，2021（6）：38–45.

⑥ 姜洪宇. 空间竞争力视角下的皖北地区村庄类型划分及发展对策研究［D］. 合肥：安徽建筑大学，2011.

⑦ 马晓冬，李全林，沈一. 江苏省乡村聚落的形态分异及地域类型［J］. 地理学报，2012，67（4）：516–525.

异、空间簇聚以及其他异质性的格局特征，并进一步划分了地域类型。

（2）乡村类型

学者们在开展定量乡村分类研究时尽管采用的模型与方法有差别，但核心内容大多都是选取与乡村发展相关的评价指标进行综合分析。与定性分类主要依靠单一或几个简单识别条件来划分乡村类型不同，定量评价一般选取的指标比较多，除了乡村基本的自然禀赋、属性指标外，学者们更多的是考虑乡村建设、产业、经济、交通等反映乡村社会经济发展水平的指标。因此，定量分类法划分的乡村类型多是以产业经济、建设发展为衡量标准，比如冯宗周等（2009）①从乡村建设的特征出发，通过因子聚类分析的方法，将乡村分成成熟型和成长型的城镇型乡村，工业型和商业型的过渡型乡村，以及农业型乡村三大类。史秋洁等（2017）②面向规划建设，将乡村分为平原传统农业村、山区传统农林村、养殖专业村、远山特色农业村、城郊非农产业村和平原非农产业村等类型。孟欢欢等（2013）③依据村庄不同的经济特征，建立乡村性评价指标及指数评价模型，将安徽乡村分为农业主导型、均衡发展型、非农主导型三类。李义龙等（2018）④基于乡村致贫主导因素的特征，通过制定都市近郊乡村性综合评价指标体系，对渝北区都市近郊乡村进行分类，分成了现代农业导向型、三产融合发展型、城乡空间邻近型三类。王诗文等（2019）⑤基于引力模型，对锦屏县村庄的空间适宜性、综合发展实力、地形条件分别划分等级，最后得出中心村、备选村和其他村三种类型。葛娴娴（2019）⑥对秦汉新城乡村类型进行划分，基于用地布局适宜性评级及发展优势评价，将乡村分为重点发展型、远景城镇化型、休闲农业型、生态文化旅游型、优化发展型、引导迁并型。乔陆印（2019）⑦基于乡村振兴村庄识别的思路与方法，遵循乡村分化与差异性发展原则，制定乡村振兴村落类型识别指标体系，对乡村类型进行逐级识别，综合评判乡村发展方向，将长子县乡村按照乡村振兴村庄类型识别为城郊融合型、集聚提升型、传统农业型、特色保护型、搬迁撤并型。张坤（2020）⑧以乡村振兴为视角，通过指标综合评价将肥西县乡村分成城镇改造型、集

① 冯宗周，胡小强，欧阳洁．新农村建设视角下中山市村庄分类的实证研究［A］．中国城市规划学会．城市规划和科学发展——2009中国城市规划年会论文集［C］．中山市规划设计院编制研究所：中山市规划设计院，2009：8.

② 史秋洁，刘涛，曹广忠．面向规划建设的村庄分类指标体系研究［J］．人文地理，2017，32（6）：121–128.

③ 孟欢欢，李同昇，于正松，等．安徽省乡村发展类型及乡村性空间分异研究［J］．经济地理，2013，33（4）：144–148，185.

④ 李义龙，廖和平，李涛，等．都市近郊区乡村性评价及精准脱贫模式研究——以重庆市渝北区138个行政村为例［J］．西南大学学报（自然科学版），2018，40（8）：56–66.

⑤ 王诗文，杨柳，赵杨茜．基于引力模型的中心村空间布局分析——以贵州省锦屏县为例［J］．江西农业学报，2019，31（5）：144–150.

⑥ 葛娴娴．秦汉新城村庄布局规划研究［D］．西安：长安大学，2019.

⑦ 乔陆印．乡村振兴村庄类型识别与振兴策略研究：以山西省长子县为例［J］．地理科学进展，2019，38（9）：1340–1348.

⑧ 张坤．乡村振兴背景下县域村庄分类评价与发展策略研究［D］．合肥：合肥工业大学，2020.

聚发展型、整治优化型、保护特色型四类。江雪怡（2020）①在自然聚落尺度下从居住密度的特征视角定量对乡村进行分类，将天等县域的乡村分为镇边缘区型、村庄型、村庄边缘（城郊）型、城郊型、村庄边缘型。

3．定性与定量结合

（1）分类方法探索

定性与定量相结合的技术方法被广泛应用于乡村分类中，国内学者主要采取先定性再定量、定性与定量穿插结合、先分区再分类的研究思路对乡村进行定性定量评价并分类。

先定性后定量：荣玥芳等（2021）②以天津市蓟州区为例，提出了先定性、后定量的乡村分类思路。首先，提取关键性因素将一部分村庄先行分类；其次，结合乡村振兴战略中的四类村庄特征和地方发展现状，构建包含五个一级因子、18个二级因子的乡村发展适宜性评价指标体系，通过赋权求和、ArcGIS数据分析等方法为村庄打分并分级，结合定性分析结果构建二层级的乡村分类体系。王娜等（2021）③基于乡村振兴战略对菏泽市定陶区乡村分类与布局开展定性与定量研究，首先结合现有乡村分类标准、导则等要求，构建村庄类型细分体系，制定乡村分类原则，明确乡村分类方法；其次将单因子遴选与多因素评价相结合进行村庄发展综合评价，单因子遴选是采用决定性因素筛选出特色村庄，多因素评价是构建评价指标体系，利用加权求和法计算村庄综合发展水平，再根据村庄各项评价因子的评价结果，按照得分最高的主导因素确定细化乡村分类至二级类。张子楷等（2022）④在分析影响乡村发展因素的基础上，构建了乡村分类的"二步法"，即"综合研判＋村庄发展潜力综合评价"。以山东省安丘市景芝镇为例，通过层次分析法、综合评估法及ArcGIS空间分析法对指标进行赋值计算，得出发展潜力综合评价分值，结合综合研判结果与乡村发展模式将村庄划分为六类，最后根据不同类型乡村的特征提出了差异化的发展引导策略与管控要求。史芸婷等（2021）⑤根据乡村与城镇的空间动态发展关系，首先筛选出城镇开发边界内的乡村，根据限定条件的重要性程度、限定性强弱提出基于条件限定的乡村分类逻辑顺序，再结合乡村发展情况，从人口组成、村庄建设、交通区位、市政设施、生态状况等五方面综合构建指标体系进行乡村分类，最后对两种方法分类结果冲突情况进行协调，校正分类结果，最终将桂林市辖区乡村划分为四个一级类和八个二级类。李宏轩等（2020）⑥针对沈阳市全域村庄的区域位置、产业特点、基础条件和特色资源等

① 江雪怡，时雨欣，汪宜溪，等. 自然聚落尺度下村庄分类方法的研究——以天等县为例［J］. 小城镇建设，2020，38（10）：66-75.

② 荣玥芳，曹圣婕，刘津玉. 国土空间规划背景下村庄分类技术与方法研究——以天津市蓟州区为例［J］. 北京建筑大学学报，2021，37（1）：51-58.

③ 王娜，芮东健，王辉，等. 面向乡村振兴战略的菏泽市定陶区村庄分类与布局研究［J］. 乡村科技，2021（9）：23-28.

④ 张子楷，祁丽艳，张云涛，等. 乡村振兴战略背景下安丘市景芝镇村庄分类研究［J］. 青岛理工大学学报，2020，41（3）：59-66.

⑤ 史芸婷，李浩，陈小杰. 桂林市辖区村庄分类研究［J］. 城乡建设，2021（9）：60-61.

⑥ 李宏轩，王丽丹，王晓颖，等. 沈阳市村庄分类布局策略探索［J］. 规划师，2020，36（S1）：85-90.

内容，通过定性分析和定量分析相结合的方式进行客观评判。定性评价主要用于筛选搬迁撤并类村庄和暂不明确发展类型的村庄，定量评价主要是对保留村庄构建村庄发展潜力评价体系，综合选取村庄基本条件、产业基础、地方特色和区位条件四个方面共 35 项能代表村庄发展水平与潜力的指标。

定性定量穿插结合：陈思（2022）[①]按照“摸清乡村家底—乡村潜力评价—上下联动”的技术路线开展乡村分类研究，先结合乡村实际，对乡村进行摸底调查，对乡村现状条件进行分析，从区位条件、自然条件、村庄规模、配套设施、经济水平五个维度构建乡村类型识别指标体系，再对各乡村进行乡村发展潜力评价，通过定性或者定量的方法对各因子进行赋值打分，运用层次分析法计算各指标因子的权重，从而计算出各个乡村的综合评价分值，最后在定量分析的基础上应充分考虑实际需求，通过定性分析进行校核时，应充分考虑村民的意见，做到公众深度参与。冯丹玥（2020）[②]结合乡村振兴战略要求，对江苏省睢宁县的村庄进行类型识别，先建立村庄等级体系，然后明确各类型各等级村庄的发展职能，探索村庄整治潜力，通过村庄类型识别体系，将村庄分为城郊融合类、激活优化类、特色提升类、生态保护类、拆并搬迁类等类型。戴余庆等（2020）[③]基于国家确定的乡村类型（城郊融合类、集聚提升类、特色保护类、搬迁撤并类和其他类），运用层次分析法，从发展潜力和限制条件两方面构建乡村综合发展评价指标体系，借助ArcGIS空间分析功能，计算得出乡村发展指数（包含潜力指数和限制指数），总结三级九类乡村综合发展情形。在此基础上，通过细化量化乡村分类标准，引入修正要素优化分类方案，探索一种定性定量相结合的县域乡村分类方法。韩欣宇等（2019）[④]采取“发展—重构”综合评价方法对山东省淄博市昆仑镇进行实证研究，提出发展度高—重构度高、发展度高—重构度低、发展度低—重构度高和发展度低—重构度低四种一级发展类型和城镇集聚型、村庄集聚型、均衡稳定型、生产收缩型、生活收缩型、生产衰退型与生态衰退型七个二级类。

先分区再分类：杨绪红等（2020）[⑤]以山东省利津县为研究区域，基于规划约束和乡村自身资源禀赋提出了以先分区、后分类的顺序递进式地划分乡村类型。首先，将乡村划分为城镇化区、特色历史文化区和一般农村地区，然后构建乡村空间布局适宜性评价体系，利用 Ward 系统聚类法对一般农村地区的乡村开展具体类型划分，最后结合村庄演化方向和资源禀赋、区位特点、社会经济状况，针对城镇化区、特色历史文化区和一般农村地区内的乡村分类结果提

① 陈思. 高原地区县域村庄分类方法研究——以西藏昂仁县为例［J］. 城市建筑，2022（4）：69–71.

② 冯丹玥，金晓斌，梁鑫源，等. 基于“类型—等级—潜力”综合视角的村庄特征识别与整治对策［J］. 农业工程学报，2020，36（8）：226–237，326.

③ 戴余庆，易维良，李圣，等. 基于综合发展评价的县域村庄分类方法研究——以涟源市为例［A］. 中国城市规划学会，成都市人民政府. 面向高质量发展的空间治理——2020中国城市规划年会论文集（16乡村规划）［C］. 湖南省建筑设计院有限公司，2021：9.

④ 韩欣宇，闫凤英. 乡村振兴背景下乡村发展综合评价及类型识别研究［J］. 中国人口·资源与环境，2019，29（9）：156–165.

⑤ 杨绪红，吴晓莉，范渊，等. 规划引导下利津县村庄分类与整治策略［J］. 农业机械学报，2020，51（5）：233–241.

出不同的演化分类和整治策略。褚书顶等（2020）[①]以“开化县村庄规划编制路径研究”为例，建构“自然村—行政村”两级分类体系的思路。首先在自然村层面进行分类，依据双评价空间分区的结果，基于底线控制、集聚发展等原则要求，先识别典型乡村的类别；其次充分考虑各乡村发展的潜力，综合人口变化、区位交通、设施配套、地形地貌等多方面因素，进行ArcGIS多因子叠合分析，形成乡村发展评价图。在评价图的基础上，将剩余类别不明的自然村划分成衰减型、稳定型以及成长型等类别，并将县域自然村分类结果，与当地主管部门充分对接，对分类结果进行优化调整；最后依据自然村到行政村分类转换规则，将县域村庄按照四种分类分到行政村层面。

（2）乡村类型

国内学者们采用定性与定量相结合的方法划分的乡村分类大多与国家确定的乡村一级大类一致，并进一步对乡村进行二级细化分类。比如荣玥芳（2021）[②]确定的分类指标体系为搬迁撤并类（搬迁撤并型）、城郊融合类（城市带动型、中心集聚型）、特色保护类（特色资源型、农旅产业型）、集聚提升类（自主提升型、扶持保育型）。王娜等（2021）[③]将乡村划分为集聚提升类（中心集聚型、存续提升型、其他集聚提升型）、城郊融合类（城市近郊型、乡镇驻地型、其他城郊融合型）、特色保护类（特色景观型、历史文化名村、传统村落、其他特色保护型）、搬迁撤并类（环境影响型、人口流失型、其他搬迁撤并型）、其他类（方向不明型、地域不明型、其他发展不明型）等五大类15小类。李宏轩等（2021）[④]确定的乡村一级分类与国家的保持一致，集聚提升类细化为示范引领型、保留改造型和产业提升型，城郊融合类细化为城市融合型和城镇融合型，特色保护类细化为文化特色型、生态特色型和旅游特色型，搬迁撤并类细化为安全性撤并、城镇化撤并、生态化撤并。史芸婷等（2021）[⑤]根据村庄与城镇的空间动态发展关系首先筛选出城镇开发边界内的乡村，剩余的行政村按照四大类八小类进行划分，其中集聚提升类分为自然保留型和旅游发展型，特色保护类分为传统村落型、民族特色型和自然资源型，搬迁撤并类分为项目影响型、生态脆弱型和资源限制型。

也有部分学者对国家确定的一级分类进行微调且没有做细化分类研究，比如陈思（2022）[⑥]以西藏昂仁县为例把全县乡村划分为：特色保护类村庄24个、城郊融合类村庄14个、集聚提升类村庄103个、搬迁撤并类村庄 44个。杨绪红等（2020）[⑦]按照先分区、后分类的顺序

① 褚书顶，张乐益，黄文圣. 国土空间规划体系下村庄分类研究——以“开化县村庄规划编制路径研究”为例［J］. 浙江国土资源，2020（S1）：91–94.

② 荣玥芳，曹圣婕，刘津玉. 国土空间规划背景下村庄分类技术与方法研究——以天津市蓟州区为例［J］. 北京建筑大学学报，2021，37（1）：51–58.

③ 王娜，芮东健，王辉，等. 面向乡村振兴战略的菏泽市定陶区村庄分类与布局研究［J］. 乡村科技，2021（9）：23–28.

④ 李宏轩，王丽丹，王晓颖，等. 沈阳市村庄分类布局策略探索［J］. 规划师，2020（S1）：85-90.

⑤ 史芸婷，李浩，陈小杰. 桂林市辖区村庄分类研究［J］. 城乡建设，2021（9）：60–61.

⑥ 陈思. 高原地区县域村庄分类方法研究——以西藏昂仁县为例［J］. 城市建筑，2022（4）：69–71.

⑦ 杨绪红，吴晓莉，范渊，等. 规划引导下利津县村庄分类与整治策略［J］. 农业机械学报，2020，51（5）：233–241.

把山东省利津县划分为城乡融合型（107个）、特色保护型（6个）、集聚发展型（21个）、存续提升型（180个）和搬迁撤并型（198个）五类。戴余庆等（2020）[①]在国家确定的五种村庄类型基础上，从“正向”发展潜力和“反向”限制条件两个角度对娄底市涟源市域乡村进行分类。

还有学者重构分类框架，从新的维度确定不同于国家的乡村分类体系，比如张子瞀等（2020）[②]通过构建的乡村分类二步法“综合研判+村庄发展潜力综合评价”，以乡村发展引领方式的不同，把山东省安丘市景芝镇乡村分类为城镇化引领的城郊融合型、集聚发展型和农业引领的积极发展型、改造存续型、特色保护型、搬迁撤并型。

2.2.3 已有乡村分类评析

1．乡村分类方法

基于类型学的分类方法以定性研究为主，研究者的学术观点和主观视角通常决定了分类的标准，国外学者主要基于人口类型学、城市形态类型学等开展乡村定性分类研究。比如Penev根据人口老龄化阶段进行分类，Demangeon依据村落个体自身形态细分乡村类型，国内学者比如李裕瑞、罗文等主要根据村庄的地理区位、资源条件、经济水平、历史人文、村庄功能、与城镇关系等影响要素，参考现行各类规划、政策文件、已批复的重大项目等政策层面对村庄的约束进行定性划分。基于统计学的分类方法以定量研究为主，通过构建关键指标体系对乡村发展进行评测，把分类结果尽量客观化。国外学者Paul Cloke、M. van Eupen、Gulumser等主要采用主成分分析法确定乡村评价关键性指标并进行评估；国内学者通常采用聚类分析、主成分分析、自然断点法等方法赋权重、归类，如史秋洁、刘李等基于自然禀赋、区位交通、村庄建设规模、人口发展、产业经济、用地结构等乡村发展要素，构建乡村分类评价指标体系或乡村发展潜力评价体系。无论是定性分析还是定量评价，经过学者们多年的探讨研究，乡村分类技术思路不断成熟，对研究对象的分析越来越透彻，都提供了非常有益的分类思路和方法。但经过分析梳理发现，有些村庄缺少有效的基础数据，定性分析通过单一要素划分村庄类型的方式可能会导致分类结果具有一定的片面性与主观性，而不少定量评价过于强调数据性，评价体系设置的指标过于繁杂，复杂的数据处理很难在乡村分类的实际操作中得到应用。相比较而言，定性与定量相结合的分类方法更加客观科学，被大多数学者们所选择。

结合了决定性因素和综合因素的“沙漏法”在国内乡村分类研究中比较常用。比如李裕瑞和刘李学者直接采用“沙漏法”进行乡村分类；王娜、荣玥芳、史芸婷等学者间接采用“沙漏法”进行乡村分类，虽然没有提及“沙漏”，但整个分类过程与本研究提出的“沙漏法”

① 戴余庆，易维良，李圣，等. 基于综合发展评价的县域村庄分类方法研究——以涟源市为例［A］. 中国城市规划学会，成都市人民政府. 面向高质量发展的空间治理——2020中国城市规划年会论文集（16乡村规划）［C］. 湖南省建筑设计院有限公司. 2021：9.

② 张子瞀，祁丽艳，张云涛，等.乡村振兴战略背景下安丘市景芝镇村庄分类研究［J］. 青岛理工大学学报，2020，41（3）：59–66.

（详见3.2.2）非常相似，先采用决定性因素筛选出特色保护类村庄、搬迁撤并类村庄，再利用综合因素评价方法构建评价指标体系，按照综合评价结果细化乡村分类。“沙漏法”为识别复杂而多样的乡村类型提供了直观又实用的分类思路，拓展了乡村细化分类研究的深度和广度。

2．乡村类型划分

国内大部分学者采用的乡村一级分类与国家确定的四大类保持一致，只有少部分学者比如史秋洁、欧维新、戴余庆等学者确定的一级分类与国家确定的集聚提升、城郊融合、特色保护和搬迁撤并四大分类不同。乡村一级分类与国家确定的类型保持一致有利于分类规则及政策对接，也有利于村庄规划编制及成果应用管理。而国外因管理制度差异，大部分国家没有统一确定乡村类型，国外学者比如Radovanovic、Van Eupen、M. van Eupen、Aleksandra Gajić、Jerzy Bański等从不同角度、采用不同思路探讨乡村分类标准和分类体系。

国外学者普遍倾向于乡村一级分类研究，而国内不少学者尝试对乡村进行纵向细化分类研究。比如基思·哈法克雷确定的英国四种乡村空间情景模式、Aleksandra Gajić把塞尔维亚乡村确定为五种类型、Jerzy Bański把波兰乡村直接划分为12种类型、Rosa Cuesta Molestin将厄瓜多尔乡村分为六类，而国内学者李裕瑞、荣玥芳、赵勇等均在国家确定的乡村一级分类或从研究角度确定的一级分类基础上进行了乡村细化分类研究，乡村细化分类是国内学者的主要研究方向，占乡村分类研究的60%以上。

3．乡村分类思路

（1）直接分类法

通过关键要素识别或构建评价指标体系直接对乡村进行分类的方法在国内外乡村分类研究领域比较常见。比如国外学者Christaller根据乡村聚落空间格局把村庄类型划分为不规则的群集村庄和规则的群集村庄；保罗·克罗克采根据关键乡村性指标把乡村分为极端农村、中间农村、中间非农村、极端非农村；Hill则直接总结归纳出六种农村聚落的空间形式。国内学者欧维新、史秋洁、张磊等则通过构建乡村分类评价指标体系对乡村进行直接分类。

（2）两步分类法

也有不少学者认为乡村是复杂系统，直接分类法过于简单直接，难以全面准确识别乡村特征，要采用科学合理的分类步骤、多种方法相结合的方式科学划分乡村类型。比如国外学者Monika Stanny先定性分析确定分类目标，再对指标数据进行动态云聚类分析得到七种类型乡村单元；Jerzy Bański先构建乡村评价框架，再经过四个阶段过程对乡村分类。国内学者荣玥芳、史芸婷、王娜、李宏轩等先采用定性方法开展条件限定判别，识别出具有特色的乡村，再对剩余乡村采用定量方法评价其潜力，根据潜力大小进行细化分类。

（3）多步分类法

多步分类法也被不少学者采用，比如国外学者Aleksandra Gajić先设计一个分类框架设计，再采用计量方法确定影响乡村分类的主要因素，最后使用聚类分析确定了六种区域类型；

Natalija Bogdanov把数据与技术相组合，先通过主成分分析将数据分组，再对指标数据进行统计分析，最后确定农村市镇的主要特征，识别具有相似核心特征的农村地区群体。国内学者李裕瑞按照“人工筛选—系统筛选查漏查重—专家综合评定”的三步法操作流程明确二级分类。

直接分类法简单高效，但由于缺少对综合因素的考虑，再加上技术检验环节欠缺，可能导致分类结果存在偏差。两步分类法采用定性与定量相结合的方式避免了直接分类的轻虑浅谋，分类方法更加科学适用。多步分类法更加注重人工参与和专家评定，使分类结果更贴近于现实。但以上分类思路都缺少对分类结果的技术检验与反馈，分类思路方法是否具有普适性和分类结果是否符合实际得不到验证。

2.3 乡村分类存在的问题

2.3.1 乡村分类技术方法不完善

1. 不够客观且难以处理大量样本

定性研究大多基于类型学研究，以归纳分析法、类型比较法等为主要分析方法。目前的乡村分类定性研究更聚焦于对乡村差异的内涵进行探讨，预判乡村多元化发展方向，但基于工作人员田野调查的定性研究，带有工作人员强烈的个人主观意愿，通常导致分类结果过于片面与主观。通过单一要素划分乡村类型缺乏数据分析，难以处理大量乡村样本。

2. 无法识别乡村的核心差异

关于乡村分类的定量研究大多基于统计学，主要采用构建评价体系和指标加权的方法，在宏观、区域政策制定层面有较好的实用性。目前的乡村分类定量研究更倾向于对静态的地区状况进行描述，同时能够对变化过程做出解释，但其过于强调数据性，利用指标加权后的分类结果，仅能体现各村庄综合潜力或单一维度的发展程度的差异，无法体现乡村的具体特征及发展的优劣势，对不同特征的乡村的规划编制缺乏指导意义。

3. 对于我国各地区不具备普适性

经过学者们多年的探讨和研究，各种乡村分类技术不断成熟，但我国幅员辽阔，各地区地理、气候、经济、人文差异巨大，乡村发展诉求各不相同。目前以类型学为基础的定性分析和以统计学为基础的定量评价，往往针对具体研究区域制定指标体系，分类模型大多不具备普适性，不能灵活适应于各地乡村分类需求。

2.3.2 乡村分类类型不统一

学者们对乡村分类开展了大量研究，不同学者划分的乡村类型也不尽相同。大部分学者划分的乡村一级分类结果与国家提出的集聚提升类、城郊融合类、特色保护类、搬迁撤并类四种类型保持一致，但由于《国家乡村振兴战略规划（2018—2022年）》《关于统筹推进村庄规划工作的意见》等国家层面的政策文件只是明确了乡村一级类型及其分类发展策略，对于乡村细化分类缺少具体说明和标准，导致乡村细化分类结果差异较大。还有不少学者从地形地貌（平原型、山地型、丘陵型）、产业类型（农业主导型、工业主导型、商旅服务型）或经济发展水平（发达型、发展中型、落后型）等角度划分乡村类型，这些分类结果与国家政策文件的要求不尽一致，过于多样化的乡村分类既不利于村庄规划的统一编制和入库管理，也不利于国家在宏观层面掌握乡村的总体情况。

2.3.3 分类结果的技术检验环节缺失

学者们对于乡村分类的研究主要围绕构建技术思路、确定技术方法、划分乡村类型、实际案例分析等内容开展，而分类结果的检验与反馈环节普遍缺失。乡村分类结果与研究者采用的技术思路与方法密切相关，不同技术思路与方法对同一区域进行分类得到的结果都会存在差异，哪种技术思路与方法得出的分类结果更符合实际，需要反向的检验反馈才能得到有效验证。鉴于此，在当前研究基础上增加分类结果的技术检验环节，通过分类结果与实际情况的相互验证，将验证情况再反馈到技术思路与方法上，从而形成整个分类研究的闭环，不仅能使研究成果更科学，还可以推进分类技术方法的不断更新与完善。

2.4 本章小结

国家相关乡村分类政策中提出，县域乡村类型划分为城郊融合类、集聚提升类、特色保护类、搬迁撤并类和其他类，要求因地制宜、分类编制村庄规划，乡村分类治理是贯彻落实乡村振兴战略的必要措施。乡村发展、村庄规划及分类治理等相关政策文件密集地出台表明了乡村分类工作的重要性和急迫性。为响应国家政策，广西根据实际情况，将乡村分为集聚提升类、城郊融合类、特色保护类、搬迁撤并类和固边兴边类五类，并对乡村分类做出了系列研究。当前乡村分类方法的研究主要有三种：一是定性的分类方法，主要以归纳分析和类型比较的方式预判村庄发展方向；二是定量评价的分类方法，主要基于多指标加权的结果来判断村庄综合潜力；三是定性和定量相结合的分类方法。但这些乡村分类方法存在乡村分类技术方法不完善、乡村分类类型不统一、乡村分类结果的技术检验环节缺失等现实困境，急需构建一套具有普适性的乡村分类体系技术方法。

3

“沙漏法”乡村分类模型体系构建

我国正处于城镇化快速发展的时期，在乡村振兴战略实施及国土空间规划体系建设的时代背景下，应聚焦于如何构建更科学准确、能够指导实践工作的乡村分类技术方法。在综合评析已有学者们的乡村分类成果基础上，针对现有的乡村分类方法存在的乡村分类技术方法不完善、乡村分类类型不统一、乡村分类结果的技术检验环节缺失等三个问题，本章拟攻克技术难点，首先建立技术方法的理论基础，然后确定分类技术的思路，最后构建“定性+定量四步沙漏分类法”技术模型。

3.1 乡村分类原则与依据

3.1.1 乡村分类原则

1．理论与实践相结合的原则

先确定“还原论”“突变论”为研究乡村分类技术方法的理论基础，再用理论指导“沙漏法”乡村分类模型体系的构建和研究案例的实践应用。采用“还原论”思维将乡村潜力评价拆分为七个维度，把复杂的乡村系统拆分成多个因子；“突变论”思维把乡村间的核心差异作为关键识别要素，通过乡村中的“突变点”定性研判乡村的突出特征。

2．因地制宜采用分类方法的原则

不同地区的乡村发展有其自身地域特殊性，在进行分类时应综合考虑地理区位、社会经济、人口发展、产业特点、村庄特色等要素，遵循乡村地域演变规律及不同类型乡村自身发展规律，注重乡村的特色景观与人文资源，科学合理地进行特色化分类，不同地区的分类标准和分类识别方法应有所不同。

3．分类结果指导村庄规划与治理的原则

乡村分类是传导乡村振兴战略、开展村庄规划编制、进行乡村治理的重要指导工具，乡村分类结果应考虑能够指导不同类型乡村的发展需要，分类有序地推进村庄规划编制工作，为乡村治理加强分类指导，分类落实政策举措提供依据。因此乡村分类工作要与国家及省市乡村振兴战略工作、实用性村庄规划编制等工作进行充分衔接。

3.1.2 乡村分类依据

1．县级和乡镇级国土空间规划

村庄规划是新时期国土空间规划体系中乡村地区的详细规划，主要任务是传导上位国土空间规划的开发保护格局和各自然资源要素用途管控要求，尤其是县级和乡镇级国土空间规划任务的最终落实。因此，乡村发展定位与目标、发展方向和重点、与周边村庄的衔接协调等都要严格按照县级和乡镇级国土空间规划的要求进行确定。乡村分类是村庄规划编制的基础和依

据，是对乡村发展定位的具体落实。因此，县级和乡镇级国土空间规划是重要参考依据。

2．相关规划

地方编制的乡村振兴规划从乡村产业发展、基础设施改善、生态环境整治、乡村治理等方面提出了乡村发展的主要内容。乡村产业发展规划对乡村农业发展方向、乡村特色产业培育、乡村休闲旅游业挖掘等提出了重要引导措施，乡村旅游发展规划明确了乡村旅游产业发展的要素结构与空间布局、发展重点和目标等。以上相关规划都为乡村分类提供了参考依据。

3．主体功能区

主体功能区划分是国土空间规划的重要内容，是确定国土空间发展格局、实施用途分区、资源要素配置的重要依据。根据国土空间综合评价结果，各地主体功能区一般划分为重点生态功能区、农产品主产区和城镇化发展区三大分区。除城镇化发展区外，重点生态功能区和农产品主产区均与农村地区息息相关，落在不同功能区的村庄发展与管控引导的重点不同。因此，主体功能区是乡村分类时需要重点考虑的因素。

4．已有文件对乡村的定位

各级政府和相关部门颁布的“特色景观旅游名镇名村”名录、“历史文化名镇名村”名录、“传统村落”名录、“少数民族特色村寨”名录等都对具有特色保护价值的村庄进行了收录，明确了村庄保护的对象和要求。还有因重大项目建设或地质灾害影响近期需要搬迁撤并的乡村，各地也有明确。这些已有政策文件中明确的村庄是乡村分类的“一票确定”依据。

3.2 乡村分类思路与方法

3.2.1 技术方法的理论基础

乡村分类有不同的技术方法，其背后反映了不同的思维研究方式，在定量研究中，通常采用“系统论”的思维；在定性研究中，则通常采用“类型学”的思维。鉴于对乡村系统的认识和理解，本研究引入还原论和突变论两种思维研究方式，厘清了乡村分类“拆分多因子评价”和“以差异性作为筛选核心关键”的理论思想。

1．还原论

城市、乡村往往被认为是一个复杂系统，从本质上具有“要素”组成“系统整体”的特征。对复杂系统的预测，往往只是指出可能性，具有不确定性、概率性、偶然性、多解的性质，具有“测不准”属性，这是导致目前分类方法主流将乡村视为一个整体，常常采用“系统论”的分类技术方法。但如果因为乡村是复杂系统具有突现性质而不可预测，继而反对探求乡村发展的规律，仅停留在对乡村现状或历史进行特定的描述，或者简单将乡村当成一个整体去研究其整体系统性质，而忽略其内部组成成分的分析，是不全面的。对比城市的复杂系统而言，乡村系统是小型独立的个体，在还原论的预设中，乡村可以拆分成更小的部分，其特征也更易被简化和抽象。还原论作为一种完善的研究方法，被认为在研究各部分的关系中足以推导、解释整体的性质。

因此在本研究中采用还原主义作为一种分析的科学基本思想，在乡村系统的研究中，将影响乡村发展的各个方面的要素，以多因子的形式抽离出来，拆分成不同方向的特征，分成不同维度的特征因子来综合评价乡村。不同维度的特征因子评价指标，可以近似地解释乡村系统的总体特征。

2．突变论

相比城市这样具有进化的普遍规律的复杂巨系统，乡村在发展的过程中，具有规模小、空间离散度高、发展缓慢等特点。因此一些乡村精英个体或突然的政策变量（如修建道路、扶贫政策）影响，对于乡村发展决策而言影响非常巨大，甚至产生乡村发展的方向性变化。这种来自于外部的社会经济活动的非连续性突然变化的现象，用一般的规律演化研究很难清晰描述，因此本研究引入突变论的研究方法。突变论强调变化过程的间断或突然转换，其主要特点是用形象而精确的数学模型来描述和预测事物的连续性中断的质变过程，是研究从一种稳定组态跃迁到另一种稳定组态的现象和规律。

在乡村结构稳定性的基础上，在严格控制条件的情况下，通过突变论的研究方法，找到乡村在相似性中的微小差异性，差异性则导向乡村稳定结构的丧失，形成突变的可能性。因此在技术上，以差异性作为筛选的核心关键，通过一些特征鲜明的差异点，可以先将一些具有突变可能性的乡村筛选出来。

3.2.2 “沙漏法”乡村分类模型体系

基于对乡村分类问题的认识以及理论方法的指导，按照定性为基础，定性与定量相结合、验证的思路，对李裕瑞等（2020）[①]从定性角度提出的乡村分类方法（Village Classification Model，VCM）进行改进提升，构建一套定性识别核心差异、定量多维度评价、可灵活调整“滤网”、分类结果检验反馈、可指导实践应用的乡村分类模型，命名为“沙漏法”乡村分类模型。该模型把乡村的明显特征以及不同维度的评价指标设计成多组“滤网”，设定每组“滤网”的顺序与阈值，将乡村逐一放入“沙漏法”模型中，不同的“滤网”会根据乡村不同的特征表现将乡村按类型筛选出来。

“沙漏法”乡村分类模型一共分为五步，按照“确定乡村类型—实施定性沙漏法—实施定量沙漏法—检验与反馈—制定发展指引”的操作步骤开展分类工作（图3–1）。第一步，确定乡村类型。综合考虑乡村特色、区划位置、生存环境、发展建设、乡村功能及乡村振兴诉求，根据地方特征将国家确定的乡村一级分类细化至二级分类。第二步，实施定性“沙漏法”。通过定性判别先把特征明显的乡村识别出来并归类，如边境地区特殊性的乡村，位于各类名录的

① 李裕瑞，卜长利，曹智，等．面向乡村振兴战略的村庄分类方法与实证研究［J］．自然资源学报，2020，35（2）：243–256.

特殊保护类乡村，受生态环境、地质灾害、采矿区影响需搬迁撤并的乡村和城镇建成区辐射影响范围内的城郊融合类乡村等。第三步，实施定量“沙漏法”。基于乡村资源禀赋、建设现

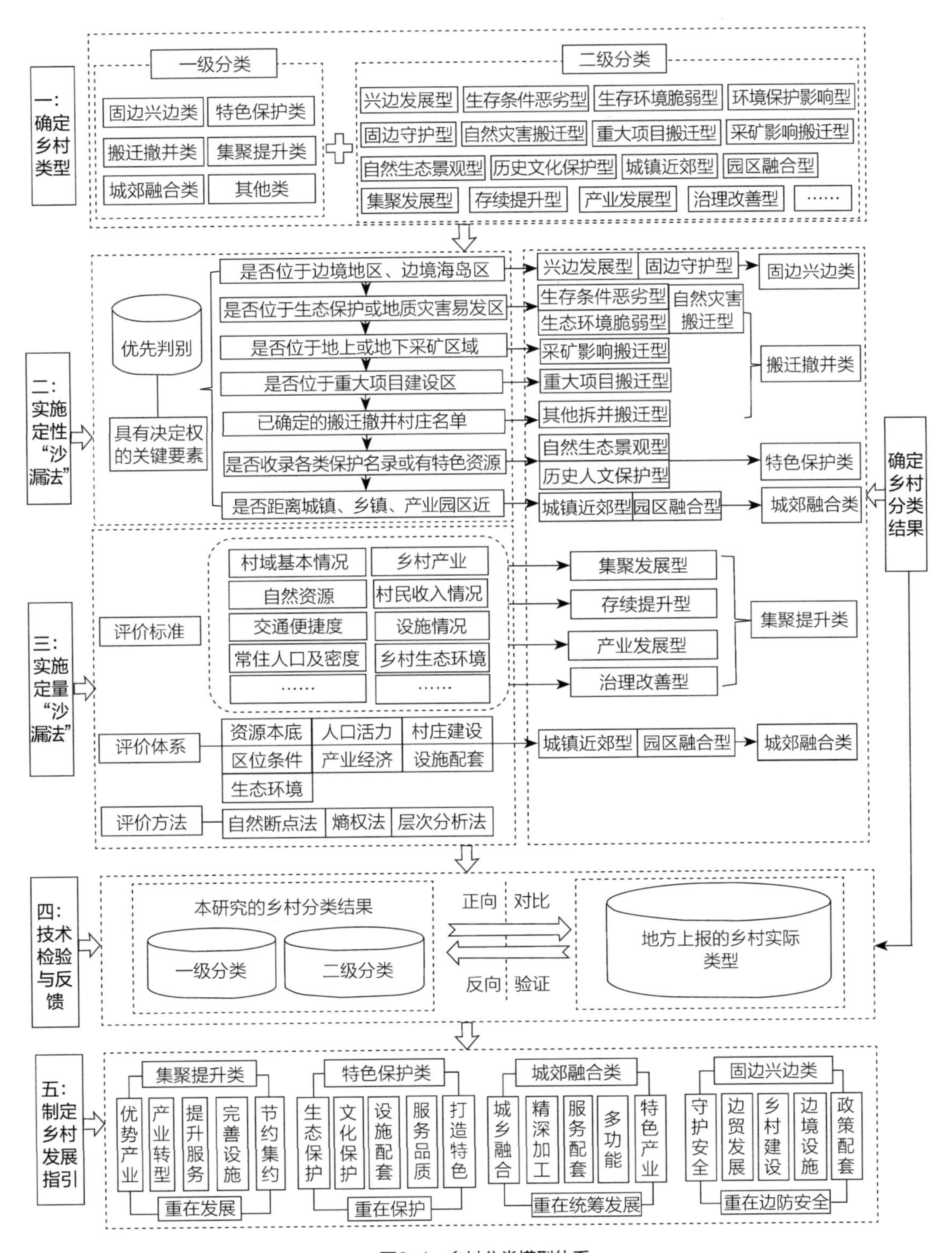

图3-1 乡村分类模型体系

状、区位交通、产业经济、基础设施配套程度等影响乡村发展的要素构建多维度乡村潜力评价指标体系，对各维度的评价结果进行分级，依次对剩余村庄进行筛选，分类出集聚提升类和部分城郊融合类乡村。第四步是技术检验与反馈。将“沙漏法”分类结果与地方上报的乡村分类情况进行比对，分析两者异同及产生差异的原因，并将技术检验结果反馈回“沙漏法”模型体系，不断调整优化沙漏层级与顺序，优化定性定量与“沙漏法”的融合工作机制。第五步是制定乡村发展指引。通过对当地政府、相关政策、涉农资金、管理部门的调研，分类提出村庄规划指引、管控政策、发展策略等发展引导，并进行实践案例验证。

3.2.3 “沙漏法”乡村分类的技术优势

“沙漏法”可以解决定性或定量方法的局限，且具有很强的自适应性。其技术优势主要有以下五点：

1．可客观识别无法量化的村庄特征数据

通过采集各地市上报以及通过大数据识别村庄一些核心特征，使得一些无法量化的村庄特征也可以客观的展现，使用定性“沙漏”的环节，可以客观展现筛选结果，且可以快速处理大量样本。

2．可较好识别不同维度乡村核心差异

发展潜力评价模型的各指标得分和各维度评价可以体现每个村庄各方面的本底和发展特征，利用定量“沙漏”的环节，可以在各维度多次筛选中清晰地识别出每个乡村的核心差异。

3．具有较高的灵活性与普适性

由于采用“沙漏”的方法，可以依据研究地区的现实情况和规划需求调整每个“滤网”的优先顺序和阈值范围，优先筛选的顺序可以灵活调整，在城镇化影响地区或偏僻乡村地区都可以根据自身地区特色加以调整。特别在定性“滤网”的环节中可以灵活加入当地已被识别的各类名录、生态敏感区、已有各级规划中的中心村等已有数据，进行优先筛选，使结果更符合现实情况。

4．确定科学统一的乡村两级类型

乡村一级分类与国家、广西的政策文件要求保持一致，便于乡村的统一归类与管理。对每个一级分类内包含的乡村进行深入对比分析，根据不同乡村的现状基础、发展特色及未来发展趋势，把一级分类细化至覆盖面广、易于识别、适应性强的二级类型，并详细描述二级乡村类型特征、适用范围，明确不同类型乡村的分类依据和评价标准。

5．强化对分类结果的技术检验与反馈

把采用“沙漏法”乡村分类模型体系确定的乡村分类结果与地方上报的乡村类型进行比对，查找两者差异及产生原因，及时反馈给分类技术方法体系，调整优化“沙漏法”乡村分类模型，通过自上而下的模型体系设计应用和自下而上的结果检验反馈，充实完善整套乡村分类研究体系。

3.3 “沙漏法”乡村分类模型的工作流程

“沙漏法”乡村分类模型具有很强的自适应性，不同地方在具体应用时会有所差异，以下以广西为例，具体展示“沙漏法”乡村分类模型的工作流程。

3.3.1 第一步：确定乡村类型

首先确定乡村一级分类。为确保乡村分类的衔接性与可操作性，乡村一级分类与《乡村振兴战略规划（2018—2022年）》和广西村庄规划编制要求提出的乡村类型保持一致。根据《乡村振兴战略规划（2018—2022年）》提出的集聚提升、城郊融合、特色保护、搬迁撤并四大乡村分类和广西自然资源厅办公室印发的《全面推进广西村庄规划编制的工作方案的通知》（桂自然资办〔2019〕216号）中确定的固边兴边类乡村，确定五个一级分类；再根据乡村发展的政策导向及一级分类中各类型乡村现状基础、发展差距及未来发展趋势等因素，确定了13个二级分类。

1．乡村一级分类

（1）固边兴边类乡村

固边兴边类乡村主要是指抵近国境线，具有固边兴边富民职能的乡村。

（2）搬迁撤并类乡村

搬迁撤并类乡村主要是指因生态保护、地质灾害、采矿、重大项目建设等原因在有关规划中已明确需要搬迁的乡村。

（3）特色保护类乡村

特色保护类乡村主要是指已列入保护或自然生态景观、历史文化特色资源丰富的乡村。

（4）城郊融合类乡村

城郊融合类乡村主要是指紧邻城镇开发边界、受城镇发展影响大的乡村。

（5）集聚提升类乡村

固边兴边类、搬迁撤并类、特色保护类、城郊融合类乡村之外的一般乡村都归类到集聚提升类乡村中，该类型乡村中包括发展潜力比较大和发展潜力一般的乡村。

2．乡村二级分类

（1）固边兴边类乡村的二级分类

根据广西固边兴边类乡村的发展基础与现状，将该一级分类细化为兴边发展型乡村和固边守护型乡村两类。兴边发展型乡村主要是指位于边境和海岛地区，边境旅游、边贸交易产业发展好的边境乡村；固边守护型乡村指位于边境、海岛地区，乡村发展条件一般，但因边防海防战略需要将长期存续的乡村。

（2）搬迁撤并类乡村的二级分类

导致乡村搬迁撤并的因素很多，根据乡村搬迁撤并的主导原因将该类乡村细化分类为生存条件恶劣型、生态环境脆弱型、环境保护影响型、自然灾害搬迁型、重大项目搬迁型、采矿影响搬迁型。生存条件恶劣型乡村主要是指生存环境恶劣，生存所需资源严重匮乏，不利于生存，确有必要进行搬迁的乡村，以及距离大型污水处理厂、垃圾填埋场等不利于生存的场所较近的乡村；生态环境脆弱型乡村指通过生态工程措施也难以有效改善的生态环境极度脆弱的乡村；环境保护影响型乡村指位于各类国家级保护区核心区、缓冲区内，根据有关要求需要强制搬迁的乡村；自然灾害搬迁型乡村指各类自然灾害频发强烈影响到村民生命财产安全的乡村；重大项目搬迁型乡村包括因重大项目、国防项目建设需要而确实有必要搬迁的乡村；采矿影响搬迁型指位于地上或地下采矿区域的乡村。

（3）特色保护类乡村的二级分类

针对保护对象的属性差别，将特色保护类村庄简单划分为自然生态景观型乡村和历史人文保护型乡村。自然生态景观型乡村包括特色景观旅游名村（即被收录进政府颁布的“特色景观旅游名镇名村”名录中的乡村）和具有良好的自然景观资源，有一定的旅游资源开发基础，或当地一致认为可以纳入自然景观旅游型的乡村。历史人文保护型乡村包括特色历史文化名村（即被收录进各级政府颁布的“历史文化名镇名村”“传统村落”“中国少数民族特色村寨”名录中的乡村）和具有良好的历史文化资源，有一定的旅游资源开发基础或潜力，或当地一致认为可以纳入历史人文保护型的乡村。

（4）城郊融合类乡村的二级分类

城郊融合类乡村包括城镇近郊型、功能承接型和园区融合型三类。城镇近郊型乡村包括三种情形：一是城市群、城市圈及城市内因城镇发展需要进行规划控制的非城镇建设用地范围内的乡村；二是距离县城和乡镇镇区近，与城镇发展关系密切，受城镇发展影响大的乡村；三是在城镇扩张方向及其影响范围内的乡村。功能承接型乡村主要是指位于城镇周边承接城镇产业、职能等转移，与城镇交通、各类设施共建共享的乡村。园区融合型乡村主要指位于县级以上确定的经济开发区或工业、农业、服务业园区内及周边的乡村。

（5）集聚提升类乡村的二级分类

除以上容易识别的四大类乡村外，各行政辖区内的绝大部分乡村是集聚提升类乡村，根据各乡村的发展定位、现状及未来发展趋势，将集聚提升类乡村细化为集聚发展型乡村、存续提升型乡村、产业发展型乡村、治理改善型乡村四类。

集聚发展型乡村主要包括六种情形：一是现有规模较大、发展条件较好的中心村、重点村，以及在相关规划中确立为中心村的乡村；二是区位条件相对较好、人口相对集中、公共服务及基础设施配套相对齐全的乡村；三是搬迁撤并后新建的社区或乡村，在城镇规划建设用地以外新建的农村社区；四是因保护生态、重大项目建设、城镇扩建、地质灾害威胁、生存发展条件受限、迁村并点综合整治等情况，需要局部迁建的乡村；五是形态、组织相对稳定，可以作为集聚发展型的其他乡村；六是国有农场、国有林场所辖的乡村。

存续提升型乡村包括三种情形：一是有一定社会经济发展基础，人口规模变化不大，村庄建设规模增长需求不高，仍将长期存续的乡村；二是大部分村域位于生态保护区及其影响范围内的乡村；三是存在人口流失、村庄衰退的情况，但短期内暂时无变化需保留现状的乡村。

产业发展型乡村包括两种情形：一是农业、工业、服务业、旅游业等产业比较突出，资源条件相对优越，有一定发展基础的乡村；二是农业、工业、服务业或旅游业发展基础好，为城镇、产业发展提供物质生产或各类服务的乡村。

治理改善型乡村是指生存环境较为恶劣或生态环境比较脆弱，但可以通过一定的工程措施实现有效治理而不至于搬迁撤并的乡村（表3–1）。

乡村一级和二级分类 表3–1

一级类	二级类	类型描述	分类依据
固边兴边类	兴边发展型乡村	位于边境、海岛地区，边境旅游、边贸交易产业发展好的边境乡村	1. 与边境线、边境海岛距离； 2. 广西国土空间规划确定的31个边境乡镇
	固边守护型乡村	位于边境、海岛地区，村庄发展条件一般，但因边防海防战略需要将长期存续的乡村	
搬迁撤并类	1. 生存条件恶劣型 2. 生态环境脆弱型 3. 环境保护影响型 4. 自然灾害搬迁性 5. 重大项目搬迁型 6. 采矿影响搬迁型	1. 生存环境恶劣，生存所需资源严重匮乏，不利于生存，确有必要进行搬迁的乡村； 2. 通过生态工程措施也难以有效改善的生态环境极度脆弱的乡村； 3. 位于各类国家级保护区核心区、缓冲区内，根据有关要求需要强制搬迁的乡村； 4. 各类自然灾害频发强烈影响到村民生命财产安全的乡村； 5. 因重大项目、国防项目建设需要而确实有必要搬迁的乡村； 6. 距离大型污水处理厂、垃圾填埋场等不利于生存的场所较近的乡村	1. 位于生态保护红线核心区、国家级、自治区级自然保护区核心区； 2. 位于地震断裂带、地质灾害易发区域； 3. 距离污水处理或填埋场距离近； 4. 位于地上或地下采矿区域； 5. 重大项目建设区
特色保护类	自然生态景观型乡村	1. 特色景观旅游名村：被收录进各级政府颁布的“特色景观旅游名镇名村”名录中的乡村； 2. 具有良好的自然景观资源，有一定的旅游资源开发基础，或当地一致认为可以纳入自然景观旅游类的乡村	1. 特色景观旅游名村； 2. 特色景观旅游名镇名村； 3. 自然景观资源优秀，被认可，有影响力
	历史人文保护型乡村	1. 历史文化名村：被收录进各级政府颁布的“历史文化名镇名村”名录的乡村； 2. 传统村落：被收录进各级政府颁布的“传统村落”名录的乡村； 3. 少数民族特色村寨：被收录进“中国少数民族特色村寨”名录的少数民族村寨； 4. 具有历史文化底蕴、少数民族特色等且当地一致认为可以纳入特色保护类的乡村	1. 历史文化名村； 2. 传统村落； 3. 中国少数民族特色村寨； 4. 有历史文化、遗迹、民族特色资源，被认可，有影响力

续表

一级类	二级类	类型描述	分类依据
城郊融合类	城镇近郊型乡村	1. 城市群、城市圈及城市内因城镇发展需要进行规划控制的非城镇建设用地范围内的乡村； 2. 距离县城和乡镇镇区距离近，与城镇发展关系密切，受城镇发展影响大的乡村（需要考虑被城镇开发边界切割的情况）； 3. 在城镇扩张方向及其影响范围内的乡村	1. 乡村与城镇距离； 2. 乡村与城镇区月度交通量； 3. 乡村经济发展水平
	功能承接型乡村	距离城镇近，受城镇发展影响大，承接城镇产业、职能转移的乡村	1. 乡村与城镇距离； 2. 乡村与城镇经济联系紧密度； 3. 乡村经济发展水平
	园区融合型乡村	位于县级以上确定的经济开发区或工业、农业、服务业园区内及周边的乡村	工业、农业、服务业园区覆盖及辐射范围
集聚提升类	集聚发展型乡村	1. 现有规模较大、发展条件较好的中心村、重点村，以及在相关规划中确立为中心村的乡村； 2. 区位条件相对较好、人口相对集中、公共服务及基础设施配套相对齐全的乡村； 3. 搬迁撤并后新建的社区或乡村，在城镇规划建设用地以外新建的农村社区； 4. 因保护生态、重大项目建设、城镇扩建、地质灾害威胁、生存发展条件受限、迁村并点综合整治等情况，需要局部迁建的乡村； 5. 形态、组织相对稳定，可以作为集聚发展型的其他乡村； 6. 国有农场、国有林场所辖的乡村	1. 人口发展情况，包括人口数量、常住人口数量、近几年常住人口变化量、人口保有率（常住人口 / 户籍人口）； 2. 乡村规模，包括居民点面积及变化情况，乡村空心化率等； 3. 经济发展情况，包括人均年收入情况、农业收入占乡村总收入比例、务工收入占乡村总收入的比例、经商创业占村庄总收入的比例等；中小学规模（学生数量）； 4. 区位条件，包括与交通干线的距离，与城市、县城、乡镇驻地的距离，与学校、医疗机构的距离等； 5. 公服设施情况，包括学校数量、医疗卫生机构数量、医院规模（床位数）等
	存续提升型乡村	1. 有一定社会经济发展基础，人口规模变化不大，村庄建设规模增长需求不高，仍将长期存续的乡村； 2. 大部分村域位于生态保护区及其影响范围内的乡村； 3. 存在人口流失、村庄衰退的情况，但短期内暂时无变化需保留现状的乡村	
	产业发展型乡村	1. 农业、工业、服务业等产业比较突出，资源条件相对优越，有一定发展基础的乡村； 2. 农业、工业或服务业发展基础好，为城镇、产业发展提供物质生产或各类服务的乡村； 3. 旅游资源丰富，旅游产业支持发展的乡村	1. 人口数量、常住人口数量、近几年常住人口变化量； 2. 主导产业产值、人均年收入情况、产业收入占村庄总收入比例； 3. 与交通干线的距离
	治理改善型乡村	生存环境较为恶劣或生态环境比较脆弱，但可以通过一定的工程措施实现有效治理而不至于搬迁撤并的乡村	在县级以上部门确定的生态脆弱、敏感区范围内，近几年生态修复重点区

3.3.2　第二步：实施定性“沙漏法”

定性沙漏法就是根据乡村发展特征对乡村进行排序，在定量沙漏法之前把特征明显的乡村优先筛选出来，其本质是通过定性识别的方式直接对特色乡村进行识别与归类。具体操作层面，就是按乡村重要性、特征明显程度自上而下设置沙漏层级，对不同层级沙漏赋予不同类型乡村的识别条件，各层级沙漏负责“是”或“否”的逻辑判断，把符合本层级沙漏识别条件的乡村留下，其他乡村漏到下一层级来筛选。

1．建议采用定性“沙漏”筛选的乡村类型

（1）筛选固边兴边类乡村，该类型乡村位于国防边境，主要是守护国家边防安全、稳定边境经济发展，对于国家和地方都具有重要的战略意义，此类乡村的战略地位决定其重要性高于其他乡村，在国防边境区的村庄优先确定为固边兴边类。

（2）筛选搬迁撤并类乡村，受生存条件、生态环境、自然灾害、采矿、重大项目影响，该类乡村是即将消亡的乡村，一方面该类型乡村比较特殊，基本上不与其他乡村类型特征叠加，同时出于对村民生命安全和生产生活保障考虑，应当优先确定该类型村庄。

（3）筛选特色保护类乡村，该类型乡村自然景观独特、历史文化保护价值和经济开发价值很高，已被“历史文化名镇名村”“传统村落”“中国少数民族特色村寨”等政府及相关部门颁布的文件收录，或是具有历史文化底蕴、少数民族特色且在当地被认可，已形成一定的旅游规模的村庄，总之该类型村庄具有很强的独特性，很容易从众多村庄中识别出来。

（4）确定城郊融合型乡村，该类型乡村比一般集聚提升型乡村具有区位优势和与城镇融合的天然优势，可以通过测算与城镇的距离从一般村庄中初步识别出来，具有相对较高的辨识度，因此，该类型乡村的筛选优先度高于集聚提升类村庄。部分城郊融合型乡村还需要通过定量评价方法进一步识别确定。

（5）通过构建评价模型对剩余乡村进行定量测评，区分出集聚提升型乡村的二级分类和部分城郊融合型乡村。

2．乡村定性筛选的顺序安排

乡村筛选顺序不是固定不变的，比如不位于边境地区的县（区）可优先筛选搬迁撤并类乡村或特色保护类乡村，而考虑到固边兴边的需要，搬迁撤并类乡村少，因此位于边境地区的重要县（区）在筛选完固边兴边类乡村后可优先筛选特色保护类乡村，在实际应用中不同地区可根据实际情况调整优化乡村筛选顺序。

3．定性沙漏法的操作过程

首先获取各地需要特殊管理的乡村的相关资料，如位于边境、海岛的乡村，各级政府颁布的“历史文化名镇名村”“少数民族特色村寨”等名录的乡村，政府划定的“风景名胜区”内的村庄，地质灾害频发的村庄，各级保护区核心区内的村庄，各级上位规划中被确立为中心村的村庄等。然后根据地方对乡村管理的需求或者乡村重要性进行排序，依据重要性高低依次设置“滤网”。

实施定性沙漏法时，区域乡村数量比较少时可以由技术人员人工排序筛选，乡村数量比较多、工作量比较大时建议使用ArcGIS软件辅助筛选。采用ArcGIS软件操作时，推荐以下步骤：首先，要整理收集到的相关资料数据，将已有的名录、数据在ArcGIS中与乡村数据库链接，新建一个字段“乡村类型”；其次，在ArcGIS属性表中使用“按属性选择”工具依次选择符合各

“滤网”的乡村（图3-2），在“乡村类型”字段中使用VB脚本的“Replace()”语句进行区分命名（图3-3），在命名过程中由“重要性低—重要性高”的顺序进行，由“重要性高”条件筛选结果覆盖“重要性低”条件筛选结果；最后，将筛选结果导出。

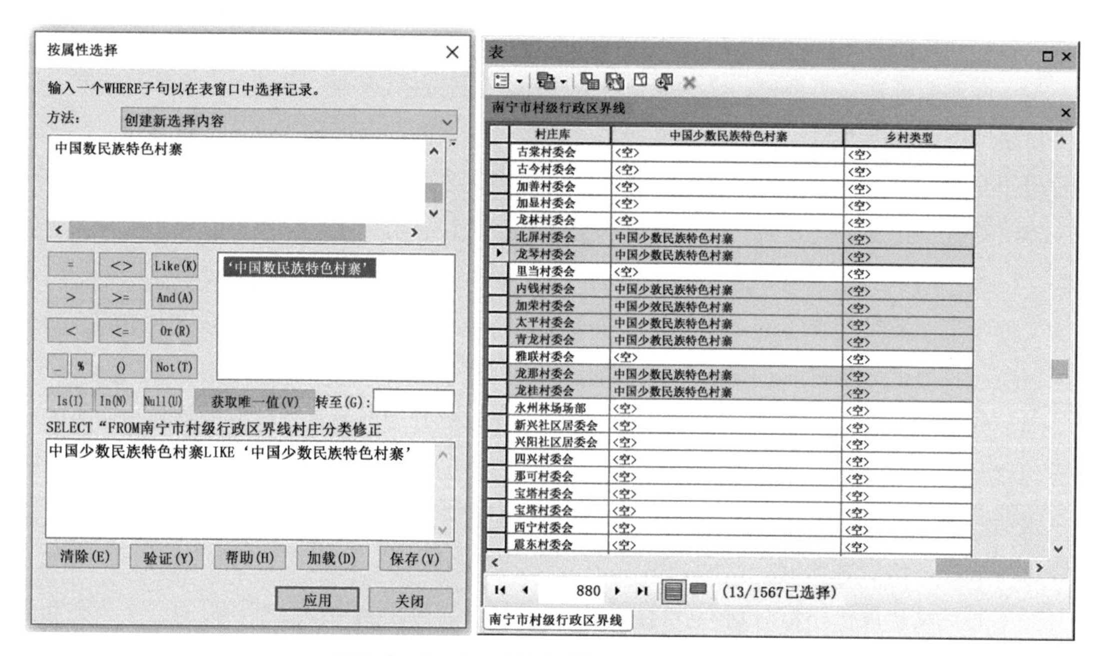

图3-2　ArcGIS属性表“按属性选择”工具

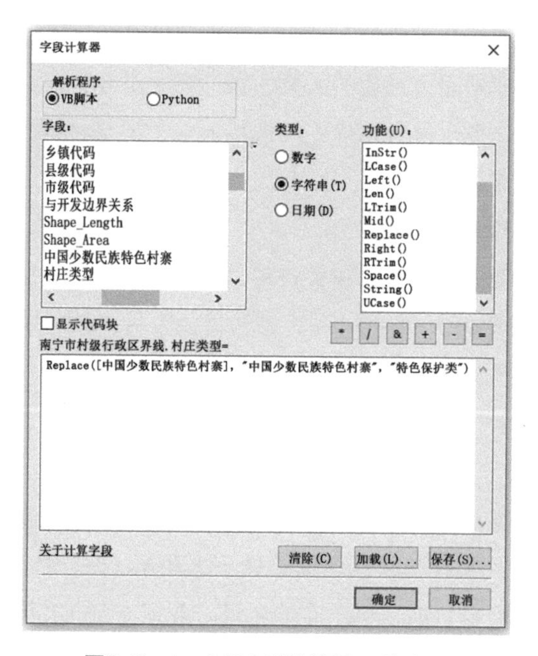

图3-3　ArcGIS字段计算器VB脚本

3.3.3 第三步：实施定量“沙漏法”

1．评价指标选取原则

全面性原则。乡村发展是一个系统且动态变化的过程，不同地区乡村发展特点差别很大，通过单一指标难以充分反映乡村现状特征和发展潜力。因此需要选取全面多样的评价指标，既要体现乡村现状特点，例如地理条件、村庄规模、自然环境等，还要反映乡村经济发展潜力，比如人口活力、三产发展情况等。

可操作性原则。乡村分类指标体系面对的是大量不同类型、不同地区的乡村，因此为保证指标体系的实用性、可推广性和分类结果的可比性，指标设置应具有可操作性，应尽量排除乡村间同质性强、识别性弱的指标，去除信息重叠、相关性过强的指标，摒弃可得性差、难以量化的指标。

实用性原则。乡村发展潜力评价体系的构建是以翔实的乡村基础资料与相关数据为基础的，因此保证基础数据的真实可靠是前提，确保指标科学实用是关键。在评价要素选择过程中要考虑数据资料收集的难易程度，评价方法的确定过程中要考虑评价结果的相对公平性和实用性。

2．评价指标选取经验借鉴

乡村发展受自然条件、地理区位、社会经济、公共基础设施等多方面因素综合影响，对乡村发展潜力开展定量评价需要建立一套体系完整、科学实用、普适性强的评价指标体系。指标体系构建过程中不仅要考虑自然条件、资源禀赋、地理区位等影响乡村发展的外部客观因素，还要考虑经济社会发展水平、基础设施配套状况等反映村庄发展潜力的内在因素。

杨绪红等（2020）[①]从资源本底、人地关系、经济状况、设施配套、区位优势五方面选取18个指标构建乡村空间布局适宜性评价指标体系（表3–2）。

乡村空间布局适宜性评价指标体系（杨绪红等，2020）[①] 表 3–2

准则层	指标层	指标属性
资源本底	耕地比例	正向
	基础设施占地比例	正向
	居民点比例	负向
	居民点斑块密度	正向
人地关系	人口保有率	正向
	中老年人口比例	负向
	人均居民点面积	负向

① 杨绪红，吴晓莉，范渊，等. 规划引导下利津县村庄分类与整治策略［J］. 农业机械学报，2020，51（5）：233–241.

续表

准则层	指标层	指标属性
经济状况	年均村集体收入	正向
	人均收入	正向
	农业设施用地比例	正向
设施配套	配套幼儿园	正向
	配套小学	正向
	配套医疗机构	正向
	配套文化站	正向
	配套养老机构	正向
	道路密度	正向
区位优势	与城镇距离	正向
	与主干道距离	正向

荣玥芳等（2021）[①]采用定性方法确定特色保护类乡村，针对其他三类乡村特征，以衡量乡村存续必要性为目标，构建包含资源条件、城乡联系、人口聚落、经济产业、配套设施5个一级因子、18个二级因子的乡村发展适宜性评价指标体系（表3-3）。

乡村发展适宜性评价指标体系（荣玥芳等，2021）[①] 表 3-3

一级因子	二级因子	指标属性
资源条件	耕地面积比例	正向
	建设用地面积比例	正向
	文化旅游资源	正向
城乡联系	与省道及以上道路距离	负向
	到最近城区或工业园区距离	负向
	到最近镇区距离	负向
人口聚落	常住人口占比	正向
	老龄化率	负向
	居民点集聚度	正向
经济产业	年均集体收入	正向
	人均年收入	正向
	农业设施用地比例	正向
	非农产业收入比例	正向

① 荣玥芳，曹圣婕，刘津玉．国土空间规划背景下村庄分类技术与方法研究——以天津市蓟州区为例［J］．北京建筑大学学报，2021，37（1）：51-58.

续表

一级因子	二级因子	指标属性
配套设施	公共服务设施	正向
	基础设施	正向
	道路密度	正向

史秋洁等（2017）①在目标导向、有机综合、简明可操作及适度弹性原则的指导下，从总体和结构两方面建立包括自然禀赋、区位条件、村庄规模、形态结构、人口结构、经济结构和用地结构的乡村类型基础指标体系（表3-4）。

乡村类型基础指标体系（史秋洁等，2017）① 表 3-4

一级指标	二级指标	三级指标	指标名称
总体	自然禀赋	禀赋潜力	平原占村域面积比例
			不可利用地占村域面积比例
		禀赋条件	人均耕地面积
	区位条件	宏观区位	到最近县中心距离
		微观区位	到最近镇中心距离
	村庄规模	人口规模	户籍人口总数
			常住人口总数
		经济规模	经济总量
			农民人均纯收入
		用地规模	村域用地总面积
			人均宅基地面积
结构	形态结构	规模集中程度	农村居民点集中度
		空间集聚程度	农村居民点离心度
	人口结构	人口迁移	迁入率
			迁出率
		劳动力分布	劳动力占常住人口比重
			非农劳动力占劳动力比重
	经济结构	产业结构	非农业产值占总产值比重
		农业结构	种植业产值占农业产值比重
	用地结构	建设用地结构	非农用地占可利用土地比重
			宅基地占建设用地比重
		农用地结构	耕地占农用地比重
			林地占农用地比重

① 史秋洁，刘涛，曹广忠. 面向规划建设的村庄分类指标体系研究［J］. 人文地理，2017，32（6）：121-128.

代亚强（2020）[①]在综合考虑评价指标的全面性、科学性、代表性和可获得性原则的基础上，选取与资源禀赋、区位条件、生活网络、产业基础、乡村主体五个维度密切相关的评价因子，评价乡村振兴的潜力进而对乡村进行分类（表3–5）。

乡村振兴潜力评价因子选择（代亚强，2020）[①]　表3–5

分类层	准则层	指标层	指标类型
村庄自身资源	资源禀赋	耕地资源数量	正向
		园地资源数量	正向
		林地资源数量	正向
		矿产资源数量	正向
		人文生态资源数量	正向
	区位条件	距县城距离	负向
		距乡镇驻地距离	负向
		距交通干线距离	负向
	生活网络	距医疗机构距离	负向
		距教育机构距离	负向
		自来水入户率	正向
		乡村公共空间占比	正向
利用资源能力	产业基础	设施农业规模	正向
		村庄企业数量	正向
		乡镇财政年度收入	正向
		乡镇财政收入增长速度	正向
	乡村主体	人口数量	正向
		60 岁以下人口占比	正向
		农村居民点面积	正向

王梦婧等（2020）构建了“村庄体检评估—村庄潜力评价—村民深度参与”三位一体的分类模式，采用由设施服务、社会经济条件、自然条件、文化乡愁四个方面各类指标构成的“村庄体检评估”体系对现状进行评估，并结合村庄发展潜力评价来确定村庄分类结果（表3–6）。

① 代亚强. 基于互联网大数据和引力模型的村庄分类方法研究——以河南省叶县为例［D］. 郑州：河南农业大学，2020.

乡村体检评估指标体系（王梦婧，2020）[①] 表3-6

评价要素		评价因子
设施服务	交通条件	与最近镇区的距离（米）
		与国、省道的距离（米）
		与县、乡道的距离（米）
	服务水平	与最近中学的距离（米）
		与最近小学的距离（米）
		与最近幼儿园的距离（米）
		有无卫生室
社会经济条件	产业条件	是否产业兴旺
	村庄规模	人口规模（人）
		人均建设用地规模（平方米）
自然条件	主要水域	主要河流缓冲区（非饮用水源）（米）
		水库缓冲区（非饮用水源）（米）
	地质条件	地质灾害影响
文化乡愁		是否具有文化本底

陈思（2022）[②]以西藏昂仁县为例研究高原地区县域乡村分类方法，从区位条件、自然条件、村庄规模、配套设施、经济水平五个维度构建乡村发展潜力评价指标体系，建立“摸清乡村家底—乡村潜力评价—上下联动”的技术路线（表3-7）。

乡村评价指标体系（陈思，2022）[②] 表3-7

一级指标层	二级指标层	计算方法及指标说明
区位条件	地理位置	行政村到县政府驻地所需要的时间 / 小时
	交通条件	行政村与国、省、县道的距离 / 米
自然条件	海拔	海拔 / 米
	人均耕地面积	村庄耕地面积 / 总人数 /（亩 / 人）
	人均草场面积	村庄草场面积 / 总人数 /（亩 / 人）
	旅游资源	行政村旅游景点的个数 / 个
村庄规模	人口	各行政村总人数 / 个
	人均村庄建设用地面积	村庄建设用地面积 / 总人数 /(平方米 / 人）

① 王梦婧，吕悦风，吴次芳，等．国土空间规划背景下的县域村庄分类模式研究——以山东省莱州市为例［J］．城市发展研究，2020，27（9）：1-7.

② 陈思．高原地区县域村庄分类方法研究——以西藏昂仁县为例［J］．城市建筑，2022（4）：69-71.

续表

一级指标层	二级指标层	计算方法及指标说明
配套设施	教育设施	小学、初中的分布情况
	医疗设施	医院、卫生所等的分布情况
	商业服务设施	商业设施核密度分析
经济水平	农民收入水平	农民人均纯收入 / 元

邓楠等（2021）[①]综合考虑发展性、约束性因素，构建以发展规模、区位优势、产业基础、特色资源、服务水平等发展条件与建设需求、生态极重要极敏感区等约束条件为核心的评价指标体系，定量评估乡村发展潜力，同时建立分类原则，将村庄分为集聚提升、特色保护、城郊融合、拆迁撤并、整治提升五类（表3-8）。

乡村发展型和约束性评估指标表（邓楠，2021）　　表 3-8

一级指标	二级指标	三级指标
村庄发展型评估指标	发展规模	建设用地规模
		常住人口
	区位优势	交通干线可达性
		交通枢纽可达性
	产业基础	人均耕地面积
		农业园区辐射范围
		工业园区外辐射范围
	特色资源	旅游风景区辐射范围
		传统村落、美丽乡村
		省级以上文保单位
	服务水平	公服设施
		市政设施
村庄约束型评估指标	生态约束	生态红线
		极重要极敏感区
	地质灾害	地质灾害易发区
	建设需求	工业园区建设

① 邓楠，侯建辉，姚文山. 国土空间视角下的剑阁县村庄分类及策略研究［A］//中国城市规划学会，成都市人民政府. 面向高质量发展的空间治理——2020中国城市规划年会论文集（16乡村规划）［C］. 北京清华同衡规划设计研究院有限公司，2021：10.

陈伟强（2020）①以新郑市为例，从乡村主体、区位条件、资源禀赋、产业基础、生活网络五方面构建乡村振兴潜力评价指标体系，并借助POI数据和引力模型分析村庄与周围地理实体间的空间相互作用，最后基于乡村振兴潜力评价成果和村庄所受空间作用效应，将村庄划分为城郊融合类、集聚提升类、规模控制类、搬迁撤并类四类（表3-9）。

乡村振兴潜力评价指标体系（陈伟强，2020年） 表3-9

目标层	准则层	指标层
乡村振兴潜力评价	乡村主体	人口数量
		空心化比率
		农村居民点面积
		村干部素质能力
		村庄社会秩序
	区位条件	与县城的距离
		与乡镇驻地的距离
		与交通干线的距离
	资源禀赋	可利用耕地面积
		可利用园地面积
		可利用林地面积
		可利用矿产资源
		可利用人文生态资源
	产业基础	就业非农化率
		企业数量
		村庄集体资产总额
		年度集体经济收入
	生活网络	与医疗机构的距离
		与小学的距离
		自来水入户率
		厕改比例

赵哲等（2023）②研究秦岭北麓保护区域的乡村分类，立足于秦岭保护背景及乡村发展维度构建评价指标体系。充分考虑乡村自身属性特征及生态保护区特点，从人口活力、自然条件、经济潜力、区位交通、特色资源、配套设施、人居环境七个维度密切的评价系统中筛选出26个二级评价指标和69个三级评价指标，真实地反映个体乡村生态环境、经济水平、文化特

① 陈伟强，代亚强，耿艺伟，等. 基于POI数据和引力模型的村庄分类方法研究［J］. 农业机械学报，2020，51（10）：195–202.

② 赵哲，吕楠，姜翠梅. 基于SOM神经网络的秦岭北麓保护区域村庄分类与发展策略［J］. 桂林理工大学学报，2023，43（4）：1–8.

征、空间风貌等各方面基本特征，建立合理有效的乡村分类评价指标体系（表3–10）。

秦岭北麓地区生态保护和乡村分类评价因子（赵哲，2023 年）[①]　　表 3–10

一级指标	二级指标	三级指标
人口活力	人口基本构成	户籍人口
		常住人口
		60 岁以上老年人口
		18 岁以下未成年人口
		年外出务工人口
		年外来务工人口
	人口相关指标	空心化率
		老龄化率
		近 5 年常住人口变化量
		人口密度
自然条件	地形地貌	居民点坡度（大于 25° 、小于等于 25° ）
	地质灾害	与各项地质灾害易发区的距离
	生态保护	与秦岭保护区关系（核心保护区、重点保护区、一般保护区）
		是否在水源保护区内
经济潜力	经济产值	农民收入主要来源
		农民人均年收入
	产业规模	规模以上企业数量
		特色养殖
		农业产业园数量
		合作社数量
		民宿数量
		农家乐数量
	土地利用	村域非建设用地规模
		村域建设用地规模
		农用地规模
		其他用地规模
		人均耕地面积规模
		可利用用地空间
区位交通	区位	与中心城区边界最短距离
		与县城最短距离
		是否为镇政府驻地所在村庄
		是否位于城市发展空间主要轴带、节点上
	交通可达性	与国道、省道、县道、乡道、高速出入口距离
		公共交通覆盖率

一级指标	二级指标	三级指标
特色资源	历史文化资源	不可移动文物等级和数量
		历史街巷道路数量
		历史建筑数量
		是否有文化线路
		古树名木数量
		非物质文化遗产等级和数量
		是否有传统文化及红色文化
	自然资源	与自然保护区距离
		与自然景区距离
		与水系距离
		与其他生态红线距离
配套设施	道路	道路硬化率
	给水	自来水集中供水覆盖率
	排水	污水集中处置覆盖率
		是否有集中污水处理厂
		排水形制
	电力	电力、电信覆盖率
	环卫	生活垃圾收集点
		公厕
	教育	高中、初中、小学占地面积和建筑面积
		幼儿园数量
	医疗	卫生院规模
		卫生服务站
		村卫生室
	文化	文化活动站
		图书室
	体育	室外健身活动场地
	社会福利	镇街级养老机构占地面积
		镇街级老年人日间照料中心
		老年活动室数量
	商业	农贸市场数量
		小卖部或生活超市数量
		金融电信服务点数量
人居环境		近五年美丽乡村名单
		乡村旅游重点村名单
		是否为社区村庄

① 赵哲，吕楠，姜翠梅．基于SOM神经网络的秦岭北麓保护区域村庄分类与发展策略［J］．桂林理工大学学报，2023，43（4）：1–8.

欧维新等（2021）[①]按照“振兴潜力—资源效率”的逻辑，构建乡村振兴潜力和土地利用效率的评价指标体系。其中，从人力资源、产业发展两个方面选取七个指标对乡村振兴潜力进行评价；用土地利用效率来定义土地资源生产和配置的有效程度，并选取反映耕地、建设用地和生态用地利用效率的五个指标，构建村镇土地利用效率评价体系（表3–11、表3–12）。

乡村振兴潜力评价指标体系（欧维新等，2021年）[①] 表3–11

目标层	准则层	指标层	计算公式	功效性
乡村振兴潜力	人力资源	劳动力非农化	非农从业人员 / 村域从业人口	正
		老龄化程度	60岁以上老人人数 / 村域人口	负
		外出人口比重	外出打工人数 / 村域人口	负
	产业发展	人均农业收入	农业收入 / 村域人口	正
		人均非农收入	非农业收入 / 村域人口	正
		人均粮食产量	粮食产量 / 村域人口	正
		人均耕地面积	耕地面积 / 村域人口	正

土地利用效率评价指标体系（欧维新等，2021年）[①] 表3–12

目标层	准则层	指标层	计算方式	指标含义
土地利用效率	耕地利用效率	地均粮食产量	粮食总产量 / 粮食播种面积	耕地利用强度
		地均农业产值	农业产值 / 耕地面积	耕地经济效益
	建设用地利用效率	村域二三产业GDP	（镇域二三产业产值 / 镇域建设用地面积）* 村域建设用地面积	建设用地经济效益
		人口密度	常住人口 / 宅基地面积	建设用地利用强度
	生态用地利用效率	生态绿当量	林地面积 *1+ 园地面积 *0.72+ 草地面积 *0.71+ 耕地面积 *0.66+ 水域面积 *0.83	生态效益

戴余庆等（2020）[②]基于发展角度，从“正向”发展潜力 和“反向”限制条件两个维度，借助层次分析法构建村庄综合发展评价指标体系。先运用层次分析法从现状人口、现状用地、经济产业、公服设施和区位交通五个方面构建村庄发展潜力评价体系，再从生态管控和安全威胁两个角度构建村庄限制条件评价体系。其中生态保护限制因素主要包含生态红线、自然保护地、生态公益林、饮用水水源保护区和大型水体的影响；安全威胁主要受地质灾害影响（表3–13、表3–14）。

① 欧维新，邹怡，刘敬杰，等. 基于乡村振兴潜力和土地利用效率的村庄分类研究［J］. 上海城市规划，2021（6）：15–21.

② 戴余庆，易维良，李圣，等. 基于综合发展评价的县域村庄分类方法研究——以涟源市为例［A］. 面向高质量发展的空间治理——2020中国城市规划年会论文集（16乡村规划）［C］. 湖南省建筑设计院有限公司，2021：9.

村庄发展潜力评价指标体系（戴余庆等，2020）　　表 3-13

目标层	准则层	指标层	计算公式	等级
村庄发展潜力	现状人口	人口集聚度	村庄总人口	集聚度低、中等、高
		空心化程度	常住人口 / 户籍人口	高度、中度、轻度空心化
	现状用地	用地规模	村庄建设用地	低、中、高用地规模
		国土开发强度	村庄建设用地 / 村域面积	低强度、中强度、高强度开发
	经济产业	村民收入	村民人均年收入	收入较低、一般、较高
		地均 GDP	GDP/ 村庄建设用地	效益较低、一般、较高
	公共服务设施	公共服务设施完善度	村部、卫生室、小学、幼儿园、敬老院数量	不完善、基本完善、较为完善
	区位交通	交通可达性	村庄位于覆盖范围	交通可达性差、一般、较好、好
		城镇辐射影响	与城镇距离	辐射影响弱、一般、强

村庄限制条件评价指标体系（戴余庆等，2020）　　表 3-14

目标层	准则层	指标层	计算公式	等级
村庄限制条件	生态管控	生态保护红线影响	生态保护红线面积 / 村域面积	无影响、弱影响、中影响、强影响
		自然保护地影响	自然保护地面积 / 村域面积	无影响、弱影响、中影响、强影响
		生态公益林影响	生态公益林面积 / 村域面积	无影响、弱影响、中影响、强影响
		饮用水源保护区影响	饮用水水源保护区 / 村域面积	无影响、弱影响、中影响、强影响
		大型水体周边生态缓冲区影响	大型水体周边生态缓冲区面积 / 村域面积	无影响、弱影响、中影响、强影响
	安全威胁	地质灾害影响	地质灾害缓冲区面积 / 村域面积	无影响、弱影响、中影响、强影响

樊彤彤（2021）[①]从自然地理、人口规模、资源条件、经济条件、产业条件、农户生计条件、基础设施六个方面构建乡村振兴的潜力评价指标体系，并运用 SPSS对平利县的 137 个村庄进行主成分分析，得到了主成分贡献率，然后对村庄进行排序，利用 ArcGIS 进行空间分析并赋值，将村庄划分为四个一级类和六个二级分类（表3-15）。

乡村发展评估基本指标（樊彤彤，2021）　　表 3-15

指标分类	指标名称	指标计算方法和说明
自然地理	地形起伏度	根据县域 GIS 栅格统计数据
人口规模	乡村人口的密度	村域总人口的数量 / 村域面积
	乡村人口受教育的程度	村域高中以上文化程度所占比例
资源条件	人均耕地面积	村域人均耕地面积

① 樊彤彤. 面向乡村振兴的村庄分类、评价——以平利县为例［J］. 建筑与文化，2021（5）：74–75.

续表

指标分类	指标名称	指标计算方法和说明
经济条件	农民收入水平	农民人均纯收入
	村庄经济发展水平	村集体经济收入
产业条件	第一产业产值	村域产业第一产业与人均产业比值
	第二产业产值	村域产业第二产业与人均产业比值
	第三产业产值	村域产业第三产业与人均产业比值
农户生计条件	种植业发展水平	以种植业的主农户的占比
	养殖业发展水平	以养殖业的主农户的占比
	劳动力就业水平	以务工的主农户的占比
	农业产业化发展带动农户数	村内农业合作社等组织带动农户的参与数量
基础设施	医疗保障水平	医疗卫生机构床位数
	公共配套完善度	拥有公共基础设施类型 / 调查设施类型

王娜等（2021）[①]针对菏泽市定陶区村庄，采取单因子遴选与多因素评价相结合的方式进行村庄发展综合评价，研究村庄的发展潜力。其中，多因素评价主要是构建评价指标体系，评价指标分为村庄建设、规模特征、产业潜力、设施基础及交通区位5大项，子目标共26项（表3–16）。

定陶区村庄发展综合评价影响因子（王娜等，2021） 表 3–16

评价指标	子目标	评价指标	子目标
村庄建设	人均建设用地	设施基础	供水
	空置率		改厕
	危房数量		污水
	村庄改造情况		燃气
规模特征	人口规模		垃圾收集
	老龄化程度		小学
产业潜力	村庄企业数量		幼儿园
	人均收入		卫生室
	主导产业		文化站
	人均耕地		养老设施
	特色农产品	交通区位	国道
	人均经营性用地面积		省道
	土地流转		县道

① 王娜，芮东健，王辉，等. 面向乡村振兴战略的菏泽市定陶区村庄分类与布局研究［J］. 乡村科技，2021（9）：23–28.

李宏轩等（2020）[①]选取村庄基本条件、产业基础、地方特色及区位条件4个维度共32项能代表村庄发展水平与潜力的指标构建村庄发展潜力评价体系，将赋值打分和遴选这一方式作为乡村分类和发展策略制定的重要参考（表3–17）。

村庄发展潜力评价指标体系（李宏轩等，2020） 表3–17

评价项	指标	评价项	指标
基本条件	村内企业总收入	产业基础	国家或省级历史文化名村、传统村落拥有知名品牌
	农业总收入		区县或乡镇有明确的产业发展定位
	其他产业收入	地方特色	位于市级以上风景名胜区或景区内
	人均可支配收入		拥有旅游景点或景区
	村庄户籍人口数		拥有文物古迹
	劳动力人口数		拥有历史文化古迹
	人均宅基地面积		拥有非物质文化遗产
	人均耕地面积		少数民族集聚村落
	道路硬化率		拥有民族或民俗文化活动
	文化活动广场面积		国家或省级历史文化名村、传统村落
	文化活动室面积	区位条件	距离中心城区开发边界 5km 内
	医疗卫生设施面积		距离省级及以上开发区 5km 内
产业基础	拥有特色种植业		距离重要河流或水库 2km 内
	拥有乡村旅游资源		距离市级以上风景名胜区或景区 2km 内
	拥有休闲农业项目		距离高速公路出入口 2km 内
	拥有农贸发展基础		距离国省道路 1km 内

赵勇等（2021）[②]充分考虑推动乡村振兴战略实施的各项趋势，把村庄分类指标确定为城郊融合、集聚提升、搬迁撤并、特色保护等四类，分别选取区位优势、人口集聚度、经济发展水平、交通优势、生态、特色资源9个维度的20项指标作为村庄分类依据，形成村庄多级分类指标表（表3–18）。

村庄多级分类指标体系（赵勇等，2021） 表3–18

指标类型	指标维度	指 标
城郊融合	区位优势	村庄与城镇区距离
	人口集聚度	村庄与城镇区月度交通量

① 李宏轩，王丽丹，王晓颖，等. 沈阳市村庄分类布局策略探索［J］. 规划师，2020（S1）：85–90.

② 赵勇，王嘉成. 乡镇域村庄多级分类方法探究——以河北省滦州市榛子镇为例［J］. 山西师范大学学报(自然科学版)，2021，35（2）：45-53.

续表

指标类型	指标维度	指 标
集聚提升	人口集聚度	常住人口数量
		近五年常住人口变化量
		人口保有率（常住人口 / 户籍人口）
		中小学规模（中小学人数）
		医院规模（床位数）
	经济发展水平	人均年收入
		农业收入占村庄总收入比例
		务工年收入占村庄总收入比例
		经商创业收入占村庄总收入比例
	交通优势	村庄与主要道路距离
	人口集聚度	60 岁以上老年人占比
搬迁撤并	生态	村庄与生态红线距离
	灾害	村庄与地震断裂带距离
		村庄与地上采矿区距离
		村庄与地下采矿区距离
特色保护	特色资源	村庄存在的物质文化遗产等级（省级、市级、县级、其他）
		村庄存在的非物质文化遗产等级（省级、市级、县级、其他）
		村庄所在风景名胜区等级（省级、市级、县级、其他）

乡村潜力评价指标需借鉴学者们已有的研究结果进行合理设定，指标需要涵盖不同类型和多个维度，例如史秋洁、杨绪红、荣玥芳、赵哲、代亚强等设定的乡村分类评价指标体系中，指标有常住人口数、人口保有率、中老年人口比例、农民人均纯收入、与主干道距离、三产产值比重、设施农用地规模等多类型可量化指标；李宏轩、王娜、陈伟强等设定的拥有特色种植业、产业发展定位、村庄改造情况、可利用人文生态资源等不易量化、需要一定主观判断的评价指标。

村庄规划是国土空间规划体系中乡村地区的详细规划，是市县级和乡镇级国土空间规划中专项研究内容的具体落实，所以乡村分类评价指标也需借鉴国土空间开发适应性评价的有关内容，设置合理的评价指标影响因子。国土空间开发适宜性评价包括基础性评价和约束性评价，基础性评价涉及人口集聚水平、社会经济发展水平、交通区位优势等评价，约束性评价涉及地形地势、水资源、生态环境、地质灾害等评价。

通过对学者们已有评价成果和国土空间开发适宜性评价因子的借鉴量化，评价指标维度和内容可满足对不同区域乡村不同发展基础与现状、交通区位条件、资源禀赋、社会经济发展、产业基础、基础设施配套、生态环境等的评价要求。

3．确定评价指标体系

经征询相关专家学者并参考已有研究成果，结合乡村振兴发展需求，遵循全面、实用、可操作性原则，从资源本底、区位条件、人口活力、产业经济、乡村建设、设施配套、生态环境七个维度选取49项指标构建多维度乡村潜力评价指标体系（表3–19），在具体评价工作中各地可根据实际情况综合选择符合地方特色的评价指标体系。需要注意的是，评价指标的选取不仅要反映乡村发展现状，也要考虑乡村未来发展趋势，即考虑选取规划指标，比如交通、产业、人口等（表3–19）。

多维度乡村潜力评价指标体系　　表3–19

维度	评价指标	计算公式 / 获取方式	指标属性
资源本底 B1	地形起伏度 C1	利用 ArcGIS 栅格数据统计	负向
	村域用地总面积 C2	根据村域权属范围统计	正向
	人均耕地面积 C3	耕地面积 / 总人口	正向
	耕地单位面积产量 C4	耕地总产值 / 耕地面积	正向
	居民点斑块密度 C5	居民点个数 / 村域用地总面积	正向
区位条件 B2	与市中心距离 C6	利用 ArcGIS 图上量取	正向
	与区县中心距离 C7	利用 ArcGIS 图上量取	正向
	与乡镇驻地距离 C8	利用 ArcGIS 图上量取	正向
	与高速路距离 C9	利用 ArcGIS 图上量取	正向
	与省道及以上道路距离 C10	利用 ArcGIS 图上量取	正向
人口活力 B3	村域人口数 C11	采用统计部门权威数据	正向
	常住人口占比 C12	常住人口 / 户籍人口	正向
	乡村人口密度 C13	总人口 / 村域总面积	正向
	人口保有率 C14	常住人口 / 户籍人口	正向
	人口变化率 C15	五年人口增减量 / 现常住人口	正向
	老龄化率 C16	60 岁以上人口 / 户籍人口	负向
产业经济 B4	农民人均纯收入 C17	采用统计部门权威数据	正向
	人均可支配收入 C18	总产值 / 常住人口	正向
	人均农业用地面积 C19	农业用地面积 / 常住人口	正向
	人均工矿用地面积 C20	工矿用地面积 / 常住人口	正向
	第一产业单位面积产值 C21	第一产业产值 / 乡村第一产业用地	正向
	第一产业产值占全村总产值比例 C22	第一产业产值 / 全村总产值	正向
	第二产业单位面积产值 C23	第二产业产值 / 乡村第二产业用地	正向
	第二产业产值占全村总产值比例 C24	第二产业产值 / 全村总产值	正向
	第三产业单位面积产值 C25	第三产业产值 / 乡村第三产业用地	正向
	第三产业产值占全村总产值比例 C26	第三产业产值 / 全村总产值	正向

续表

维度	评价指标	计算公式 / 获取方式	指标属性
产业经济 B4	外出务工收入占村庄总收入比例 C27	外出务工收入 / 村庄总收入	负向
	第三产业数量 C28	第三产业相关兴趣点数量	正向
	农业设施用地比例 C29	农业设施用地面积 / 农用地面积	正向
	集体经济 C30	实地调研、村委提供	正向
乡村建设 B5	公共服务设施建设 C31	实地调研、村委提供	正向
	住宅基础建设 C32	利用 ArcGIS 图上量取	正向
	村民小组基础建设 C33	实地调研、村委提供	正向
	人均建设用地面积 C34	利用 ArcGIS 图上量取并测算	正向
	户均宅基地 C35	乡村宅基地面积 / 户数	正向
	建筑密度 C36	房地一体的矢量数据	正向
设施配套 B6	道路密度 C37	村内道路总里程 / 村庄面积	正向
	文化活动场所面积 C38	实地调研、村委提供	正向
	体育设施面积 C39	实地调研、村委提供	正向
	行政办公场所面积 C40	实地调研、村委提供	正向
	医疗卫生设施面积 C41	实地调研、村委提供	正向
	停车场用地面积 C42	实地调研、村委提供	正向
	污水处理设施数量 C43	实地调研、村委提供	正向
	环卫设施数量 C44	实地调研、村委提供	正向
	与最近小学距离 C45	利用 ArcGIS 图上量取	正向
生态环境 B7	灾害点数量 C46	利用 ArcGIS 图上量取	负向
	与自然保护区的距离 C47	利用 ArcGIS 图上量取	正向
	生态用地面积占比 C48	林地和草地面积 / 村域总面积	正向
	开放水域面积 C49	开放水域面积	正向

（1）资源本底

反映了乡村的地形地势、资源禀赋、土地利用状况、居民点密集程度，采用地形起伏度、村域用地总面积、人均耕地面积、耕地单位面积产量、居民点斑块密度五项指标作为表征对象。

地形起伏度：属于自然地形范畴，反映了乡村地表的陡峭程度，乡村居民点坡度越小，越有利于乡村建设和村民居住，反之，则越不利于建设和村民生产生活。一般情况下，居民点都会选择在地形坡度小、地势起伏不大的地方集聚。

村域用地总面积：指整个乡村的占地面积，直接反映的是乡村的大小，间接反映乡村的资源基底情况，村域用地面积越大，说明乡村的发展基础越好，乡村的集聚能力越强。

人均耕地面积：乡村发展的基础是农业，耕地仍然是村民保障生活和家庭收入的重要资源。乡村人均耕地面积越大，代表该村的农业发展本底越牢靠，所以人均耕地面积越大，乡村的经济发展潜力越大。

耕地单位面积产量：指平均每单位耕地面积上所收获的农产品数量，是综合反映耕地生产能力和耕地质量的指标，耕地单位面积产量越大，表明乡村越具有发展规模化现代农业的基础，乡村的经济发展潜力也越大。

居民点斑块密度：居民点个数与乡村总用地面积的比例，居民点斑块密度越大则乡村越集中分布，基础设施的投入和维护成本耗费越小，乡村居民点布局适宜性越高，乡村发展潜力也越大。

（2）区位条件

区位条件不但反映乡村的地理位置是否优越，也反映乡村与城镇联系的便捷程度，选取与市中心距离、与区县中心距离、与乡镇驻地距离、与高速路距离、与省道及以上道路距离五项指标作为评价因子。

与市中心距离：乡村与市区距离反映出乡村与市区的区位关系，乡村与城市中心越近，城镇经济与产业发展对其带动作用越强，在空间上的接近，更有利于城乡之间设施互联互通，促进城乡统筹融合发展。并且在人口流动、商品交易和消费服务上也有得天独厚的发展优势。所以乡村与市中心距离越近，乡村的发展潜力越大。

与区县中心距离：该指标反映乡村与城区、县城的区位关系，乡村与区县越近，经济、产业、交通、旅游等多个方面受区县发展的影响带动作用越明显，属于正向指标，乡村与区县距离越近，乡村的发展潜力越大。

与乡镇驻地距离：乡村与乡镇驻地距离反映出乡村与乡镇的区位关系，虽然与县城相比，乡镇对乡村的影响要小些，但乡镇对周边乡村带来的商品购买、教育医疗等便利服务，也会吸引乡村人口的集聚，对乡村的影响也比较明显。所以乡村距离乡镇驻地距离越近，乡村的发展潜力也越大。

与高速路距离、与省道及以上道路距离：高速路、省道及以上道路都属于交通干线乡村与交通干线的距离反映出乡村与交通干道的区位关系，距离交通干线越近，乡村发展有交通区位优势，更便于享受交通便利带来的发展辐射与带动，有利于农副产品输出，便于旅游资源开发利用，也会吸引乡村人口的聚集。因此，对乡村的影响也比较明显。所以乡村与交通干线距离越近，发展潜力也越大。

（3）人口活力

反映了乡村人口与各类用地和居民点的协调关系，当乡村总人口呈现正增长、人口密度大、人口年龄结构以青壮年为主时，乡村总体发展潜力将高于衰落型乡村；而人口呈现负增长，人口保育率低，人口年龄结构以老人为主时，乡村总体发展潜力就会小。人口活力维度的测度选取村域人口数、常住人口占比、乡村人口密度、人口保有率、人口变化率、老龄化率六项指标。

村域人口数：村域范围内的人口总数，反映乡村对人口的容纳能力和集聚能力。村域人口数量越多说明乡村发展越好，乡村发展更有活力，对人口的集聚吸引越明显，反之，则说明乡村发展活力小，乡村发展潜力不大。

常住人口占比：是乡村常住人口与户籍人口的比重，反映乡村集聚人口能力和乡村地区的发展需求，乡村常住人口数量多对基础设施的需求就会比较大，乡村发展活力和潜力也会比较大，反之，则说明乡村发展活力小，乡村发展潜力不大。

乡村人口密度：是乡村现有人口与乡村区域面积的比重，是衡量乡村地区人口分布状况的重要指标。乡村人口密度越大说明乡村发展越有活力，对人口的集聚吸引越明显，反之，则说明乡村发展活力小，乡村发展潜力不大。

人口保有率：人口保有率是指村庄常住人口数与户籍人口数的比率，最早是历史文化街区保护的影响因素，也用于空间评价，例如杨绪红（2020）制定的村庄空间布局适宜性评价指标体系中，以此指标反映人地关系。如果常住人口数大于户籍人口数则说明村庄常年居住人口中有外来人口，而常住人口数小于户籍人口数则说明村中人口有流失的趋向，所以人口保有率以数量1为临界点，反映了村庄对外来人口的吸引能力。

人口变化率：人口变化率是乡村五年人口增减量与现常住人口的比率，可以反映乡村人口的增加或减少趋势，也是衡量乡村人口集聚能力的重要指标，对于分析乡村地区的人口流动、城乡人口结构变化有重要参考意义。

老龄化率：人口老龄化率一般指一个国家或地区60岁以上老年人口占总人口的比重。人口老龄化已成为我国很多地区的发展趋势，尤其是随着城镇化进程的推进，乡村地区越来越多的青壮年进城发展后，乡村地区常住人口中老年人的比例也越来越高。乡村的老年人越多，不仅影响当地经济社会发展，同时也增加地方养老财政压力，因此老年人口占比是衡量乡村未来发展的重要指标。

（4）产业经济

反映了乡村的经济社会发展状况、产业发展现状、产业产值水平、村民富裕程度及收入来源情况等。采用农民人均纯收入、人均可支配收入、人均农业用地面积、人均工矿用地面积、第一产业单位面积产值、第一产业产值占全村总产值比例、第二产业单位面积产值、第二产业产值占全村总产值比例、第三产业单位面积产值、第三产业产值占全村总产值比例、外出务工收入占村庄总收入的比例、第三产业数量、农业设施用地比例、集体经济14项指标予以表征。

农民人均纯收入：是衡量乡村地区发展水平最主要的指标。2020年全国农村居民人均年可支配收入达到16140元，广西达到14815元。一个区域的人均年可支配收入决定了该地区居民的生活与消费水平。人均年可支配收入越高，乡村的经济潜力就越大。

人均可支配收入：农村居民人均可支配收入是衡量乡村地区社会经济发展水平和农民生活状况的重要经济指标。人均可支配收入越高，乡村发展潜力越大，反之乡村发展潜力越小。

人均农业用地面积：农业用地包括耕地、园地、林地等，人均农业用地面积是各类农业用地面积之和与乡村人口的比值。人均农业用地面积越大表明乡村农业资源越丰富，乡村发展潜力越大，反之乡村发展潜力越小。

人均工矿用地面积：乡村工矿用地面积与人口的比值，反映乡村工矿产业的发展状况，是乡村经济发展水平的衡量指标之一。人均工矿用地面积越大，表明乡村第二产业发展越好，乡村经济发展潜力也越大，反之乡村经济发展潜力越小。

第一产业单位面积产值：乡村第一产业产值与第一产业用地面积的比值，反映第一产业的产出效率水平。第一产业单位面积产值越高表明乡村第一产业发展越好，乡村经济发展潜力也越大，反之，乡村经济发展潜力越小。

第一产业产值占全村总产值比例：乡村第一产业产值与全村总产值的比重，反映的是农业产业的发展情况。第一产业产值越高的乡村农业发展潜力越大。

第二产业单位面积产值：乡村第二产业产值与第二产业用地面积的比值，反映第二产业的产出效率水平。第二产业单位面积产值越高表明乡村第二产业发展越好，乡村经济发展潜力也越大。

第二产业产值占全村总产值比例：乡村第二产业产值与全村总产值的比重，反映的是第二产业的发展情况。第二产业产值越高的乡村工业产业发展潜力越大。

第三产业单位面积产值：乡村第三产业产值与第三产业用地面积的比值，反映第三产业的产出效率水平。第三产业单位面积产值越高表明乡村旅游、商贸、服务产业发展越好，乡村经济发展潜力也越大。

第三产业产值占全村总产值比例：主要是指乡村第三产业产值与全村总产值的比重，反映的是乡村旅游、商贸、服务产业的发展情况。第三产业产值越高的乡村经济发展越有活力。

外出务工收入占村庄总收入的比例：指的是乡村外出劳动力的收入占乡村总收入的比重。村民外出务工收入占比高表明乡村产业发展一般，乡村人口流失越严重。

第三产业数量：乡村第三产业数量反映乡村第三产业发展的活跃程度，也是衡量乡村经济发展水平的重要指标之一。第三产业数量越多，表明乡村第三产业发展越好，乡村经济发展潜力也越大，反之，乡村经济发展潜力越小。

农业设施用地比例：村域内农业设施用地比例占农用地的比例。乡村农业设施用地比例越大表明乡村农业发展越进步，农业的技术性产出比例越大，乡村集体或村民收入水平就越高，乡村的经济发展活力也越大。

集体经济：指利用乡村集体所有的资源要素共同发展的经济总量，反映了乡村集体资源的整合程度和利用效率。集体经济量越高，表明集体经济发展越好，乡村发展潜力越大。

（5）乡村建设

反映了村民的住房条件和居住环境等，村民住房条件和居住环境越好，乡村的宜居性就越大，乡村人口集聚能力和发展潜力也越大。选取公共服务设施建设、住宅基础建设、村民小组基础建设、人均建设用地面积、户均宅基地、建筑密度六项评价指标。

公共服务设施建设：乡村公共服务设施包括水、电、路等基础设施和卫生、教育、文化等管理类设施，是衡量乡村建设水平的主要指标。公共服务设施越齐全，村民生活越便利，越利于吸引人口集聚，乡村发展潜力就越大。

住宅基础建设：住宅是乡村建设用地的重要组成部分，是村民日常生活的重要场地。住宅建设越完善，村民生活水平就越高，乡村建设水平也越高，乡村未来发展潜力也越大。

村民小组基础建设：是反映乡村建设水平的重要指标之一。村民小组基础建设越好，对乡村的管理能力也越强，也越有利于乡村的发展。

人均建设用地面积：乡村建设用地面积与乡村人口的比例，是衡量乡村建设用地与人口之间关系的指标，可以反映乡村土地利用效率和人口承载能力。

户均宅基地：乡村宅基地面积与乡村户数的比例，指农户家庭平均拥有的宅基地面积，某种程度上可以反映乡村土地资源的丰富程度和村民的实际居住条件。

建筑密度：指乡村各类建筑物的基底面积总和与占地面积的比例，是衡量乡村建筑物覆盖率的指标，反映乡村的空地率和建筑密集程度。

（6）设施配套

反映了乡村居住和生活的便利程度，体现了乡村内基础设施和公共服务设施的配套水平。设施越完备时乡村的宜居性越大，村民稳定长久居住的意愿将更大。选取道路密度、文化活动场所面积、体育设施面积、行政办公场所面积、医疗卫生设施面积、停车场用地面积、污水处理设施数量、环卫设施数量、与最近小学距离九项评价指标。

道路密度：反映乡村的交通便捷程度，道路密度的直观量化形式就是村域内道路面积与乡村占地面积的总比例。道路密度大不仅能够使村民出行更加便捷，而且乡村依托道路发展优势，甚至能够形成沿路的汽修、餐饮、商店、住宿等商业业态，助力乡村商业发展。所以乡村的道路密度越高，其发展潜力也越大。

文化活动场所面积：村域内文化活动场所的占地面积，可以衡量乡村文化娱乐设施的完善程度。文化活动场所面积越大说明村内设施越健全，乡村的软实力就越强，乡村的宜居性则会大大提升。

体育设施面积：村域内各类体育设施的占地面积，可以反映乡村体育设施的完善程度。体育设施面积越大说明村内设施越健全，乡村的软实力就越强。

行政办公场所面积：村域内用于处理各种村务、行政事务的办公设施占地面积，衡量村委办公设施的完善程度，也是乡村软实力的体现。

医疗卫生设施面积：村域内医疗卫生设施的占地面积，可以衡量乡村医疗卫生设施的完善程度，医疗卫生设施面积越大说明村内设施越健全，村民日常就医越方便，本村居民长久居住的意愿与其他村民想要迁入的意愿也会越强。

停车场用地面积：村域内供车辆停放的场所的占地面积，用来衡量乡村停车的便捷程度，可反映乡村居民生活质量和乡村设施完善水平。

污水处理设施数量：可反映村域内污水处理设施的完善程度。污水处理设施数量越多，乡村越宜居。

环卫设施数量：村域内垃圾桶、垃圾车、垃圾站点、公厕等环境卫生设施的数量，反映乡村环卫设施完善程度和乡村居住环境的好坏。

与最近小学距离：可以衡量乡村基础教育设施的完善程度。村庄距离小学越近，说明本地儿童接受基础教育越便利，反映基础教育设施越健全。

（7）生态环境

选取灾害点数量、自然保护区的距离、生态用地面积占比、开放水域面积四项评价指标。

灾害点数量：乡村灾害点数量可以反映乡村发展所面临的风险隐患水平和威胁程度。灾害点数量越多乡村发展环境越不安全，乡村发展潜力就越小。

自然保护区的距离：乡村与自然保护区的距离越近，表明乡村的自然生态环境越好，但乡村的各类开发建设活动会受到不同程度的影响。

生态用地面积占比：乡村生态用地面积越大表明乡村的自然生态环境越好，乡村发展生态养殖和生态旅游的基础条件就越好。

开放水域面积：开放水域与生态用地对于乡村发展的功能相似。开放水域面积越大，乡村自然生态环境越好，越有利于乡村发展生态项目。

4．等级区分

等级区分建议运用自然断点法（Jenks），分级操作简单、可靠性较强。自然断点法可利用ArcGIS实现，是根据数据值的差异大小客观地进行分类，使各个类别之间数据差异最大。

以“与道路的距离”为例。首先，利用ArcGIS在已有数据和村级行政边界的链接字段中新建字段，以对“与道路距离”进行等级区分为例，新建一个字段命名为“道路评价得分”（图3-4），运用自然断点法将“与道路距离”划分为五个数值区间（图3-5）。

然后，使用字段计算器中的python代码块，在预逻辑脚本代码区域中输入：

def Redass (Disroad):

图3-4　字段属性设置

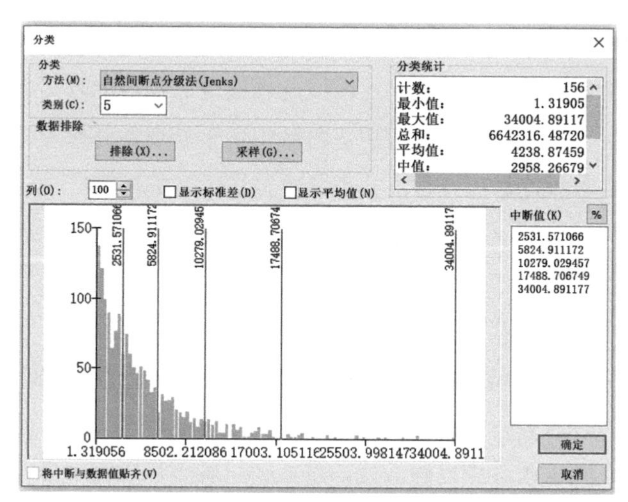

图3-5　自然断点法的运用

```
if (Disroad >= 0 and Disroad <= 10941):
    return "5"
elif (Disroad > 10941 and Disroad <= 19818):
    return "4"
elif (Disroad > 19818 and Disroad <= 28495):
    return "3"
elif (Disroad > 28495 and Disroad <= 38248):
    return "2"
else:
    return "1"
```

最后，在结果区域中输入：“Redass (!与道路距离!)”，以此对“与道路距离”这一指标数据进行1~5五个等级划分处理，便于进行评价分析。

5．权重赋值

评价指标体系构建后，需要分维度确定各评价指标的权重。指标权重确定方法主要有三种，分别是主观赋权法、客观赋权法和综合赋权法。常用的主观赋权法有德尔菲法、层次分析法，是赋权者根据经验和理解，在判断比较指标的重要程度后给出的权重，此法快速、灵活，能适应不同的任务和目标，但可能出现不公平和偏见；客观赋权法主要包括主成分分析法、因子分析法和熵权法，是采用数学方法根据指标数据的相互关系确定的权重，此法更加公正、客观，可减少主观偏差，但可能忽略特殊情况和需求；综合赋权法是主观赋权法和客观赋权法相结合共同确定出权重的方法，此法可将主观判断与客观分析有机结合，在保证灵活性的同时也能保证公正性和客观性。不同的赋权方法各有优劣势，可根据实际情况进行选择（表3-20）。

不同赋权方法的优劣势对比　　表 3-20

类别	赋权方法	优劣势
主观赋权法	德尔菲法	优点是针对性强，专家可结合实际情况对指标进行判断，可以反复征询不同领域专家的意见，有利于吸收更多合理化建议；缺点是主观性强，完全依赖于专家的经验，不同专家权重结果可能差别大，并且征询意见费时长、代价高
	层次分析法	优点是把评价对象作为一个系统，可以对主观判断进行量化，可以避免指标间的逻辑错误，并且整个过程简单明确，容易被使用者掌握；缺点是定性成分多，主观因素占比大，对指标的重要程度进行打分，容易增加赋权者的判断难度
客观赋权法	主成分分析法	优点是可消除评价指标之间的相关影响，减少指标选择的工作量，可以利用 SPSS 等软件进行操作，操作简单快捷；缺点是权重计算结果偏差大，可能出现负值
	因子分析法	根据方差贡献率大小来确定权重，评价结果客观合理，可运用计算机软件方便快捷操作；缺点是因子分析本身的工作量比较大，计算结果可能出现负值
	熵权法	优点是可以客观对权重赋值，避免主观因素对权重的影响，且算法简单逻辑清晰；缺点是没法考虑指标与指标之间的横向影响，对样本依赖性大，随着样本的变化权重也随之变化，可能会导致权重失真
综合赋权法	主观与客观结合法	将主观判断与客观分析有机结合，在保证灵活性的同时也能保证公正性和客观性

6. 测算分类结果

（1）分维度测算思路

结合评价模型权重测算结果，加权汇总得出各维度得分值。把各维度得分划分为低、较低、中等、较高、高五个等级，然后根据地方对乡村管理的需求、各地现实情况和规划需求、乡村重要性等进行排序，依据重要性高低依次设置“滤网”。

实施定量沙漏法时，区域乡村数量比较少时可以由技术人员人工排序筛选，乡村数量比较多、工作量比较大时建议使用ArcGIS软件辅助筛选。采用ArcGIS软件操作时，推荐以下步骤：首先，将各维度得分结果在ArcGIS中与乡村数据库链接；其次，在ArcGIS属性表中使用“按属性选择”工具，依据“滤网”排序依次选择各维度得分的输出分值对应的乡村，同时使用“从当前选择内容中选择”进行多重条件选择（图3-6）；最后，在“乡村类型”字段中使用VB脚本的“Replace()”语句进行区分命名（图3-7），得出最终分类结果（图3-8）。

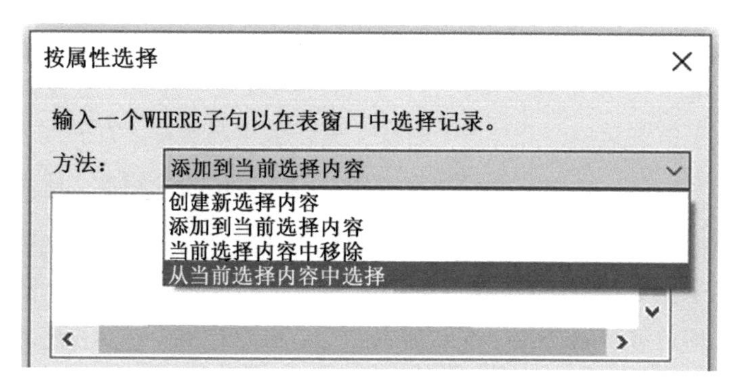

图3-6　ArcGIS属性表多重条件选择

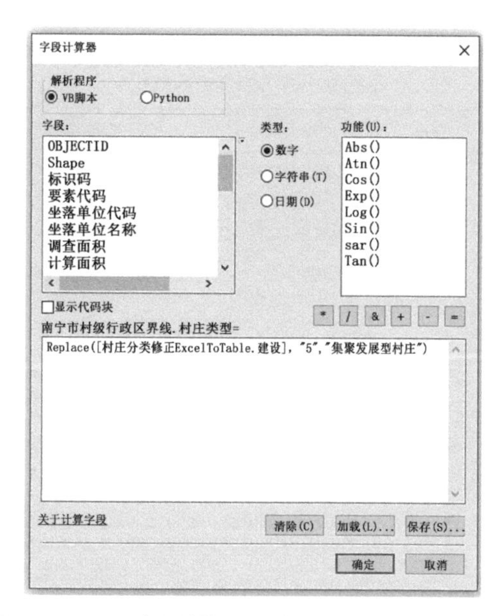

图3-7　ArcGIS字段计算器VB脚本“Replace()”语句

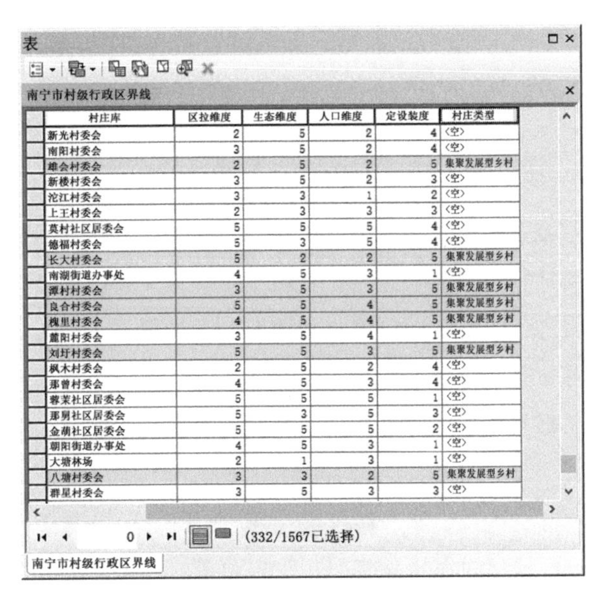

表

南宁市村级行政区界线

村庄库	区拉维度	生态维度	人口维度	定设装度	村庄类型
新光村委会	2	5	2	4	〈空〉
南阳村委会	3	5	2	4	〈空〉
雄会村委会	2	5	2	5	集聚发展型乡村
新楼村委会	3	5	2	3	〈空〉
沱江村委会	3	3	1	2	〈空〉
上王村委会	2	3	3	3	〈空〉
莫村社区居委会	5	5	5	4	〈空〉
德福村委会	5	3	5	4	〈空〉
长大村委会	5	2	2	5	集聚发展型乡村
南湖街道办事处	4	5	3	1	〈空〉
潭村村委会	3	5	3	5	集聚发展型乡村
良合村委会	5	5	4	5	集聚发展型乡村
槐里村委会	4	5	4	5	集聚发展型乡村
麓阳村委会	3	5	4	1	〈空〉
刘圩村委会	5	5	3	5	集聚发展型乡村
枫木村委会	2	5	2	4	〈空〉
那曾村委会	4	5	3	4	〈空〉
蓉茉社区居委会	5	5	5	1	〈空〉
那舅社区居委会	5	3	5	3	〈空〉
金葫社区居委会	5	5	5	2	〈空〉
朝阳街道办事处	4	5	3	1	〈空〉
大塘林场	2	1	3	1	〈空〉
八塘村委会	3	3	2	5	集聚发展型乡村
群星村委会	3	5	3	3	〈空〉

0 (332/1567已选择)

南宁市村级行政区界线

图3-8 分类结果输出

（2）综合潜力测算思路

利用ArcGIS对各维度进行空间叠加分析，根据已确定的权重依次进行加权计算，得出各村发展潜力综合分值。

3.3.4 第四步：检验与反馈

1．技术检验原则

（1）实事求是原则

以乡村实际发展情况为准，基于实地调查或地方上报的乡村分类实际结果来检验本研究基于沙漏法乡村分类模型确定的乡村分类成果，以事实为准绳客观评判乡村分类思路、技术及结果的差异与存在的不足。

（2）上下结合原则

自上而下地构建了乡村分类模型体系，再从基层乡村实际出发自下而上比对分类结果与现实的差异，上下结合的方式不仅可以验证整套技术方法的适用性，还能使分类结果更贴合实际。

（3）实践检验理论原则

乡村发展实践是检验理论研究、评价技术方法、工作流程的重要标准。以实践为标杆，检验乡村分类的理论基础和“沙漏法”乡村分类模型的合理性，将理论与实践有机结合，促进研究成果的完善与应用。

2．技术检验过程

用实地调查、各地上报等途径获取到的乡村类型来检验。本研究按照“沙漏法”乡村分类模型确定的乡村分类结果，逐个乡村比对一级和二级分类差异，分析差异存在的影响因素，总结反馈到定性判别的时序、乡村潜力评价指标等关键分类技术中，及时优化乡村分类模型体系，提升分类思路与技术方法的适用性。

3.3.5 第五步：制定不同类型乡村发展引导

本研究所指的乡村分类主要为指导未来村庄规划而服务，其核心目标是建立乡村发展与地方政策差异性的连接，乡村分类的结果应当具有现实指导意义和作用，因此在获取乡村分类结果后，应制定与之相关的村庄规划管理政策。具体有如下步骤：

（1）对不同类型乡村的发展特征进行类型化总结；

（2）对当地乡村振兴相关政策进行解读，与当地政府进行沟通，对乡村涉农资金、部门进行梳理；

（3）结合不同类型乡村的特点，从人居环境、基础设施、公共服务设施、产业发展、历史文化保护、生态保护等方面提出村庄规划指引、管控政策、发展策略等发展引导；

（4）对代表性乡村进行案例分析，制定发展引导，实验其合理性。

3.4 本章小结

针对目前乡村分类存在的主要问题，确定了乡村分类的原则是定性研判与定量评价相结合、理论与实践相结合、因地制宜采用分类方法、分类结果指导村庄规划与治理相结合。首先建立技术方法的理论基础，通过还原论和突变论两种思维研究方式，厘清了乡村分类“拆分多因子评价”和“以差异性作为筛选核心关键”的理论思想，确定了乡村分类思路，继而构建了“沙漏法”乡村分类模型体系，按照“确定乡村类型—实施定性沙漏法—实施定量沙漏法—检验与反馈—制定发展指引”的操作步骤，以广西为例具体展示了“沙漏法”乡村分类模型的工作流程。“沙漏法”乡村分类可以解决定性或定量方法的局限，可客观识别无法量化的村庄特征数据、较好识别不同维度村庄核心差异，具有较高的灵活性与普适性。

4

广西首府南宁市实证研究

南宁市作为广西首府城市、面向东盟各国的区域性国际城市，承载了广西地区政治、经济、文化中心的职能；南宁市乡村地少山多，喀斯特地貌脆弱的生态环境、发达的河流水系和季风气候使南宁市地区农业环境更为复杂，耕地、居住、人口之间产生一定的矛盾，悠久历史使乡村沉淀了较多的旅游景观资源。在常住人口城镇化率超过70%的时期，乡村的发展与转型，城乡关系的融合与发展成为南宁市新时期乡村振兴的新命题。因此根据南宁市的地方性乡村特征发展和调整“沙漏法”乡村分类模型体系，进行实证研究。

4.1 南宁市概况

4.1.1 地理区位与交通条件

1．地理区位[①]

南宁市是广西壮族自治区首府，位于广西南部偏西，总面积 22112 平方千米，其中建成区面积242平方千米。南宁地处亚热带，北回归线穿域而过，介于东经107°45′~108°51′，北纬22°13′~23°32′之间，地理坐标东经108°22′，北纬22°48′。

南宁市处于中国华南、西南和东南亚经济圈的结合部，是环北部湾沿岸重要经济中心；面向东南亚、背靠大西南，东邻粤港澳琼、西接印度半岛，是华南沿海和西南腹地两大经济区的结合部以及东南亚经济圈的连接点，是新崛起的大西南出海通道枢纽城市。

2．交通条件

南宁市距北海、钦州、防城港市分别为204千米、104千米、172千米，距中越边境仅180多千米。南宁市主要铁路有南昆、湘桂、黔桂等，主要公路有210、322、324、325等国道及广昆、南北、南桂等高速公路。境内有209国道（呼北线）、210国道（包南线）、322国道（衡友线）、324国道（福昆线）、325国道（广南线）以及渝湛线（重庆—贵阳—南宁—湛江）和衡昆线（衡阳—南宁—昆明）等八条国道在此汇集，可通达广西各市、县和全国各主要城市、地区。

4.1.2 行政区划与人口经济

1．行政区划[②]

截至2021年，南宁市下辖7区、4县、1市。其中7区为青秀区、兴宁区、江南区、良庆区、邕宁区、西乡塘区、武鸣区；1市为横州市；4县为隆安县、马山县、上林县、宾阳县。

① 中共南宁市委宣传部. 南宁简介.［EB/OL］.（2023-08-09）［2024-02-02］. 广西南宁市人民政府门户网www.nanning.gov.cn.

② 中华人民共和国民政部. 全国行政区划信息查询平台：广西壮族自治区-南宁市［DB/OL］.［2024.02.02］. http://xzqh.mca.gov.cn.

2．人口[①]

2022年户籍人口810.08万人，其中市区人口430.35万人；全市常住人口889.17万人，其中城镇人口625.62万人，常住人口城镇化率为70.36%。南宁市是一个以壮族为主体、多民族聚居的区域，居住着壮族、汉族、瑶族、苗族、回族、满族、侗族、水族、仫佬族、布依族等48个民族，其中人口总数超过1000人以上的有壮族、汉族、瑶族、苗族等10个民族。

3．经济[②]

2021年，全年全市地区生产总值约5120.94亿元，占广西壮族自治区总值的13.97%。其中第一产业606.76亿元，第二产业1198.76亿元，第三产业3315.42亿元。南宁市是中国—东盟博览会、中国—东盟商务与投资峰会长久举办地，是广西北部湾经济区核心城市，对广西沿海城市发挥着中心城市的依托作用，对华南、西南经济圈发挥着枢纽城市的连接作用，对东南亚各国发挥着中国前沿城市的开放作用，是中国面向东盟各国的区域性国际城市。

4.1.3 地形地貌与自然资源

1．地形[③]

南宁市地形是以邕江广大河谷为中心的盆地形态，盆地向东开口，南、北、西三面均为山地围绕，北为高峰岭低山，南有七坡高丘陵，西有凤凰山（西大明山东部山地），形成了西起凤凰山，东至青秀山的长形河谷盆地。盆地中央成为各河流集中地点，右江从西北来，左江从西南来，良凤江从南来，心圩江从北来，组成向心水系。

2．地貌

南宁市地貌分平地、低山、石山、丘陵、台地五种类型，以平地和丘陵为主。平地面积约占总土地面积57.78%左右，分布于左、右江下游汇合处和邕江两岸。丘陵面积约占总土地面积15.59%左右，总体呈现出“北山南丘”的空间形态（图4-1）。

3．矿产资源

南宁市已勘查发现矿产资源63种，主要有能源矿产褐煤、无烟煤、石煤，地热（热矿水）黑色金属矿产铁、锰、钒、钛等。

4．动物资源

南宁市自然分布的野生脊椎动物有31目、90科、208属、272种，其中两栖类19种、爬行类42种、鸟类151种、哺乳类60种；国家公布保护的一、二级野生动物主要分布在广西大明山国家级自然保护区、广西龙山自治区级自然保护区、广西龙虎山自治区级自然保护区、广西

① 资料来源：南宁市统计局．2022年南宁市国民经济和社会发展统计公报．广西南宁市统计局网站［DB/OL］．（2023-05-11）［2024-02-02］. https://tj.nanning.gov.cn/tjsj/tjgb/t5575662.html.

② 资料来源：南宁市统计局．2021年南宁市国民经济和社会发展统计公报.广西南宁市统计局网站［DB/OL］．（2022-05-09）［2024-02-02］.hltps://tj.nanning.gov.cn/tjsj/tjgb/t5174300.html.

③ 百度百科“南宁市”词条.［DB/OL］.［2024-02-02］.https://baike.baidu.com/item/南宁市/215945#4.

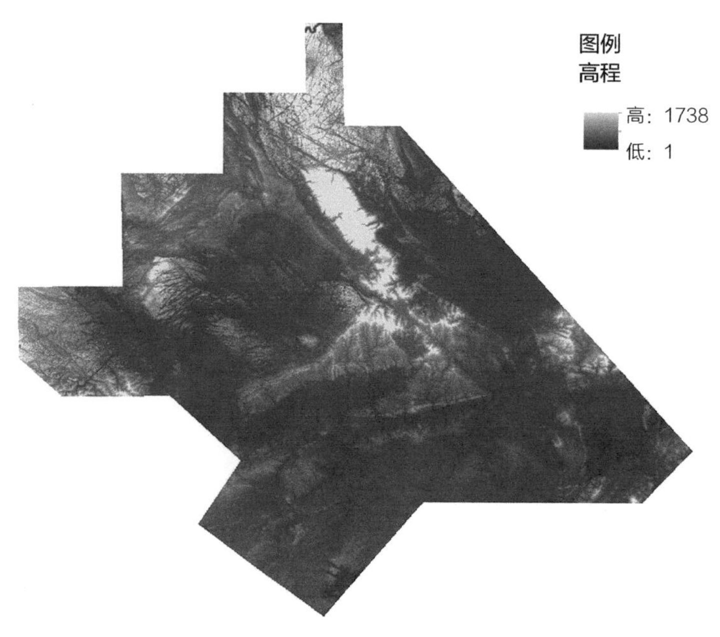

图4-1 南宁市国土空间地形示意图

三十六弄—陇均自治区级自然保护区、广西弄拉自治区级自然保护区、西津湖水库。

5．植物资源

南宁市拥有丰富的植物资源，全市有维管束植物209科、764属、3000余种。其中蕨类植物42科、84属、250种；裸子植物7科、9属、18种；被子植物160科、671属、1755种。国家公布保护的一、二级野生植物主要分布在广西大明山国家级自然保护区、广西龙山自治区级自然保护区、广西龙虎山自治区级自然保护区、广西三十六弄—陇均自治区级自然保护区、广西弄拉自治区级自然保护区。

4.1.4 河流水系与气候特征

1．河流水系①

南宁市主要河流均属珠江流域西江水系，较大的河流有邕江、右江、左江、红水河、武鸣河、八尺江等。郁江在南宁及邕宁区境内称邕江，河道全长116.4千米，上游从距南宁水文站38千米的永新区江西乡同江村开始，下游至邕宁区伶俐镇那车村止，为南宁市重要饮用水水源河流，流域面积73728平方千米，多年平均年径流量418亿立方米，年平均流量1290立方米/秒。邕江南宁市河段河床宽约485米，深约21米，平均水面宽307米，枯水水深8～9米。邕江的上游分别为右江和左江。右江发源于云南省广南县云龙山，流经西林县、田林县、百色市、田阳县、田东县、平果县、隆安县进入南宁市，河长707千米，流域面积38612平方千米，多年平均年径流量172亿立方米。

① “百度百科南宁市”词条.［DB/OL］.［2024-02-02］. https://baike.baidu.com/item/南宁市/215945#4.

2．气候特征

南宁市位于北回归线南侧，属湿润的亚热带季风气候，阳光充足，雨量充沛，霜少无雪，气候温和，夏长冬短，年平均气温在21.6摄氏度左右，极端最高气温40.4摄氏度，极端最低气温-2.4摄氏度。冬季最冷的1月平均12.8摄氏度，夏季最热的7、8月平均28.2摄氏度。年均降雨量达1304.2毫米，平均相对湿度为79%，气候特点是炎热潮湿。

4.1.5 人文历史与旅游资源

1．历史①

南宁市建制的开始，距今已有1680多年，于东晋大兴元年（公元318年），从郁林郡分出晋兴郡，郡治设在晋兴县城即今南宁市。唐朝贞观八年（公元634年），唐太宗定名为邕州，南宁简称“邕”由此而来。元朝泰定元年（1314年），中央政府为取南疆安宁而定名改为“南宁”，南宁由此而得名。1958年广西壮族自治区成立，设南宁市为自治区首府，至此，南宁之名一直沿用至现今。

2．民族

南宁历史悠久，古代属于“百越之地”。越族分枝繁多，史称“百越”，其中西瓯和骆越两个支系就是南宁壮族的先民。目前主要居住民族48个，其中壮族是世代居住在本地的土著民族；汉族为秦汉以后陆续迁入；回族为元朝以后迁入；瑶族和苗族大多为清代以后迁入；其余民族多于解放后陆续从全国各地迁来。

3．语言

南宁城区人通用粤语邕浔片南宁白话（汉语方言），郊区部分使用平话，壮族使用壮语（分别属于南部方言邕南土语和北部方言邕北土语）。整个南宁市最通行的是南宁白话以及混杂粤语元素的普通话，各族人民大部分能使用普通话。

4．旅游资源

早在宋代，当时的文人墨客就评出了古“邕州八景”，即望仙怀古、青山松涛、象岭烟岚、罗峰晓霞、马退远眺、弘仁晚钟、邕江春泛、花洲夜月。南宁有大小公园、游园、风景区、广场等供人们游玩的自然景观和人文景观50多处。截至2020年，南宁市分布不可移动文物592处，可移动文物32万件；有全国重点文物保护单位6处，自治区级文物保护单位42处，市、县级文物保护单位241处，未定级不可移动文物303处②。截至2021年，南宁市共有国家级非物质文化遗产名录入选项目9项，自治区级非物质文化遗产151项③。

① “百度百科南宁市”词条.［DB/OL］.［2024-02-02］. https://baike.baidu.com/item/南宁市/215945#4.

② 广西南宁市人民政府地方志编纂办公室网站. 南宁概况-历史人文.［DB/OL］.（2023-08-08）［2024-02-02］. https://szb.nanning.gov.cn/fzlm/ywzt/nngm/t5380983.html.

③ 南宁市文广旅局. 南宁市非物质文化遗产代表性项目统计表［DB/OL］.（2022-08-16）［2024-02-02］.https://www.nanning.gov.cn/zwgk/fdzdgknr/shgysyjslyxxgk/ggwhty/ggwhtyfw/t5337108.html.

4.2 乡村发展现状

4.2.1 乡村人口分布状况[①]

截至2022年，南宁市农业户籍人口共419.87万人，其中横州市最多，达到86.60万人；兴宁区最少，仅有10.69万人。农业常住人口共263.55万人。其中横州市最多，达到52.07万人；青秀区最少，仅有6.5万人。南宁市全域常住人口为889.17万人，农业常住人口占比29.64%，所有区县中马山县最高，占比68.38%；青秀区最低，仅有5.68%（表4-1）。

广西壮族自治区、南宁市及南宁市辖各区县市人口数（2022年末）　单位：万户、万人　表4-1

省、市、县、区	户籍户数	户籍人口	城镇户籍人口	农业户籍人口	常住人口	城镇常住人口	农业常住人口	农业常住人口占比
广西壮族自治区	1676.48	5743.13	1994.95	3748.19	5047.00	2808.90	2238.1	44.35%
南宁市	269.98	810.08	390.21	419.87	889.17	625.62	263.55	29.64%
市辖区	148.66	430.35	285.91	144.44	608.77	511.97	96.8	15.90%
兴宁区	14.23	40.59	29.90	10.69	63.19	56.33	6.86	10.86%
青秀区	30.94	89.03	76.74	12.29	114.45	107.95	6.50	5.68%
江南区	21.98	61.39	44.55	16.85	100.77	86.82	13.95	13.84%
西乡塘区	30.42	87.01	69.01	17.99	167.01	153.44	13.57	8.13%
良庆区	12.55	38.99	23.17	15.81	60.03	50.98	9.05	15.08%
邕宁区	12.60	40.29	20.18	20.11	33.97	19.45	14.52	42.74%
武鸣区	25.94	73.06	22.37	50.69	69.35	37.00	32.35	46.65%
隆安县	12.44	41.91	9.26	32.65	33.06	11.58	21.48	64.97%
马山县	16.60	56.73	10.52	46.21	38.55	12.19	26.36	68.38%
上林县	16.12	49.80	10.40	39.40	36.49	12.81	23.68	64.89%
宾阳县	33.04	104.65	34.08	70.57	81.36	38.20	43.16	53.05%
横州市	43.12	126.63	40.03	86.60	90.94	38.87	52.07	57.26%

① 南宁市统计局. 2022年南宁统计年鉴［M］. 北京：中国统计出版社，2022.

4.2.2 乡村经济发展状况

1. 农民人均可支配收入

根据南宁市2015~2020年农民人均可支配收入[①]时空演化图可以看出（图4-1），南宁市中心城区，特别是主城区部分圈层效应明显，由南宁市主城区向外逐渐扩张。2015年，在隆安县西部、马山县、上林县、宾阳县西部、良庆区西部、邕宁区南部、横州市东部等地收入仍然较低，农民人均可支配收入大致区间在350~3900元/年，南宁市主城区周边地区及武鸣区中部地区收入略高，部分地区农民人均可支配收入可达9000元/年以上。在2015~2019年的过程中，南宁市农民人均可支配收入以南宁市主城区为核心点逐步向外扩散，其中向西北连片聚集较为明显，向东由于受到大明山至昆仑关山脉影响，有部分村庄遭受阻隔，最终并未形成大范围连片聚集情况。南宁市总体农民人均可支配收入呈现“主城区向外扩张，东部阻隔跨越，西部连片绵延”的发展模式，东部横州市茉莉花产业园地区及宾阳县东部黎塘镇交通枢纽地区农民人均可支配收入突出，西部高收入村庄与南宁市主城区相连成片，面积广阔，除邕宁区南部地区农民人均可支配收入较低，其他县份农民人均可支配收入普遍升高，中等水平收入可达3300~7000 元/年，高水平收入地区农民人均可支配收入可达7000~9000元/年，部分地区农民人均可支配收入可达9000元/年（图4-2）。

图4-2 南宁市农民人均可支配收入时空演化图

① 彭茜君. 地方政府治理视角下南宁市乡村空间分布特征与分类研究［D］. 南宁：广西大学，2022.

2．与周边城市乡村经济发展的对比[①]

与周边地区各邻近省会城市进行对比，2013年"美丽广西"乡村建设活动起始之时，南宁市地区生产总值2803.54亿元，在邻近省份省会城市对比中排名第4位，经济发展水平总体上处于落后的位置。截至2020年，特别是与排位第一的广州市相比，南宁的地区生产总值仅相当于广州的18.18%。2020年和2013年南宁市农民人均纯收入分别为16130元、7685元，都排在第5名，相当于分别排名第一的长沙市的46.41%、38.98%（表4–2）。由于南宁的经济发展总体上还处于较为落后水平，中心城区对资金、人口、技术、信息等城镇化要素的集聚功能还不够强，所以对周边地区所产生的经济辐射效应较低，城镇聚集辐射功能整体较弱。

南宁及邻近省份省会城市 GDP 和农民人均纯收入对比　　表 4–2

城市名称		南宁	广州	长沙	贵阳	昆明
地区生产总值（亿元）	2013	2803.54	15420.14	7153.13	2085.42	3450
	位次	4	1	2	5	3
	2020	4726.34	25019.11	12142.52	4311.65	6733.79
	位次	4	1	2	5	3
农村居民人均纯收入（元）	2013	7685	18887	19713	9595	9273
	位次	5	2	1	3	4
	2020	16130	31266	34754	18674	17719
	位次	5	2	1	3	4

3．农、林、牧、渔业构成情况[②]

根据2022年南宁市统计局发布的《南宁统计年鉴》，全市农、林、牧、渔业总产值共9592050万元。从市域范围来看，除高新区、经开区、东盟经开区外，农、林、牧、渔业总产值最高的为武鸣区，其次为横州市；最低的为兴宁区，其次为青秀区。

全市农业产值5974397万元，其中最高的为武鸣区，最低的为兴宁区。全市林业产值559023万元，其中最高的为武鸣区，最低的为西乡塘区。全市牧业产值2437845万元，其中最高的为宾阳县，最低的为兴宁区。全市渔业产值360086万元，其中最高的为横州市，最低的为马山县。全市服务业产值260698万元，其中最高的为青秀区，最低的为经开区。

全市农、林、牧、渔业总产值中农业产值占比最高，为62.28%，其次为牧业产值，占比25.42%，林业产值占比5.83%，渔业产值3.75%，服务业产值2.72%（表4–3）。

① 彭茜君．地方政府治理视角下南宁市乡村空间分布特征与分类研究［D］．南宁：广西大学，2022.

② 南宁市统计局．2022年南宁统计年鉴［M］．北京：中国统计出版社，2022.

全市农、林、牧、渔业总产值及构成（2021年，按当年价。计算单位：万元） 表4-3

县（市、区）	农、林、牧、渔业总产值	农业产值	林业产值	牧业产值	渔业产值	服务业产值
全市	9592050	5974397	559023	2437845	360086	260698
兴宁区	288555	155435	54004	44442	29741	4932
青秀区	407384	178214	41193	108121	14920	64934
江南区	432231	339547	13809	44534	17682	16659
西乡塘区	624264	382622	9175	192144	17946	22377
良庆区	498563	332615	62420	81809	16556	5164
邕宁区	631189	382235	32614	193601	16043	6696
武鸣区	1840148	1406522	92406	229684	58909	52627
隆安县	732293	546302	34429	108261	24443	18858
马山县	469932	256045	37902	160089	14579	1317
上林县	470347	288637	23392	127655	28821	1842
宾阳县	1424345	668488	55974	635728	47253	16903
横州市	1615391	955431	76719	47209	67189	43084
高新区	7021	5486	800	—	685	51
经开区	74879	34891	22831	11048	4184	2026
东盟经开区	75509	41927	1357	28661	1236	2328

4.2.3 乡村国土利用状况[①]

（1）土地利用

根据南宁市第三次全国国土调查数据资料统计，南宁市耕地面积48.00万公顷，园地面积14.91万公顷，林地面积124.15万公顷，草地面积1.71万公顷，湿地面积0.03万公顷，城镇村及工矿用地面积13.75万公顷，交通运输用地面积4.69万公顷，水域及水利设施用地面积10.98万公顷。其中，南宁市域范围内，生态空间约占29%，农业空间约占62%，城镇空间约占8%。

（2）乡村地形条件

以行政村为基本单元统计地形情况，有62.18%的乡村主要地类为丘陵、27.86%的乡村主要地类为山地、9.96%的乡村主要地类为平原。

从南宁市的土地特性来看，因喀斯特地貌遍布，乡村地面岩石裸露率高，可耕地面积较少，可用耕地呈碎片化分布，水分和养分难以保留在土壤中。这些特征使得南宁市乡村土地资

① 彭茜君. 地方政府治理视角下南宁市乡村空间分布特征与分类研究［D］. 南宁：广西大学，2022.

源相对匮乏，成土过程缓慢、土层浅薄、保水性差。南宁市乡村地少山多，喀斯特地貌脆弱的生态环境和季风气候使南宁市地区农业环境更为复杂。

4.2.4　乡村空间分布特征

1．城乡区位空间关系特征①

南宁市主城区位于南宁市市域范围西南方向，西乡塘区、兴宁区、青秀区、邕宁区、良庆区、江南区与主城区内部相接。武鸣区、隆安县、马山县、上林县、宾阳县、横州市作为南宁市下辖县区及代管县级市，各有中心城区共计6个。南宁市有2014年被列入国家级重点镇名单的镇共计9个（含县城所在地4个），分别为青秀区伶俐镇，武鸣区城厢镇、锣圩镇，隆安县那桐镇，上林县大丰镇，宾阳县宾州镇、黎塘镇，横州市峦城镇、六景镇。其中，马山县、横州市县城所在地白山镇、横州镇并未在名单内，而青秀区伶俐镇、武鸣区锣圩镇、宾阳县黎塘镇、横州市峦城镇、六景镇为非县城所在地。

南宁市乡村区位条件较为优越，与高速公路出入口、一级公路、二级公路毗邻的村庄分别占所有乡村的比例为21.3%、26.6%、25.3%。将道路缓冲区域与各村范围进行叠加，最终可覆盖1042个乡村，占总乡村个数的73%（表4–4）。

道路交通缓冲区覆盖乡村统计　　表4–4

名称	设定缓冲区距离（千米）	所辖乡村个数（个）	占南宁市所有乡村比例（%）
与高速公路出入口距离	5	303	21.3
与一级公路距离	2	379	26.6
与二级公路距离	0	360	25.3
道路交通缓冲区覆盖乡村总计	—	1042	73.1
南宁市全域乡村总数	—	1425	100

2．乡村现状用地布局模式②

（1）团状

1）组团型：村落建筑组织受主观观念影响

这一类村落，村落建筑紧密度高，往往为同姓族群，因为南宁村落少数民族分布较多和移民村民聚集，因此在村落形态上会出现紧凑状的团状③，如西乡塘区百合村、八东村，宾阳县龙见村，横州市新仲村等。

① 彭茜君. 地方政府治理视角下南宁市乡村空间分布特征与分类研究［D］. 南宁：广西大学，2022.

② 本节参考：李彦潼，朱雅琴，周游，等. 基于分形理论下村落空间形态特征量化研究——以南宁市村落为例［J］. 南方建筑，2020,（5）：64–69.

③ 胡晓斐. 传统村落空间布局形态变迁的影响因素——以山西省沁水县窦庄村为例［J］. 西部皮革，2018，40（24）：85.

2）环绕型：围绕某一中心扩散

受河流或者池塘等水资源影响的村落，建筑通常会围之而建，保留较好的传统村落会更加明显，水资源是村落自然生长的重要依托要素。

受山体地形影响的村落，多分布在地形较平坦的山脚。村落则围绕山体或坡度环绕式生长，这种形态模式顺应了中国古代风水理论①，如邕宁区那云村、那严坡，马山县民兴村、三甲村等。

（2）团状趋向于带状

“团状趋向于带状”的村落形态是指团状村落沿着某一要素或者方向向外扩展延伸，是团状村落受到外界环境改变而横向生长的结果。目前对南宁市来说，主要是受到周边新建道路的影响。新道路的出现，会带来更多的人流，也逐渐引入开发，村落会沿道路或靠近道路生长，如青秀区梁村、山泽村，兴宁区那里坡，宾阳县李村等。

（3）带状

1）并列型：村落建筑组织受交通条件影响

较晚建设的带状村落，房屋较新，一般会选择交通条件较好的地方，沿道路两侧进行布置，利于经济的发展和人口的流动，如良庆区台马村、兴宁区那懒外坡、隆安县曲旧村等。

2）延伸型：村落建筑组织受自然环境影响

较早建设的带状村落，一般村民为了更好地生存会沿河流或水塘进行分布，依托自然资源进行日常生活，因此沿河流呈带状分布。

4.3 南宁市“沙漏法”乡村分类

“沙漏法”乡村分类模型按照“确定乡村类型—实施定性沙漏法—实施定量沙漏法—检验与反馈—制定发展指引”操作步骤。首先，根据南宁市乡村特征确定乡村分类的类型；其次，获取南宁市需要特殊管理的乡村的相关资料，根据地方乡村管理的重要性对这些条件进行排序，以定性研判的方式筛选部分特殊类型村庄；第三，提取出特殊类型乡村后，剩余乡村建立多维度乡村潜力评价指标体系，各维度评价得分代表乡村某方面的发展现状与未来发展潜力，分值越高，代表乡村发展现状越好且发展潜力越大，测算分类结果时采用分维度测算思路；最后，将沙漏法乡村分类模型确定的乡村分类与南宁市各县区上报的类型进行比对。

① 康建萍. 基于中国传统风水观的乡村景观设计探析［J］. 居舍，2018，（21）：141，143.

4.3.1 第一步：确定乡村类型

搬迁撤并类乡村包含生存条件恶劣、生态环境敏感脆弱、受环境保护影响、自然灾害频发、重大建设项目影响等情形。经过查阅有关上位规划、比对自然灾害分布区、自然保护区分布，南宁市域范围内存在搬迁撤并类乡村，但数量极少，并且搬迁撤并类乡村不需要进行村庄规划编制，因此不进行二级分类。南宁市不位于边境地区，没有固边兴边类乡村。此外南宁市各类产业园区均已划入建设范围内，属于城镇建设用地，因此在城郊融合类乡村中不再对园区融合型乡村进行识别。考虑到南宁市经济体量与城镇化发展进程，在城郊融合类这一大类下依据各乡村区位情况增设功能承接型乡村，此类乡村与城区相接，交通便利，可以承载部分城市功能。综上，南宁市乡村类型主要包括特色保护类、城郊融合类、集聚提升类三大类，个别为拆迁撤并类。其中二级分类分别为集聚发展型乡村、存续提升型乡村、产业发展型乡村、治理改善型乡村、城镇近郊型乡村、功能承接型乡村、自然生态景观型乡村、历史人文保护型乡村。

4.3.2 第二步：定性“沙漏法”

1．资料收集

获取南宁市位于“历史文化名镇名村”“少数民族特色村寨”等名录的乡村以及上位规划中确立为中心村的乡村，识别“风景名胜区”内的乡村、地质灾害频发的乡村、各级保护区核心区内的乡村。

2．滤网排序

根据南宁市“园林城市”的地区特色和发展需求，按照生态景观优先、地域文化特色保护、生态安全底线的重要性顺序，定性“滤网”的筛选顺序如下：

（1）将南宁市位于青秀山风景名胜区、龙虎山风景名胜区内的乡村及被收录在各级“特色景观旅游名镇名村”名录的乡村划为自然生态景观型乡村。

（2）将于2023年前“历史文化名镇名村”“少数民族特色村寨”名录所收录的乡村划为历史人文保护型乡村。

（3）将位于大明山自然保护区、龙虎山自然保护区、弄拉自然保护区、三十六弄自然保护区等保护区核心区内的乡村列为搬迁撤并类乡村。

（4）将各级政府通过的重大项目建设范围内需要搬迁的乡村列为搬迁撤并类乡村（图4–3）。

3．定性分类结果

最终确定南宁市可列入特色保护类的乡村有31个，其中自然生态景观型乡村7个、历史人文保护型乡村24个、搬迁撤并类乡村39个（表4–5、表4–6）。

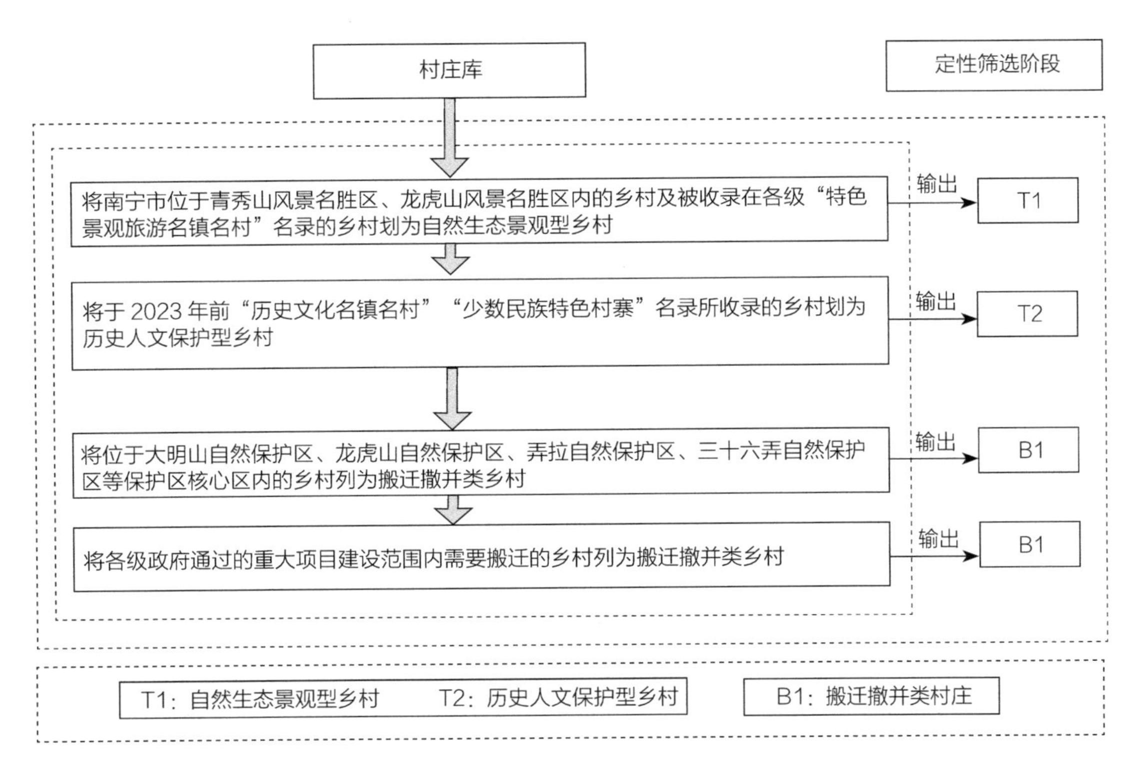

图4-3 南宁市定性“沙漏法”技术路线

南宁市特色保护类乡村筛选结果 表4-5

特色保护类	自然生态景观型	7个	云桃村、东春村、塘昶村、新光村、龙尧村、九甲村、雅梨村
	历史人文保护型	45个	安平村、扬美村、同新村、同江村、锦江村、华南村、蔡村村、安平村、那良村、青桐村、笔山村、新圩村、留寺村、武陵村、上施村、古辣社区、平龙村、露圩社区、名山村、长联村、高贤社区、恭睦村、云里村、排红村、龙昌村、羊山村、乔老村、本立村、定江村、英俊村、伏唐村、八桥村、镇龙社区、古寨村、里当村、中和社区、红星村、新江社区、坛良村、太安村、刚德村、坛洛村、天堂村、施厚村、路东村

南宁市搬迁撤并类乡村筛选结果 表4-6

搬迁撤并类	搬迁撤并类	19个	三黎村、五村村、木字村、东红村、拥军村、六合村、花衣村、龙头村、岑山村、高峰村、新盏村、万岭村、万岭村、清凤村、伏王村、济力村、弄七村、水头村、绿浪村

4.3.3 第三步：定量“沙漏法”

1．选取南宁市评价指标

首先，确定评价指标：南宁市是广西首府，乡村受到城乡关系影响较大，同时生态环境保育对于塑造南宁市城市形象有重要作用。因此根据南宁市城乡关系和乡村特征，简化评价指标体系，最终确定从区位条件、生态环境、人口活力、乡村建设、产业经济五个维度来评价南宁市乡村发展潜力，共选取20项评价指标构建村庄发展潜力评价指标体系（图4–4）。

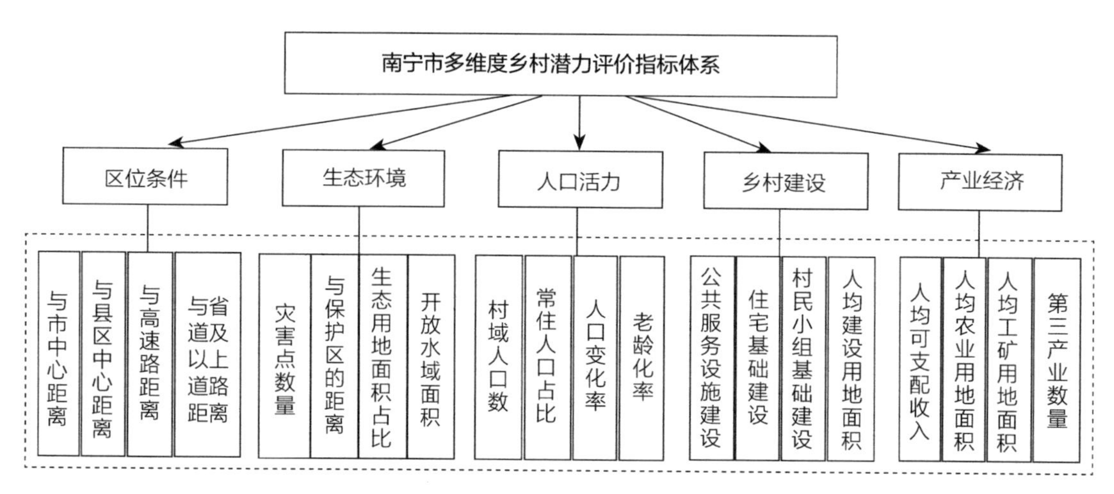

图4-4 南宁市乡村发展潜力评价指标体系

其次，对指标数据进行处理：使用ArcGIS邻域工具，计算与自然保护区的距离、与市中心距离、与区县中心距离、与高速路距离、与省道及以上道路距离。使用ArcGIS栅格计算工具计算开放水域面积、（林地草地）面积占比、人均建设用地面积、人均农业用地面积、人均工矿用地面积。使用Excel计算人口数、常住人口占比、人口变化率、老龄化率、人均可支配收入。使用ArcGIS点分析工具和POI信息计算灾害点数量、第三产业数量。对于难以量化的乡村建设指标如公共服务设施建设、住宅基础建设、村民小组基础建设等，通过ArcGIS自然断点法和Excel对其进行量化计算。

2. 确定评价指标权重

在每个维度下，比较各评价指标的重要性，构造一个判断矩阵，并最终得到各评价指标的权重（表4-7）。

多维度乡村潜力评价指标体系　　表 4-7

维度	评价指标	指标权重	数据处理	指标属性
区位条件 B1	与市中心距离 C1	0.20	ArcGIS 计算	负向
	与区县中心距离 C2	0.44	ArcGIS 计算	负向
	与高速路距离 C3	0.08	ArcGIS 计算	负向
	与省道及以上道路距离 C4	0.28	ArcGIS 计算	负向
生态环境 B2	灾害点数量 C5	0.16	ArcGIS 计算	负向
	与自然保护区的距离 C6	0.09	ArcGIS 计算	正向
	生态用地面积占比 C7	0.39	（林地面积 + 草地面积）/ 村域总面积	正向
	开放水域面积 C8	0.36	开放水域面积	正向

续表

维度	评价指标	指标权重	数据处理	指标属性
人口活力 B3	村域人口数 C9	0.41	七普人口数	正向
	常住人口占比 C10	0.11	常住人口 / 户籍人口	正向
	人口变化率 C11	0.19	五年人口增减量 / 现常住人口	正向
	老龄化率 C12	0.29	60 岁以上人口 / 户籍人口	负向
乡村建设 B4	公共服务设施建设 C13	0.09	详见表 4-20~ 表 4-24	正向
	住宅基础建设 C14	0.46		正向
	村民小组基础建设 C15	0.18		正向
	人均建设用地面积 C16	0.27		负向
产业经济 B5	人均可支配收入 C17	0.52	总产值 / 常住人口	正向
	人均农业用地面积 C18	0.22	（园地 + 耕地）面积 / 常住人口	正向
	人均工矿用地面积 C19	0.10	工矿用地面积 / 常住人口	正向
	第三产业数量 C20	0.16	第三产业相关兴趣点数量	正向

3．定量“滤网”排序

南宁市的城乡关系对乡村发展潜力影响较大；南宁市被誉为“中国绿城”，入选“国家生态园林城市”，生态特征明显；南宁市作为省会首府城市，对周边城市具有一定的虹吸作用；南宁市农业农村现代化“十四五”规划聚焦于“农业高质高效、乡村宜居宜业、农民富裕富足、城乡共治共享”。因此定量筛选的设置思路为“城乡融合—生态—生活”，“滤网”的筛选顺序为：区位评价、生态评价、人口评价、建设评价、产业评价（图4-5）。

4．层级划分与分值计算

在对已有数据的1425个乡村对应的各个维度进行评估，划分为低、较低、中等、较高、高五类，运用ArcGIS自然断点和人为调整计算赋值分别为1~5分。

（1）区位条件

区位条件维度选取与市中心距离、与区县中心距离、与高速路距离、与省道及以上道路距离四项评价指标，对每个评价指标进行五类层级的划分并赋值，再根据各指标对应的权重计算不同层级对应的分值。

根据南宁市各村与市中心距离层级划分结果，与市中心距离分级低（>99676米）的乡村有174个；与市中心距离分级较低（79753~99676米）的乡村有337个；与市中心距离分级中等（60352~79753米）的乡村有366个；与市中心距离分级较高（39182~60352米）的乡村有326个；

与市中心距离分级高（<39182米）的乡村有222个。其中距市中心最远的乡村为马山县乐江村，相距131千米（表4–8、图4–6）。

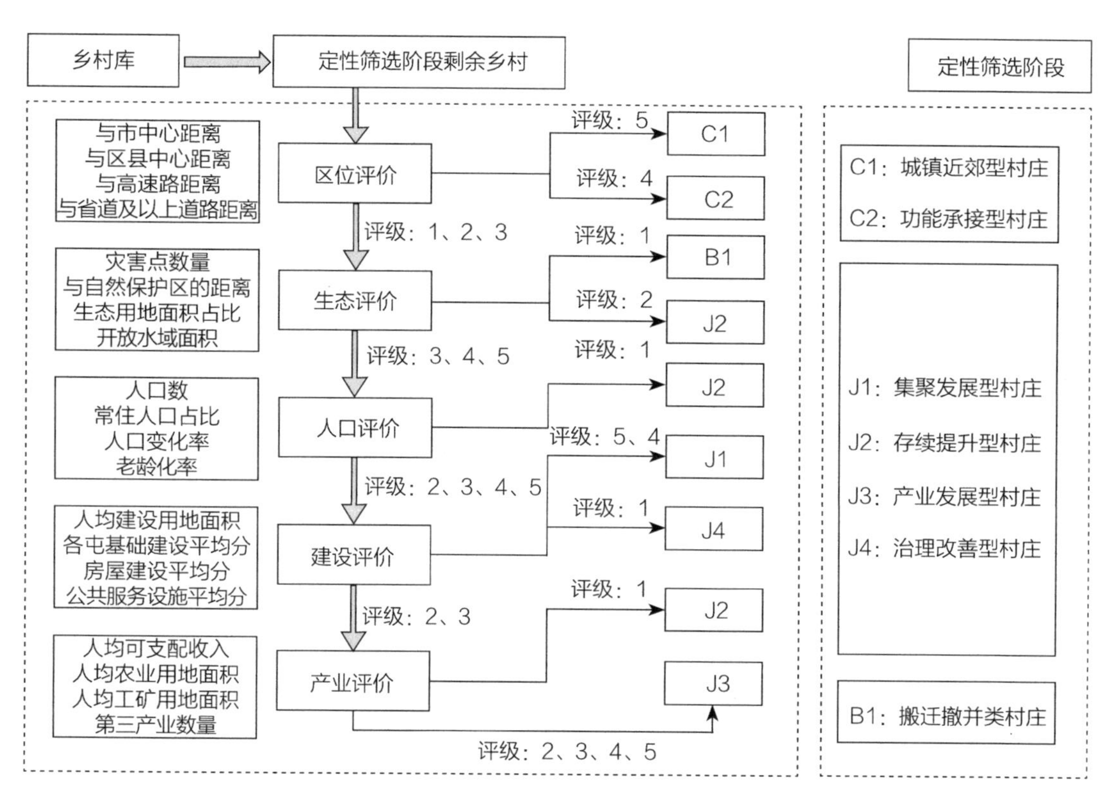

图4–5 南宁市定量“沙漏法”技术路线

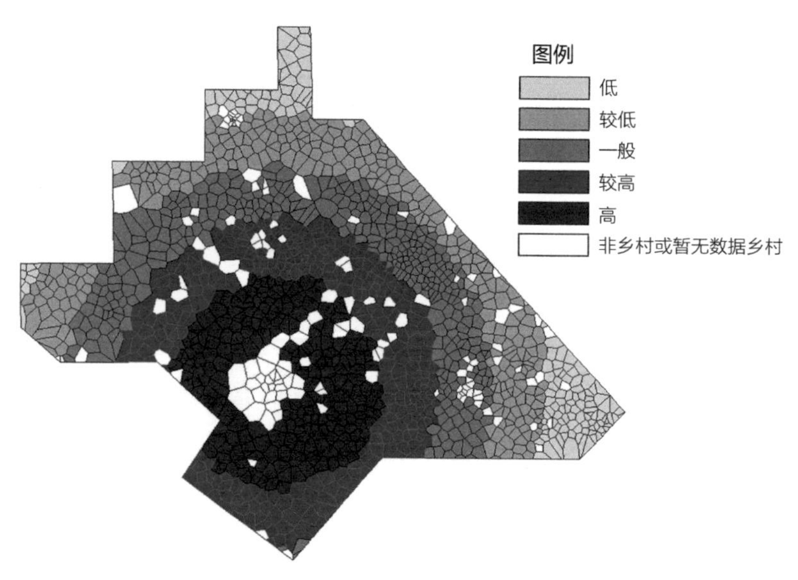

图4–6 南宁市各村与市中心距离分级示意

与市中心距离层级划分与赋值 表4-8

与市中心距离（米）	分级	分级赋值	加权得分	数量
＞99676	低	1	0.076	174
79753～99676	较低	2	0.152	337
60352～79753	中等	3	0.228	366
39182～60352	较高	4	0.304	326
＜39182	高	5	0.380	222

（注：乡村与市中心距离评价指标权重为0.076，赋值与权重的乘积为各分级的对应分值。）

根据南宁市各村与区县中心距离层级划分结果，与区县中心距离分级低（＞38137米）的乡村有175个；与区县中心距离分级较低（28495~38137米）的乡村有312个；与区县中心距离分级中等（20126~28495米）的乡村有345个；与区县中心距离分级较高（11839~20126米）的乡村有324个；与区县中心距离分级高（＜11839米）的乡村有269个。其中：兴宁区距区县中心最远的为富兴村47千米，青秀区为留凤村50千米，江南区为华南村49千米，西乡塘区为三景村51千米，良庆区为同里村56千米，邕宁区为新安村40千米，武鸣区为良安村49千米，隆安县为万岭村39千米，马山县为亲爱村46千米，上林县为琴水村为4千米，宾阳县为启明村42千米，横州市为那莫村52千米（表4–9、图4–7）。

与区县中心距离层级划分与赋值 表4-9

与区县中心距离（米）	分级	分级赋值	加权得分	数量
＞38137	低	1	0.1672	175
28495-38137	较低	2	0.3344	312
20126-28495	中等	3	0.5016	345
11839-20126	较高	4	0.6688	324
＜11839	高	5	0.836	269

（注：乡村与区县中心距离指标权重为0.1672，赋值与权重的乘积为各分级的对应分值。）

根据南宁市各村与高速路距离层级划分结果，与高速路距离分级低（＞18595米）的乡村有104个；与高速路距离分级较低（18595~12652米）的乡村有114个；与高速路距离分级中等（6567~12652米）的乡村有333个；与高速路距离分级较高（2849~6567米）的乡村有398个；与高速路距离分级高（＜2849米）的乡村有476个。其中距高速路最远的为马山县新杨村，相距33千米（表4–10、图4–8）。

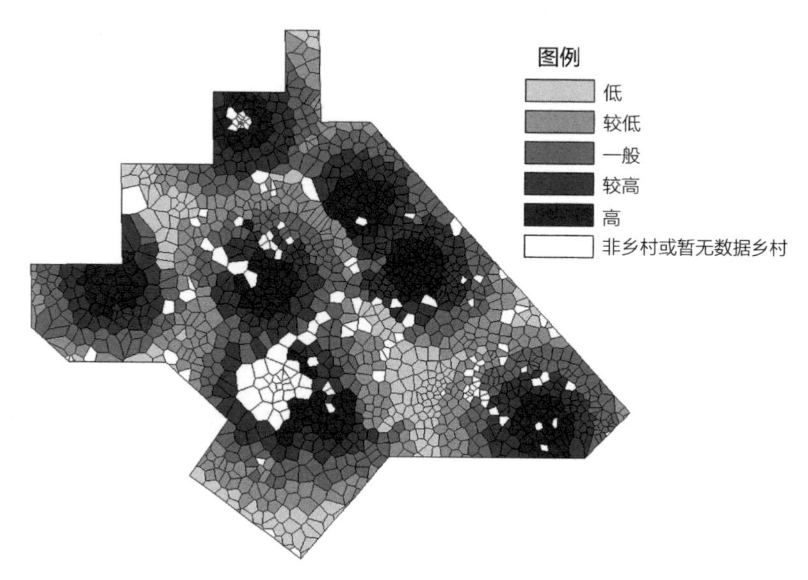

图4-7　南宁市各村与区县中心距离分级示意

与高速路距离层级划分与赋值　　表 4-10

与高速路距离（米）	分级	分级赋值	加权得分	数量
＞18595	低	1	0.0304	104
18595~12652	较低	2	0.0608	114
6567~12652	中等	3	0.0912	333
2849~6567	较高	4	0.1216	398
＜2849	高	5	0.152	476

（注：乡村与高速路距离评价指标权重为0.1672，赋值与权重的乘积为各分级的对应分值。）

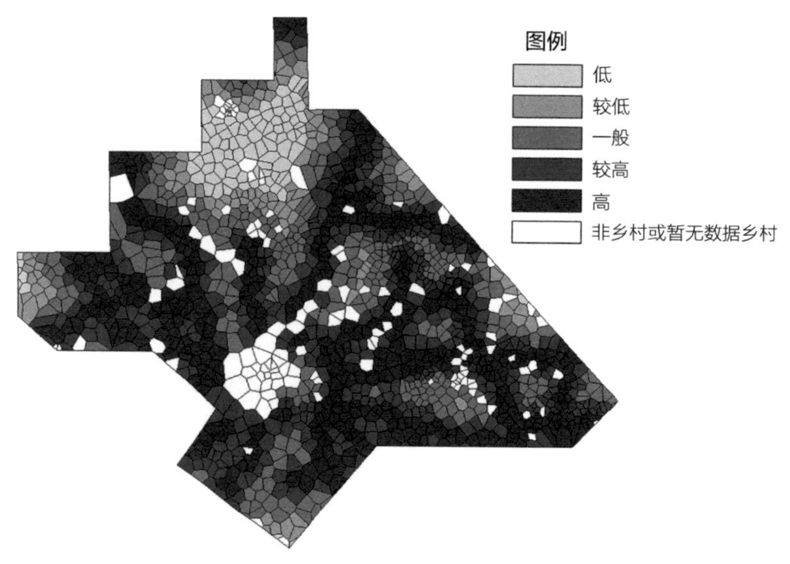

图4-8　南宁市各村与高速路距离分级示意

根据南宁市各村与省道及以上道路距离层级划分结果，与省道及以上道路距离分级低（>12507米）的乡村有59个；与省道及以上道路距离分级较低（7129~12507米）的乡村有195个；与省道及以上道路距离分级中等（4251~7129米）的乡村有266个；与省道及以上道路距离分级较高（1913~4251米）的乡村有393个；与高速路距离分级高（<1913米）的乡村有512个。其中距离省道及以上道路最远的为马山县乐江村，相距34千米（表4-11、图4-9）。

与省道及以上道路距离层级划分与赋值　　表4-11

与省道及以上道路距离（米）	分级	分级赋值	加权得分	数量
＞12507	低	1	0.1064	59
7129~12507	较低	2	0.2128	195
4251~7129	中等	3	0.3192	266
1913~4251	较高	4	0.4256	393
＜1913	高	5	0.532	512

（注：乡村与省道及以上道路距离评价指标权重为0.1064，分级赋值与权重的乘积为各分级的对应分值。）

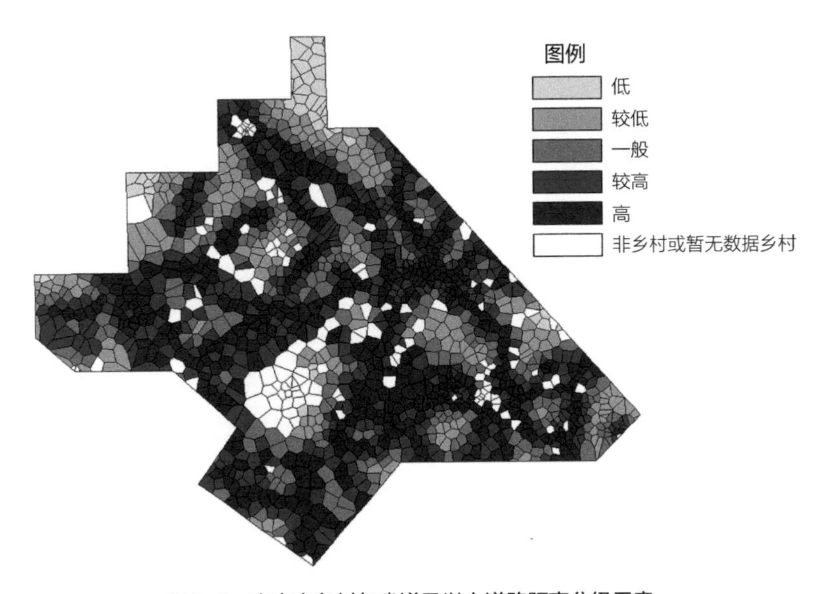

图4-9 南宁市各村与省道及以上道路距离分级示意

运用ArcGIS中“加权总和”工具对区位条件中的各项评价指标进行叠加运算，得出区位条件维度的潜力评价图（图4-10）。

（2）生态环境

生态环境维度选取灾害点数量、与自然保护区的距离、生态用地面积占比、开放水域面积四项评价指标，对每个评价指标进行五类层级的划分并赋值，再根据各指标对应的权重计算不同层级对应的分值。

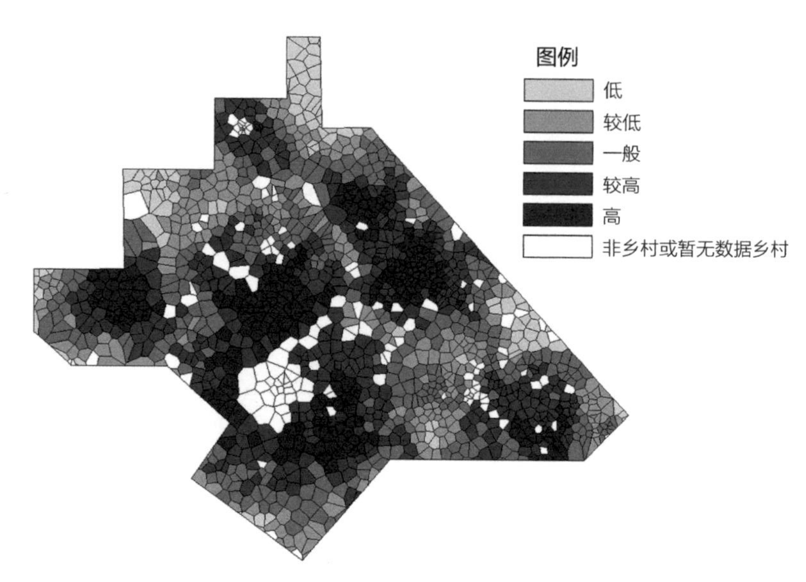

图4-10　南宁市区位条件维度乡村潜力评价示意

根据南宁市各村灾害点数量层级划分结果，灾害点数量分级低（＞20个）的乡村有2个；灾害点数量分级较低（11~20个）的乡村有4个；灾害点数量分级中等（6~10个）的乡村有26个；灾害点数量分级较高（1~5个）的乡村有448个；灾害点数量分级高（0个）的乡村有945个。其中灾害点数量最多的乡村为上林县绿浪村共40处，其次为上林县水头村共29处（表4–12、图4–11）。

灾害点数量层级划分与赋值　　表4-12

灾害点数量（个）	分级	分级赋值	加权得分	数量
＞20	低	1	0.0096	2
11~20	较低	2	0.0192	4
6~10	中等	3	0.0288	26
1~5	较高	4	0.0384	448
0	高	5	0.048	945

（注：乡村灾害点数量评价指标权重为0.0096，赋值与权重的乘积为各分级的对应分值。）

根据南宁市各村与自然保护区的距离层级划分结果，与自然保护区的距离分级低（＜13713米）的乡村有445个；与自然保护区的距离分级较低（13713~30839米）的乡村有406个；与自然保护区的距离分级中等（30839~52147米）的乡村有206个；与自然保护区的距离分级较高（52147~78463米）的乡村有220个；与自然保护区的距离分级高（＞78463米）的乡村有149个（表4–13、图4–12）。

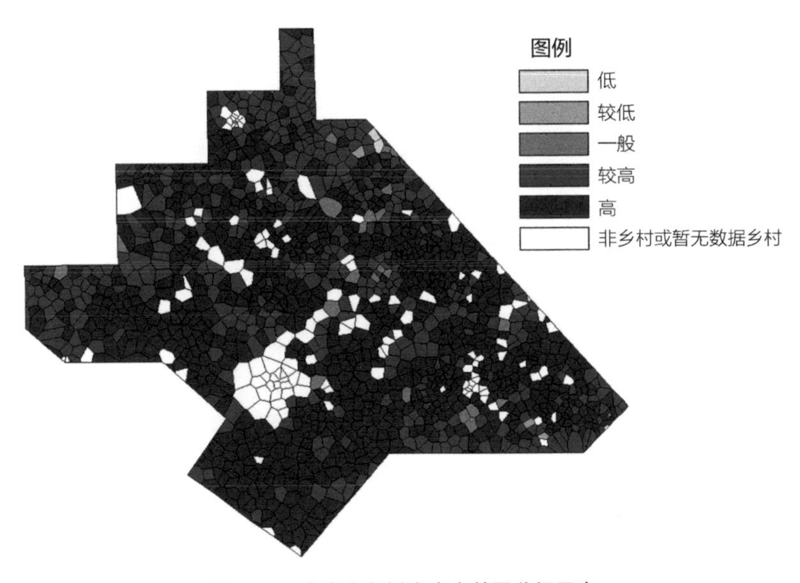

图4-11 南宁市各村灾害点数量分级示意

与自然保护区的距离层级划分与赋值 表 4-13

与自然保护区的距离（米）	分级	分级赋值	加权得分	数量
＜13713	低	1	0.0054	445
13713~30839	较低	2	0.0108	406
30839~52147	中等	3	0.0162	206
52147~78463	较高	4	0.0216	220
＞78463	高	5	0.027	149

（注：乡村与自然保护区的距离评价指标权重为0.0054，分级赋值与权重的乘积为各分级的对应分值。）

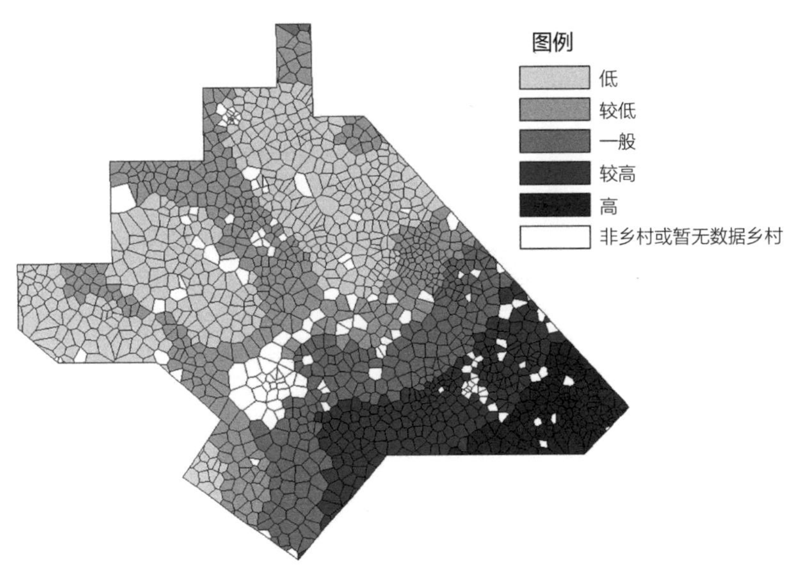

图4-12 南宁市各村与自然保护区的距离分级示意

生态用地面积是指每个乡村的林地、草地面积总和，生态用地面积占比是指林地、草地面积总和占乡村总面积的比例。根据南宁市各村生态用地面积占比层级划分结果，生态用地面积占比分级低（75%~100%）的乡村有318个；生态用地面积占比分级较低（58%~75%）的乡村有343个；生态用地面积占比分级中等（40%~58%）的乡村有259个；生态用地面积占比分级较高（21%~40%）的乡村有210个；生态用地面积占比分级高（0~21%）的乡村有295个。其中生态用地占比达到95%的共8个乡村，占比最高的为东春村，达到了99%，其余为欧阳村、渌龙村、拥军村、渌旺村、同贵村、大站村、大站村（表4-14、图4-13）。

生态用地面积占比层级划分与赋值　　表 4-14

生态用地面积占比	分级	分级赋值	加权得分	数量
75%~100%	低	1	0.0234	318
58%~75%	较低	2	0.0468	343
40%~58%	中等	3	0.0702	259
21%~40%	较高	4	0.0936	210
0~21%	高	5	0.117	295

（注：乡村生态用地面积占比评价指标权重为0.0234，分级赋值与权重的乘积为各分级的对应分值。）

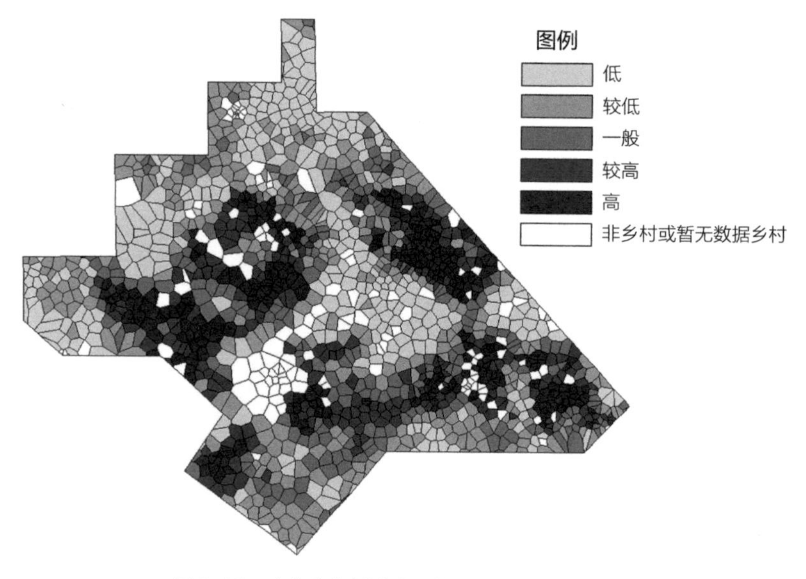

图4-13　南宁市各村生态用地面积占比分级示意

根据南宁市各村开放水域面积层级划分结果，开放水域面积分级低（>293.15公顷）的乡村有36个；开放水域面积分级较低（173.07~293.15公顷）的乡村有74个；开放水域面积分级中等（95.65~173.07公顷）的乡村有178个；开放水域面积分级较高（35.46~95.65公顷）的乡村有621个；开放水域面积分级高（<35.46公顷）的乡村有516个。其中村域范围内开放水域面

积最大的乡村是横州市的横州村，受屯六水库的影响其开放水域面积达到了1086.26公顷（表4–15、图4–14）。

开放水域面积层级划分与赋值 表 4–15

开放水域面积（公顷）	分级	分级赋值	加权得分	数量
＞293.15	低	1	0.0216	36
173.07~293.15	较低	2	0.0432	74
95.65~173.07	中等	3	0.0648	178
35.46~95.65	较高	4	0.0864	621
＜35.46	高	5	0.108	516

（注：乡村开放水域面积评价指标权重为0.0216，赋值与权重的乘积为各分级的对应分值。）

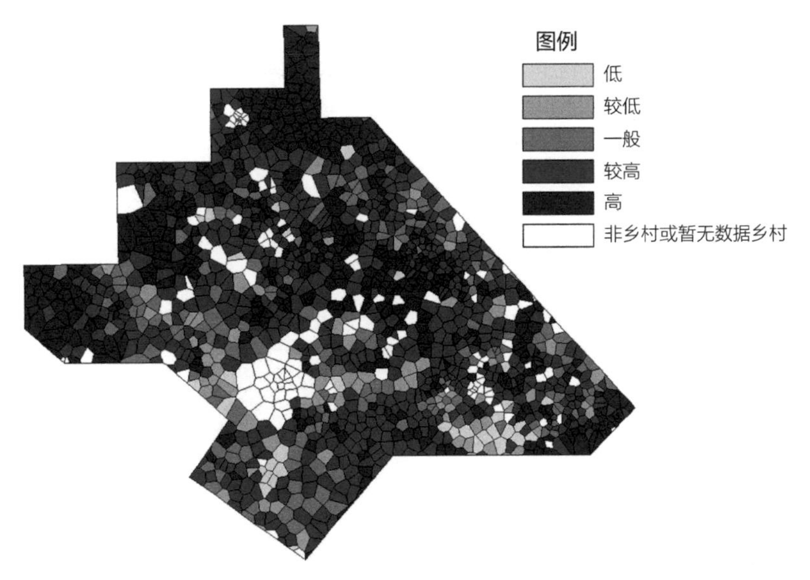

图4–14 南宁市各村开放水域面积分级示意

运用ArcGIS中“加权总和”工具对生态环境中的各项评价指标进行叠加运算，得出生态环境维度的潜力评价图（图4–15）。

（3）人口活力

人口活力维度选取村域人口数、常住人口占比、人口变化率、老龄化率四项评价指标，对每个评价指标进行五类层级的划分并赋值，再根据各指标对应的权重计算不同层级对应的分值。

根据南宁市各村村域人口数层级划分结果，村域人口数低（＜1665人）的乡村有295个；村域人口数较低（1665~3090人）的乡村有499个；村域人口数中等（3090~4480人）的乡村有317个；村域人口数较高（4480~8700人）的乡村有282个；村域人口数高（＞8700人）的乡村有32个。其中常住人口最多的为龙岗村24372人，常住人口最少的为六岑村仅132人（表4–16、图4–16）。

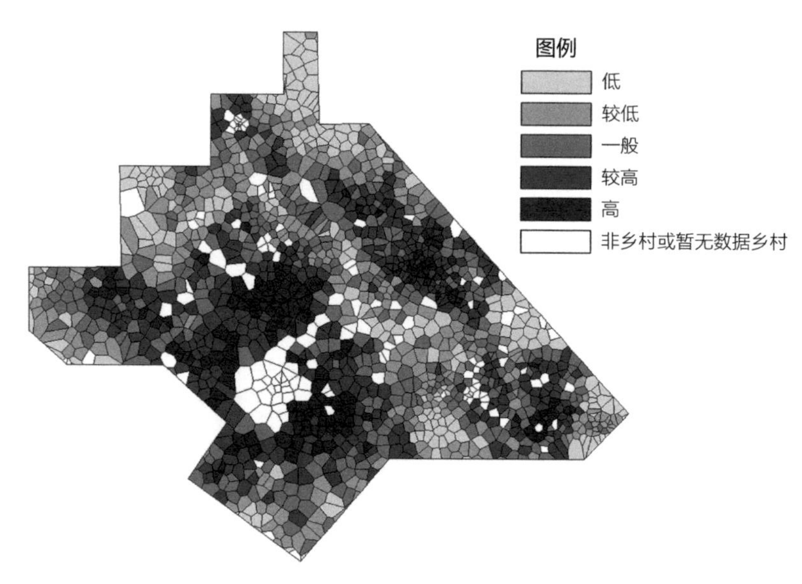

图4-15 南宁市生态环境维度乡村潜力评价示意

村域人口数层级划分与赋值 表 4-16

村域人口数（人）	分级	分级赋值	加权得分	数量
＜1665	低	1	0.0984	295
1665~3090	较低	2	0.1968	499
3090~4480	中等	3	0.2952	317
4480~8700	较高	4	0.3936	282
＞8700	高	5	0.492	32

（注：乡村村域人口数评价指标权重为0.0984，赋值与权重的乘积为各分级的对应分值。）

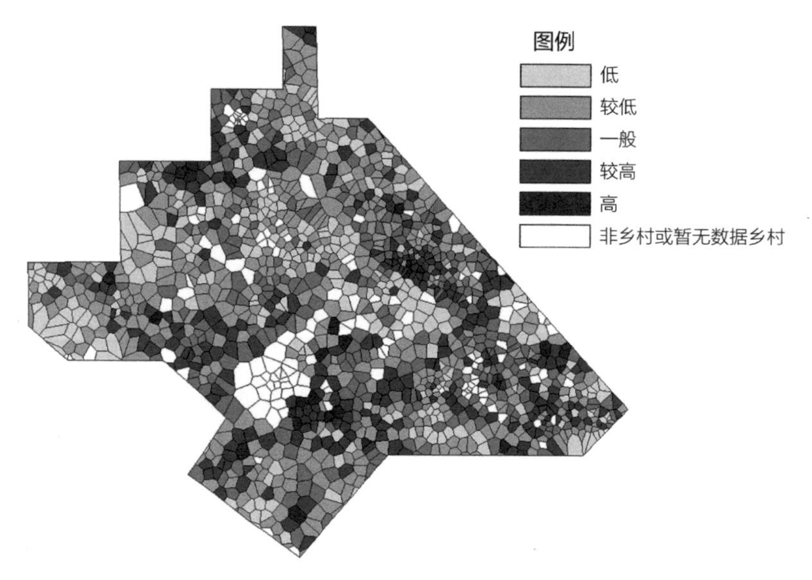

图4-16 南宁市各村村域人口数分级示意

常住人口占比是指常住人口与户籍人口的比值。根据南宁市各村常住人口占比层级划分结果，常住人口占比低（＜50%）的乡村有84个；常住人口占比较低（50%~72%）的乡村有253个；常住人口占比中等（72%~90%）的乡村有453个；常住人口占比较高（90%~110%）的乡村有605个；常住人口占比高（＞110%）的乡村有30个。其中常住人口与户籍人口比例最高的为那他村，达到了443%，而最低的六岑村，仅5%（表4–17、图4–17）。

常住人口占比层级划分与赋值 表 4–17

常住人口占比	分级	分级赋值	加权得分	数量
＜50%	低	1	0.0264	84
50%~72%	较低	2	0.0528	253
72%~90%	中等	3	0.0792	453
90%~110%	较高	4	0.1056	605
＞110%	高	5	0.132	30

（注：乡村常住人口占比评价指标权重为0.0264，赋值与权重的乘积为各分级的对应分值。）

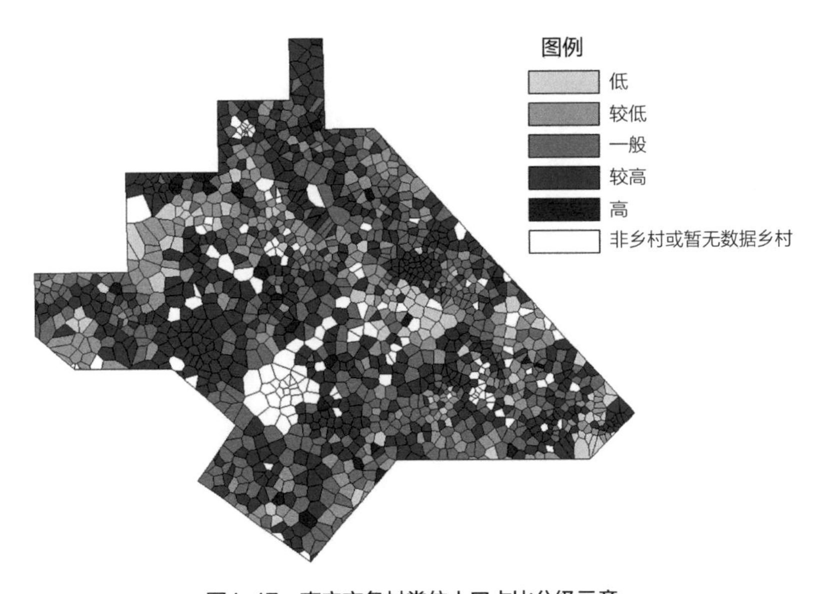

图4–17 南宁市各村常住人口占比分级示意

本研究的人口变化率是用2015~2019年人口变化量与2015年人口数的比值。根据南宁市各村人口变化率层级划分结果，人口变化率低（＜–50%）的乡村有35个；人口变化率较低（–50% ~ 0）的乡村有608个；人口变化率中等（0 ~ –50%）的乡村有585个；人口变化率较高（50% ~ 100%）的乡村有61个；人口变化率高（＞100%）的乡村有136个。其中常住人口增长率最高的为七贤村、七里村、北村等，人口减少率最高的为六岑村、南山村、那么村等（表4–18、图4–18）。

人口变化率层级划分与赋值　　表 4-18

人口变化率	分级	分级赋值	加权得分	数量
< -50%	低	1	0.0456	35
-50% ~ 0	较低	2	0.0912	608
0 ~ -50%	中等	3	0.1368	585
50% ~ 100%	较高	4	0.1824	61
> 100%	高	5	0.228	136

（注：乡村人口变化率评价指标权重为0.0456，赋值与权重的乘积为各分级的对应分值。）

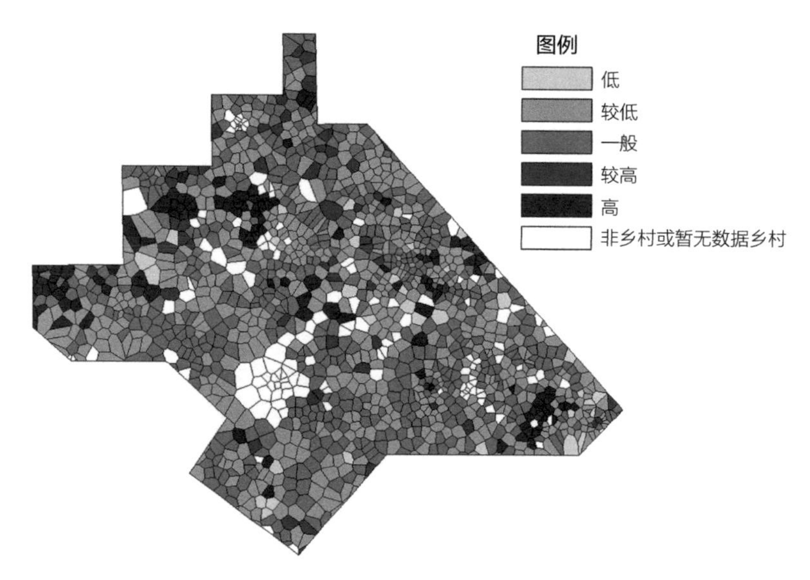

图4-18　南宁市各村人口变化率分级示意

本研究的老龄化率是村域60岁以上人口数与村域总人口数的比值。根据南宁市各村老龄化率层级划分结果，老龄化率评价低（>34.5%）的乡村有66个；老龄化率评价较低（24.4% ~ 34.5%）的乡村有165个；老龄化率评价中等（17.7% ~ 24.4%）的乡村有407个；老龄化率评价较高（11.5% ~ 17.7%）的乡村有558个；老龄化率评价高（<11.5%）的乡村有229个。其中老年化率最高的乡村为三东村，60岁以上人口达到了村域总人口的61.4%，老年化率最低的乡村为广龙村和桥板村，常住人口中均无60岁以上老人（表4-19、图4-19）。

老龄化率层级划分与赋值　　表 4-19

老龄化率	分级	分级赋值	加权得分	数量
> 34.5%	低	1	0.0696	66
24.4% ~ 34.5%	较低	2	0.1392	165
17.7% ~ 24.4%	中等	3	0.2088	407

续表

老龄化率	分级	分级赋值	加权得分	数量
11.5%～17.7%	较高	4	0.2784	558
< 11.5%	高	5	0.348	229

（注：乡村老龄化率评价指标权重为0.0696，赋值与权重的乘积为各分级的对应分值。）

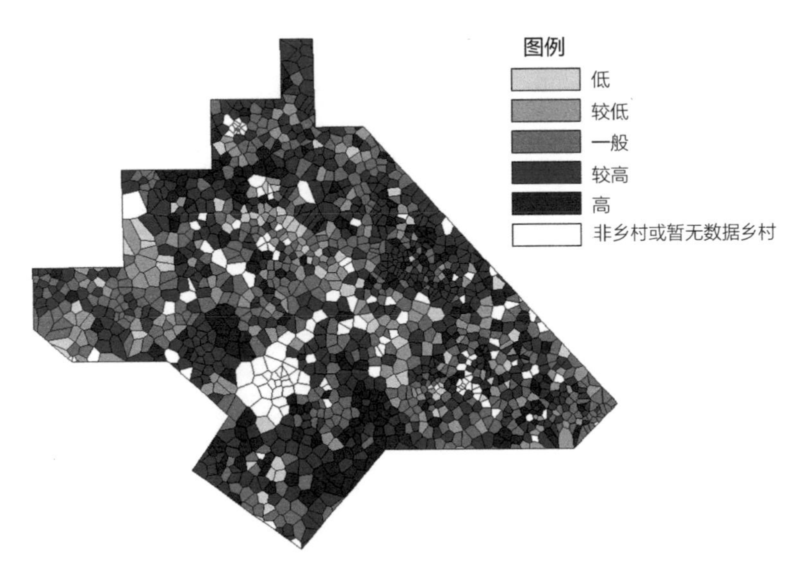

图4-19 南宁市各村老龄化率分级示意

运用ArcGIS中“加权总和”工具对人口活力中的各项评价指标进行叠加运算，得出人口活力维度的潜力评价图（图4-20）。

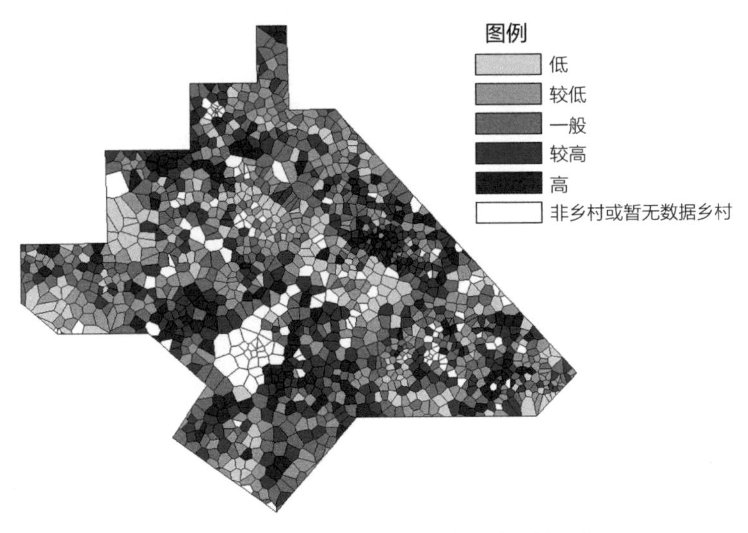

图4-20 南宁市人口活力维度乡村潜力评价示意

（4）乡村建设

乡村建设维度选取公共服务设施建设、住宅基础建设、村民小组基础建设、人均建设用地面积四项评价指标，由于每项建设类评价指标涉及内容较广，额外设置子指标用于描述（表4–20~表4–24、图4–21~图4–24）。各项指标计算结果加和后使用自然断点法划分为五个等级，再根据各指标对应的权重计算不同层级对应的分值。

乡村建设维度评价指标　　表4–20

准则层	因素层	因素层处理方法	评价指标
建设评价	公共服务设施建设	各项评价得分加和	公共活动场所评价
			休闲娱乐设施评价
			公共厕所评价
			公共停车位评价
	住宅基础建设	各项评价得分加和	户均住房数评价
			集中供水评价
			洗浴设施评价
			住户厕所评价
			住户厨房评价
	村民小组基础建设	各项评价得分加和	道路硬化评价
			路灯建设评价
			垃圾处理评价
			雨污处理评价
	人均建设用地	自然断点法划分为五个等级	建设用地评价

公共服务设施建设各指标处理方法　　表4–21

指标内容	指标含义	0分情况	1分情况	2分情况	3分情况	4分情况
公共活动场所评价	每个公共活动场所平均服务人数	无公共活动场所	＞3000	600~3000	300~600	＜300
休闲娱乐设施评价	每个休闲娱乐设施平均服务人数	无休闲娱乐设施	＞2500	600~2500	300~600	＜300
公共厕所评价	每个公共场所平均服务人数	无公共厕所	＞4000	1600~4000	600~1600	＜600
公共停车位评价	每个公共停车位平均服务人数	无停车场	＞1000	200~1000	30~200	＜30

住宅基础建设各指标处理方法　　表4–22

指标内容	指标含义	0分情况	1分情况	2分情况	3分情况
户均住房数评价	每户村民平均拥有的住宅数量	＜0.5	0.5~1	1	＜1

续表

指标内容	指标含义	0分情况	1分情况	2分情况	3分情况
集中供水评价	集中供水入室的住宅占全部住宅的比例	0	0~49%	50%~99%	100%
洗浴设施评价	有洗浴设施的住宅占全部住宅的比例	0	0~49%	50%~99%	100%
住户厕所评价	水冲式厕所入室的住宅占全部住宅的比例	0	0~49%	50%~99%	100%
住户厨房评价	有独立厨房的住宅占全部住宅的比例	0	0~49%	50%~99%	100%

村民小组基础建设各指标处理方法 表4-23

指标内容	指标含义	0分情况	1分情况	2分情况	3分情况
道路硬化评价	入户路实现硬质化铺装的村民小组占村域全部小组的比例	0	0~49%	50%~99%	100%
路灯建设评价	主要道路有路灯的村民小组占村域全部小组的比例	0	0~49%	50%~99%	100%
垃圾处理评价	实现生活垃圾收运处理的村民小组占村域全部小组的比例	0	0~49%	50%~99%	100%
雨污处理评价	有雨水排放收集设施的村民小组占村域全部小组的比例	0	0~49%	50%~99%	100%

建设维度层级划分与赋值 表4-24

因素层指标	单位	数值	分级	分级赋值	加权得分	数量
公共服务设施建设	分	0~2	低	1	0.0108	168
		3~4	较低	2	0.0216	302
		5~6	中等	3	0.0324	398
		7~9	较高	4	0.0432	393
		10~12	高	5	0.0540	164
住宅基础建设	分	0~5	低	1	0.0552	26
		5~9	较低	2	0.1104	194
		9~11	中等	3	0.1656	493
		11~12	较高	4	0.2208	453
		13~16	高	5	0.2760	258
村民小组基础建设	分	0~3	低	1	0.0216	27
		4~6	较低	2	0.0432	186
		7~8	中等	3	0.0648	423
		9	较高	4	0.0864	577
		10~12	高	5	0.1080	212

续表

因素层指标	单位	数值	分级	分级赋值	加权得分	数量
人均建设用地	平方米	＜95.02	低	1	0.0324	372
		95.02～118.61	较低	2	0.0648	450
		118.61～164.96	中等	3	0.0972	435
		164.96～283.30	较高	4	0.1296	122
		＞283.30	高	5	0.1620	46

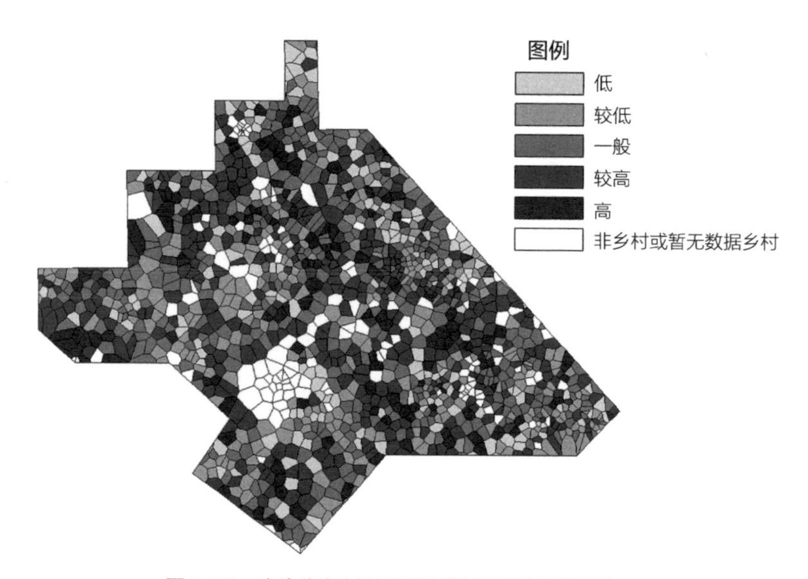

图4-21　南宁市各村公共服务设施建设分级示意

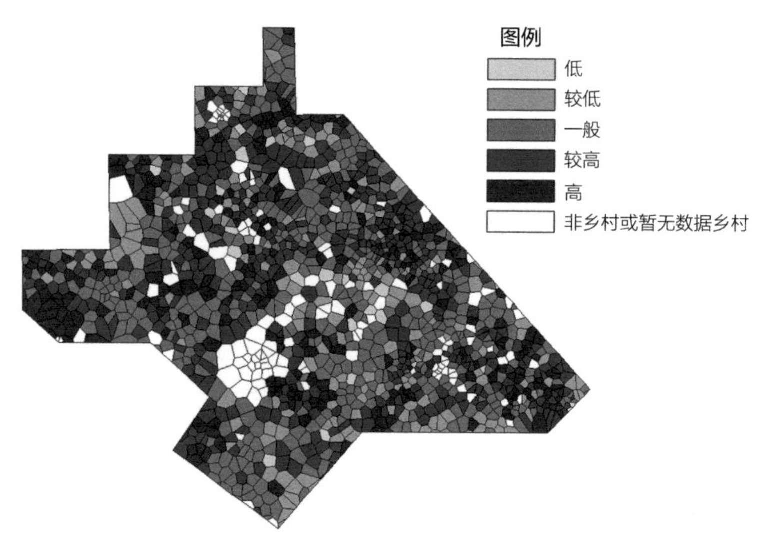

图4-22　南宁市各村住宅基础建设分级示意

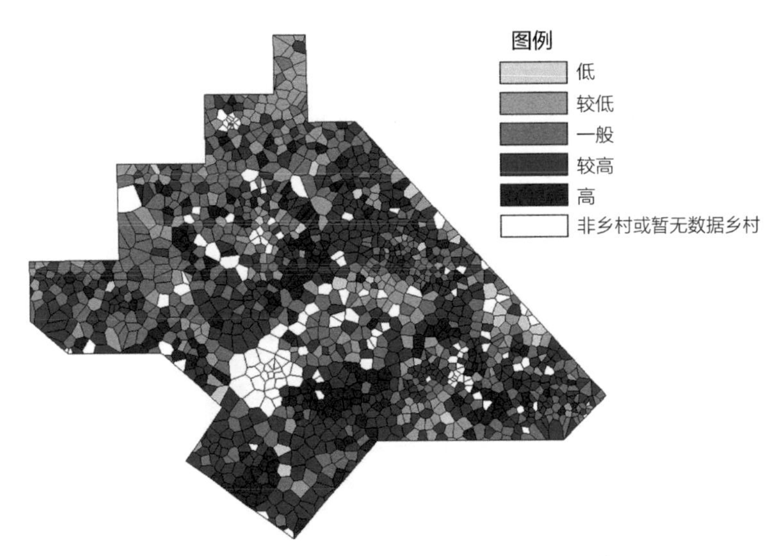

图4-23 南宁市各村村民小组基础建设分级示意

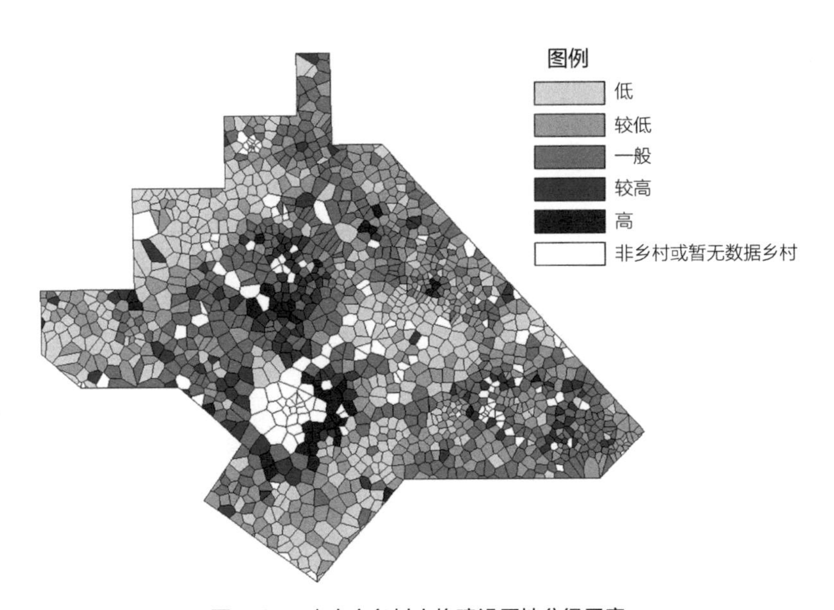

图4-24 南宁市各村人均建设用地分级示意

其中有156个乡村的所有住户完成了集中供水入室、洗浴设施安装、水冲式厕所入室、独立厨房建设，占比10.94%。有96个乡村的全部村民小组完成了入户路硬质化铺装、主要道路设置路灯、生活垃圾收运处理、装配雨水排放收集设施，占比6.73%。人均建设用地面积最多乡村的是横州市横州村，达到了688.28平方米。

六章村的公共厕所建设最完善，平均每84名村民可以共享一个公厕；明新村、杨江村、格木村的公共停车位建设最完善，村内设有3000、2000、1956个停车位；万岭村的公共活动场所建设最完善，平均每44个村民可以共享一个公共活动场所；六合村的休闲娱乐设施建设最完善，平均每58个村民可以共享一个休闲娱乐设施。

运用ArcGIS中“加权总和”工具对乡村建设中的各项评价指标进行叠加运算，得出乡村建设维度的潜力评价图（图4–25）。

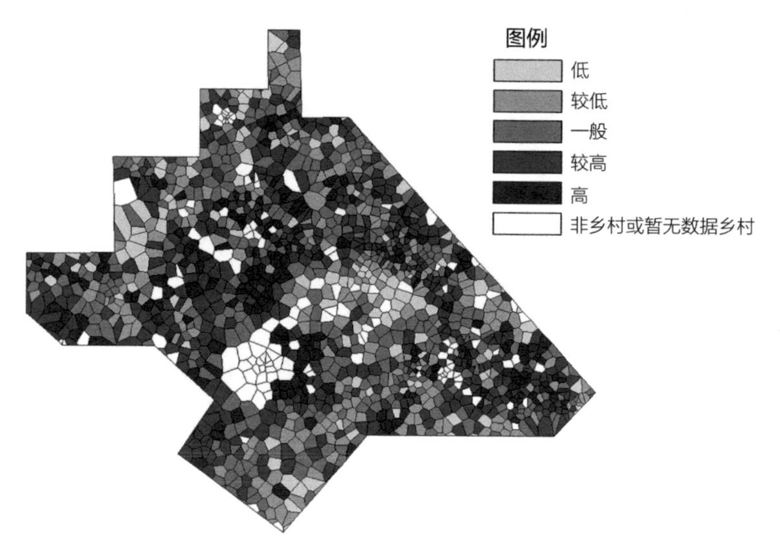

图4–25　南宁市乡村建设维度乡村潜力评价示意

（5）产业经济

产业经济维度选取人均可支配收入、人均农业用地面积、人均工矿用地面积、第三产业数量四项评价指标，对每个评价指标进行五类层级的划分并赋值，再根据各指标对应的权重计算不同层级对应的分值。

根据南宁市人均可支配收入层级划分结果，人均可支配收入低（<4800元每人每年）的乡村有312个；人均可支配收入较低（4800~7500元每人每年）的乡村有510个；人均可支配收入中等（7500~11400元每人每年）的乡村有427个；人均可支配收入较高（11400~20000元每人每年）的乡村有163个；人均可支配收入高（>20000元每人每年）的乡村有13个。其中人均可支配收入最高的为良庆区那黄村，可达到24500元每人每年（表4–25、图4–26）。

人均可支配收入层级划分与赋值　　表4–25

人均可支配收入（元每人每年）	分级	分级赋值	加权得分	数量
<4800	低	1	0.104	312
4800~7500	较低	2	0.208	510
7500~11400	中等	3	0.312	427
11400~20000	较高	4	0.416	163

续表

人均可支配收入（元每人每年）	分级	分级赋值	加权得分	数量
＞20000	高	5	0.52	13

（注：乡村人均可支配收入评价指标权重0.104，赋值与权重的乘积为各分级的对应分值。）

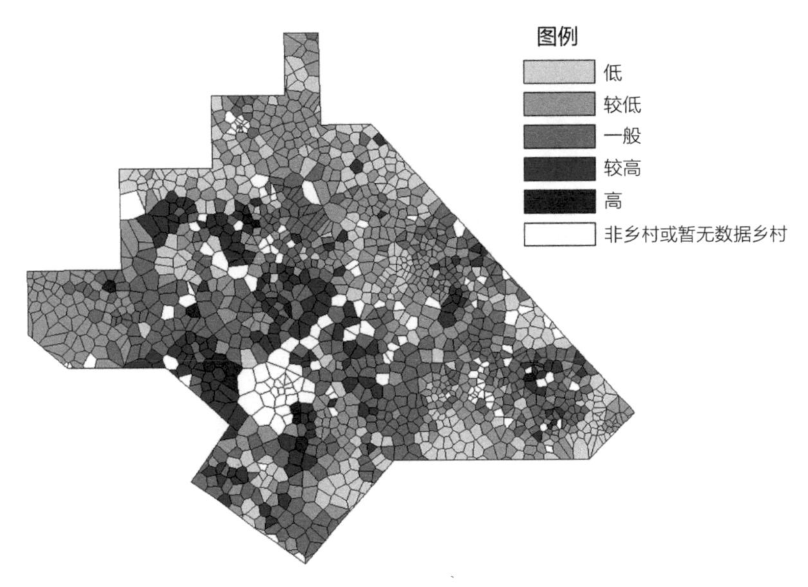

图4-26 南宁市各村人均可支配收入分级示意

农业用地由耕地（水田、水浇地、旱地）、种植园用地（果园、茶园、橡胶园、其他园地）组成。根据南宁市人均农业用地面积层级划分结果，人均农业用地面积低（＜620平方米）的乡村有330个；人均农业用地面积较低（620~860平方米）的乡村有249个；人均农业用地面积中等（860~1480平方米）的乡村有444个；人均农业用地面积较高（1480~3150平方米）的乡村有342个；人均农业用地面积高（＞3150平方米）的乡村有60个。其中人均农业用地面积最大的为武鸣区唐村，可达到7544平方米；人均农业用地面积最小的为上林县东春村，仅为0.5平方米（表4-26、图4-27）。

人均农业用地面积层级划分与赋值 表4-26

人均农业用地面积（平方米）	分级	分级赋值	加权得分	数量
＜620	低	1	0.044	330
620~860	较低	2	0.088	249
860~1480	中等	3	0.132	444
1480~3150	较高	4	0.176	342
＞3150	高	5	0.22	60

（注：乡村人均农业用地面积评价指标权重0.044，赋值与权重的乘积为各分级的对应分值。）

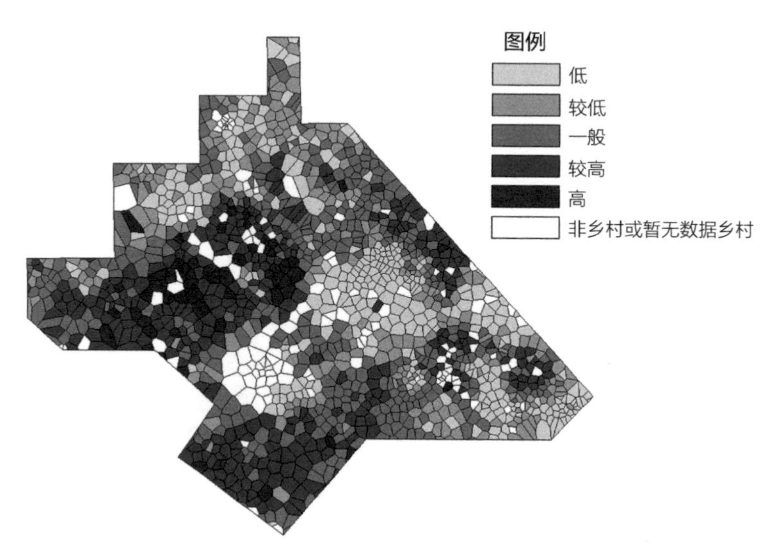

图4-27 南宁市各村人均农业用地面积分级示意

工矿用地由工业用地和采矿用地组成。根据南宁市人均工矿用地面积层级划分结果，人均工矿用地面积低（<0.2平方米）的乡村有376个；人均工矿用地面积较低（0.2~2平方米）的乡村有278个；人均工矿用地面积中等（2~20平方米）的乡村有498个；人均工矿用地面积较高（20~200平方米）的乡村有244个；人均工矿用地面积高（>200平方米）的乡村有29个。其中人均工矿用地面积最大的为横州市覃寨村，可达到1545.90平方米（表4-27、图4-28）。

人均工矿用地面积层级划分与赋值　　表4-27

人均工矿用地面积（平方米）	分级	分级赋值	加权得分	数量
＜0.2	低	1	0.02	376
0.2~2	较低	2	0.04	278
2~20	中等	3	0.06	498
20~200	较高	4	0.08	244
＞200	高	5	0.1	29

（注：乡村人均工矿用地面积评价指标权重为0.02，赋值与权重的乘积为各分级的对应分值。）

由PIO兴趣点计算每个村的服务业、商业、景点等数量。根据南宁市第三产业数量层级划分结果，第三产业数量低（0个）的乡村有781个；较低（1~5个）的乡村有392个；中等（6~10个）的乡村有65个；较高（11~20个）的乡村有60个；高（>21个）的乡村有127个。其中第三产业数量最多的乡村为大同村，共644个，没有第三产业分布的乡村共782个（表4-28、图4-29）。

运用ArcGIS中“加权总和”工具对产业经济中的各项评价指标进行叠加运算，得出产业经济维度的潜力评价图（图4-30）。

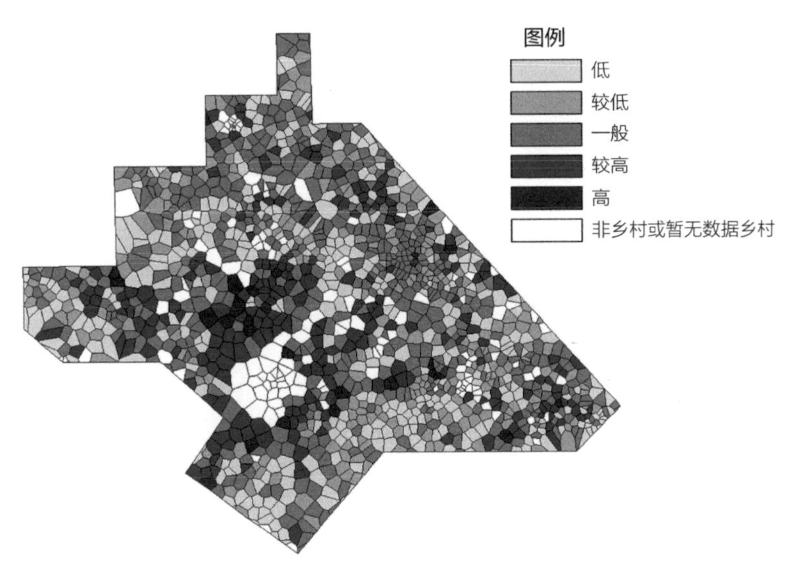

图4-28 南宁市各村人均工矿用地面积分级示意

第三产业数量层级划分与赋值 表4-28

第三产业数量（个）	分级	分级赋值	加权得分	数量
0	低	1	0.032	781
1~5	较低	2	0.064	392
6~10	中等	3	0.096	65
11~20	较高	4	0.128	60
＞21	高	5	0.16	127

（注：乡村第三产业数量评价指标权重为0.032，赋值与权重的乘积为各分级的对应分值。）

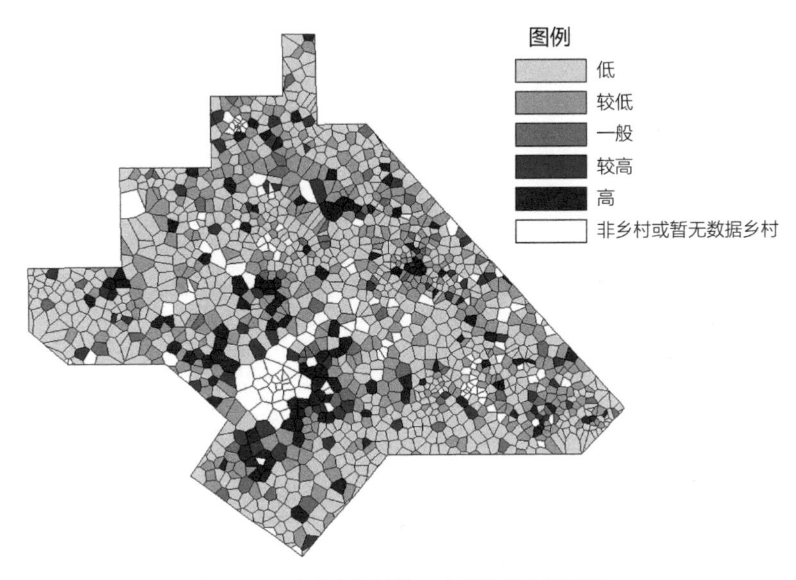

图4-29 南宁市各村第三产业数量分级示意

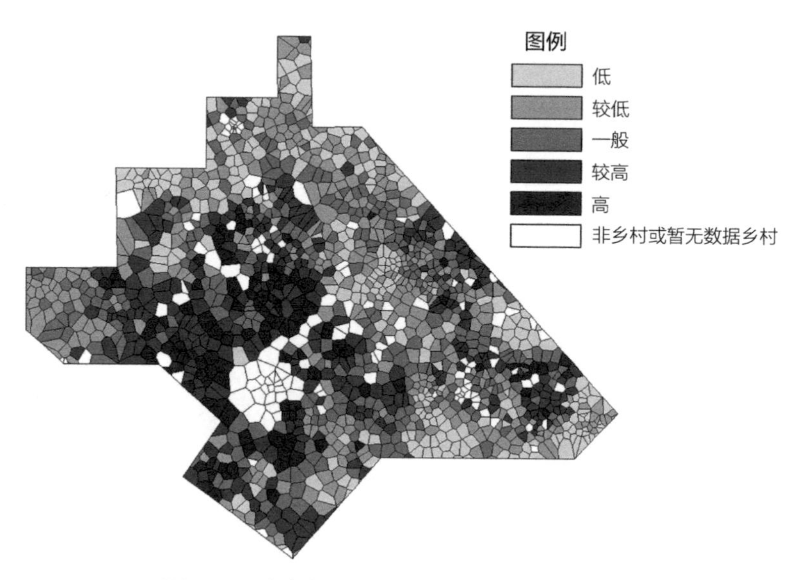

图4-30 南宁市产业经济维度乡村潜力评价示意

4.3.4 第四步：检验与反馈

1．本研究确定的乡村分类结果

本研究确定的南宁市乡村分类结果为：一级分类中有特色保护类53个（自然生态景观型乡村7个，历史人文保护型乡村46个），城郊融合类乡村286个（功能承接型村庄154个，城镇近郊型132个），搬迁撤并类20个，集聚提升类1066个（集聚发展型乡村435个，存续提升型乡村213个，产业发展型354个，治理改善型村庄64个）（图4-31、图4-32、表4-29）。

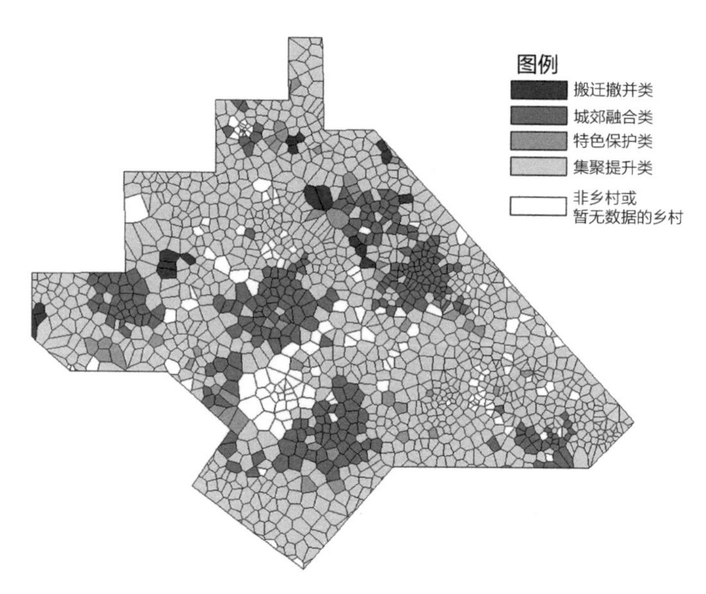

图4-31 南宁市乡村一级分类示意

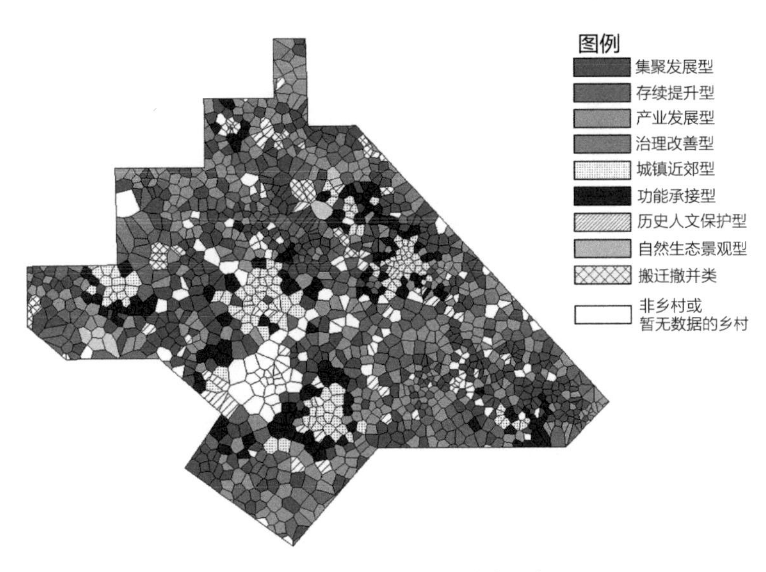

图4-32 南宁市乡村二级分类示意

南宁市乡村分类结果汇总 表 4-29

一级分类	二级分类	乡村数量	乡村名称
特色保护类	自然生态景观型	7 个	云桃村、东春村、塘昶村、新光村、龙尧村、九甲村、雅梨村
	历史人文保护型	46 个	安平村、扬美村、同新村、同江村、锦江村、华南村、蔡村村、安平村、那良村、青桐村、笔山村、新圩村、留寺村、武陵村、上施村、古辣社区、平龙村、露圩社区、名山村、长联村、高贤社区、恭睦村、恭睦村、云里村、排红村、龙昌村、羊山村、乔老村、本立村、定江村、英俊村、伏唐村、八桥村、镇龙社区、古寨村、里当村、中和社区、红星村、新江社区、坛良村、太安村、刚德村、坛洛村、天堂村、施厚村、路东村
城郊融合类	城镇近郊型	132 个	那廊村、江南村、蒙垌村、东郭村、六莲村、山柏村、杨彭村、新张村、芦圩农业村、新宾农业村、陆村村、新廖村、宝水村、北街村、新模村、顾明村、国太村、王明村、黄卢村、蒙田村、古城村、六明村、六岭村、六和村、七里村、勒马村、长岗村、咨塘村、展志村、南山村、中兴村、太守社区、大林村、民范村、三才村、大庄村、立新村、三友村、大罗村、三塘村、黄凤村、高龙村、罗江村、大程村、连朋村、廖寨村、九龙村、北林村、塘隆村、皇主村、万古村、下江村、云温村、里丹村、三联村、蒙村社区、河田社区、皇周、新兴社区、宝塔村、宝塔村、西宁村、大林村、东安村、光明村、三宝村、连安村、那朗村、鹭鸶村、儒浩村、新都村、博浪村、双卢村、五海村、大皇后村、华山村、英烈村、杨李村、文合村、合旗村、平福村、跃进村、平稳村、孔镇村、葛阳村、凤阳村、赖坡村、东王村、长安村、马香村、九里村、灵源村、大同村、张朗村、梁新村、跃进村、濑琶村、下渌村、平陆村、伏林村、镇南村、夏黄村、九联村、大梁村、合美村、腾翔村、苏宫村、仁福村、震东村、旧琴村、张村村、光和村、屯亮村、联团村、良勇村、那路村、坛墩村、那云村、屯了村、公曹村、新生村、新新村、州同村、梁村村、良信村、广良村、那盆村、那旺村、力勒村、那僚村、兴贤村、连山村

续表

一级分类	二级分类	乡村数量	乡村名称
城郊融合类	功能承接型村庄	153个	智信村、那备村、同良村、明阳社区、定宁村、佳棉村、同华村、太平村、龙池村、龙首村、石村村、上茶村、岭鹩村、莫大村、莫大村、大联村、政华村、平联村、三合村、红宜村、民生村、勒竹村、山柏村、石柱村、刘村村、南新村、吴村村、碗窑村、恭村村、文伟村、太乡村、德明村、马岭村、六盘村、益宪村、秀英村、南关村、甘村村、林堡村、大仙村、马村村、新和村、清平村、共和村、梁凤村、永和村、长安村、长新村、明新村、石壁村、理化村、马王村、云岭村、云梯村、杨山村、白沙村、蒙记村、新塘村、义陈社区、文华村、狮螺村、陆永村、文岭村、甘六村、森隆村、新联村、圩底村、安宁村、江林村、云龙村、龙宝村、云姚村、洋渡村、大坡村、覃黄村、漫桥村、罗勘村、溯浪村、云城村、云蒙村、上龙村、大同村、三联村、民族村、南新村、勉圩村、丰州村、古楼村、四兴村、那可村、小林村、大同村、灵利村、西安村、龙庄村、东义村、那重村、那门村、下邓村、上邓村、太阳升村、培正村、龙扶村、慕恭村、廷罗村、新甫村、造庆村、六联村、联兴村、林琅村、林渌村、卢覃村、庆乐村、伊岭村、从广村、覃内村、唐村村、大同村、旧陆斡村、旧陆斡村、苞张村、文坛村、和合村、汉林村、新乐村、华康村、三江村、中山村、龙岗村、团阳村、华联村、新村村、那平村、冲陶村、新团村、平乐村、共和村、坛泽村、秀山村、金陵村、陆平村、三联村、和强村、下楞村、五合社区、洞江村、莫村社区、德福村、良合村、六村村、那笔村、孟连村、那马社区
集聚提升类	集聚发展型乡村	434个	保城村、那备村、康宁村、那备村、敬团村、新德村、祥宁村、隆德村、仁德村、保卫村、苏保村、慕村村、那海村、吴圩社区、联英村、敬德村、宋村村、新桥村、蒙村村、长江村、曹村村、清江村、北村村、谢圩村、学明村、周塘村、长寨村、大和村、长淇村、上淇村、黄村村、武留村、大炉村、圩背村、平阳村、百联村、江口村、马平村、陆屋村、芳岭村、南岸村、芦塘村、那阳村、大六村、宝华村、那河村、潘村村、延安社区、苏圩社区、录岭村、南乡社区、板路社区、板路社区、新福社区、六香村、六坡村、六坡村、龙田村、廖村村、苏光村、良水村、五权村、快龙村、良塘村、彭村村、明新村、布文村、八联村、龙口村、小王村、覃寨村、化龙村、佛渡村、红花村、大料村、大料村、禾塘村、木道村、沙江村、陆村村、上塘村、六秀村、泮林村、平林村、龙门村、大塘村、福旺村、令里村、外服村、韦村村、樟西村、龙省村、横塘村、石井村、东圩村、罗村村、白衣村、六蓝村、旺安村、草木村、平马社区、六景社区、良圻社区、石塘社区、陶圩社区、朁冷村、福塘村、甲俭村、甲俭村、宿龙村、站圩村、飘竹村、富津村、莲新村、振兴村、兴华村、观江村、新塘村、良和村、清泉村、六壮村、新龙村、太宁村、汗桥村、上颜村、双窑村、黄强村、宝鼎村、三韦村、三李村、龙胜村、启明村、凤鸣村、三和村、吴江村、龙公村、补塘村、甘棠社区、五合村、八合村、合庄村、南桥村、新宁村、祥华社区、六高村、新桥社区、四镇社区、公义村、邹圩社区、六新村、新华村、中南村、同仁村、同礼村、同德村、七星村、白山村、大桥社区、新道村、五七村、廖村村、联泉村、马界村、新胜村、龙额村、稔竹村、六窑村、周黎村、王灵社区、秀山村、大邦社区、岭甲村、洋桥社区、赤坭村、东黎村、龙贵村、弄贬村、登山村、朝韦村、繁荣社区、苏仁村、三水村、耀河村、白境村、岜森村、大黄村、石门村、弄陈村、塘红社区、木山社区、齐贤社区、高仁村、石逢村、韦寺村、西燕社区、长岗村、爱长村、大山村、高长村、三里社区、镇马社区、兴塘村、那君村、内学村、立星村、兴华村、大塘村、联合村、上级村、里民村、石丰村、东屏村、龙塘村、马岭社区、那州社区、古连村、澄泰社区、大丰、大球村、林圩村、古零村、乐江村、坛沙村、南邦村、爱旗村、拔翠村、台山村、青春村、俊龙村、大旺村、宁寿村、平山村、亲爱村、那料村、乐圩村、加乐村、民治村、

续表

一级分类	二级分类	乡村数量	乡村名称
集聚提升类	集聚发展型乡村	434 个	大陆村、内金村、加让村、琴让村、民乐村、加善村、南圩社区、联造村、爱华村、联伍村、雁江社区、联隆村、那桐社区、浪湾村、那元村、镇流村、龙江村、大滕村、乔建社区、乔建社区、俭安村、俭安村、英敏村、定坤村、华岳村、保湾村、联合村、森岭村、古潭社区、育英村、都结社区、天隆村、林利村、陆连村、荣朋村、平荣村、达利村、欧里村、更明村、红光村、新风村、布泉社区、欧亚村、龙会村、龙礼村、屏山社区、业仁村、良安村、玉元村、罗波社区、甘圩社区、三联村、岭合村、群英村、中桥社区、定黎村、文溪社区、坛李村、西边村、树合村、暮定村、雄孟社区、群兴村、旧圩村、二塘村、锣圩社区、双龙村、仙山村、小陆村、清江村、三民村、那龙村、凤林村、联合村、邓吉村、忠党村、共济村、培桂村、林洋村、淝阳村、罗伏村、六冬村、苏梁村、马头社区、梁彭村、天马村、西边村、四联村、串钱村、云川村、培群村、双泉村、合耸村、龙英村、大榄村、两江社区、连才村、邓广村、桥东村、联新村、喜庆村、乐光村、富良村、陆杨村、东江村、罗波社区、双桥社区、启德村、甘圩社区、聚群村、汉安村、平等村、桥北村、公泉村、那琅村、玉泉村、陆斡社区、板新村、府城社区、西厢村、覃李村、灵马社区、王桥村、南弼村、屯茶村、那利村、新安村、桥学村、那他村、屯宁村、那文村、周鹿村、永州村、坡埂村、乔利村、加方村、方村、罗村、龙选村、龙割村、荣宠村、百济社区、周禄村、方村村、坛西村、平天村、那才村、那例村、那楼社区、那丰村、西宁村、那黄村、南晓社区、和平村、那团村、渌绕村、群南村、那坛村、圩中村、富庶村、双义村、丰平村、东南村、兴平村、义平村、武陵村、硃湖村、硃湖村、上中村、中北村、上正村、长塘村、二田村、定西村、王京村、南阳村、谭村村、那曾村、那舅社区、那陀村、大邓村、五塘社区、围村村、那况村、创新村、五塘社区、九塘社区、永宁村、三塘村、七塘村、建新村、西龙村、坛棍村、那陈社区、大塘社区、良庆社区、四塘社区
	存续提升型乡村	211 个	保联村、平垌村、保安村、同宁村、罗凤村、高祝村、六答村、庙庄村、田共村、永新村、河塘村、妙门村、同菜村、东安村、陈塘村、桥板村、五合村、高山村、三阳村、平恩村、关塘社区、团富村、佛子村、小洓村、大茶村、长安村、洋塘村、刘奇村、杨江村、新兴村、石洲村、大浪村、张村村、瑶埠村、五福村、善塘村、罗塘村、贺桂村、山口村、六河村、双平村、秋江村、南乐村、滩晚村、那眉村、飞洒村、马兰村、蓄可村、盐田村、那旭村、古楼村、六谢村、合源村、六岑村、六合村、六章村、白岩村、水美村、六蒙村、四才村、三军村、和平村、义平村、平天村、弄周村、石塘村、六联村、覃排社区、赵坐村、寨鹿村、长塘村、古春村、正万村、龙祥村、马里村、东吴村、佛子村、江卢村、云灵村、光全村、山河村、新汉村、东庄村、六马村、片圩村、九平村、乐平村、杨圩村、新杨村、云表社区、妙圩村、州圩村、东鸡村、局仲村、太平村、兴阳社区、旺中村、东信村、良兴村、良一村、良安村、南兴村、多林村、四联村、帮宁村、东礼村、渌龙村、红阳村、三乐村、上孟村、万岭村、上琴村、群力村、刘家村、团结村、文化村、布也村、六户村、四陈村、建丰村、朱董村、邑勋村、尚志村、莫阳村、全曾村、灵坡村、那羊村、全苏村、仁合村、石梁村、板欧村、燕齐村、德灵村、育秀村、贵德村、兴江村、四育村、敬三村、英江村、渌龙村、文泉村、那化村、明山村、龙口村、龙庆村、坡江村、明山村、那化村、福江村、四明村、和平村、文桐村、育秀村、唐黎村、大扬村、西盛村、华群村、文林村、团东村、维坝村、六眼村、团城村、大满村、一致村、五龙村、那坡村、那徐村、晓元村、邕乐村、三景村、那樟村、望齐村、伶俐村、上王村、沱江村、上王村、长大村、八塘村、太昌村、那笔村、那笔村、王竹村、富兴村、黄宣村、福禄村、同仁村、新桥村、那德村、新桥村、新桥村、白沙村、新妙村、丕地村、平塘村、丁村村、平安村、百合村、张安村、大龙洞村、东敢村、平朗社区、渌雅村、渌雅村、邓柳村、华灵村、若太村、那造村、横州村、濑琮村、横州村、七齐村

续表

一级分类	二级分类	乡村数量	乡村名称
集聚提升类	产业发展型	352 个	定计村、那齐村、镇宁村、新城村、平南村、周杨村、合山村、天亮村、三畨村、畨溘村、那恩村、独村村、北联村、苏安村、格木村、官山村、那帽村、陇西村、亭茶村、泗英村、竹塘村、禾仓村、下垌村、潘六村、古逢村、古逢村、苏村村、中团村、周璞村、飞马村、象旺村、稔歌村、基塘村、旺龙村、龙塘村、三王村、周岭村、红村村、六龙村、新兴村、七新村、三择村、义和村、华罗村、三民村、新安村、茂凌村、那马村、坐椅村、凌达村、蓬塘村、那良村、长岭村、玉峰村、古楼村、双良村、黄楚村、寨受村、厂圩村、邕独村、高顶村、琴水村、龙保村、龙楼村、龙联村、琴马村、大坛村、杨树村、智超村、造加村、永久村、兴科村、内双村、民兴村、龙林村、北屏村、龙琴村、龙那村、望朝村、銮正村、福颜村、和济村、龙弟村、乔联村、中真村、定军村、振义村、平养村、念潭村、普权村、巴香村、香泉村、那溪村、尚黄村、三粟村、培联村、高二村、共和村、邕榄村、福良村、布凌村、头塘村、清白村、覃外村、进源村、寺圩村、新泉村、屯王村、罗马村、平派村、屯林村、华达村、新平村、那了村、河浪村、那务村、龙念村、翠英村、华佳村、南华村、那头村、那蒙村、平朗村、百乐村、乔板村、坛留村、那农村、锦亮村、那敏村、百乐村、南州村、新民村、那梨村、团垌村、南岸村、马伦村、居联村、邓圩村、合志村、同富村、龙达村、乐勇村、广道村、团黄村、枫木村、留凤村、那度村、大里村、三籁村、那救村、雄会村、新楼村、槐里村、枫木村、平地村、英广村、友爱村、洪庐村、山江村、溘塘村、广龙村、滩头村、石板村、金石村、龙棉村、司马村、欧阳村、六律村、那冷村、浪利村、洋造村、古登村、东罗村、造华村、七贤村、老卢村、周水村、龙开村、龙岗村、新龙村、渌旺村、达洞村、群星村、联光村、昆仑村、竹莲村、利垌村、三联村、谢村村、六凤村、长塘村、双桥村、上塘村、黄兴村、永共村、八联村、刘圩村、平丹村、永红村、坛白村、坡塘村、新圩村、平福村、维新村、碑塘村、社头村、大沙村、高义村、竹瓦村、塔竹村、彭岭村、瓦灶村、高村村、那檀村、方村村、下滕村、莫村村、竹标村、那莫村、民塘村、承朴村、木塘村、良村村、芦村村、双河村、上塘村、旺塘村、杨梅村、畨汶村、临江村、畨桥村、大良村、旺庄村、邓圩村、龙坪村、公平村、克安村、平安村、小向村、西竹村、凤丹村、六昌村、大站村、大站村、帽子村、八德村、邓村村、那宁村、高棠村、黄冠村、白花村、上国村、红桥村、兴宁村、长范村、沙井村、育才村、刘村村、八凤村、八岭村、燕山村、伶俐村、平桥村、新安村、下丹村、覃浪村、侯面村、卢柱村、双罗村、黄境村、龙头村、横岭村、万福村、双吴村、怀因村、万嘉村、大龙村、大完村、新华村、苏仅村、合理村、伏兴村、东七村、兴隆村、甘豆村、黄番村、高德村、三和村、古统村、新黄村、独秀村、把读村、龙印村、里龙村、武平村、坛利村、双联村、五弄村、胜利村、德育村、三村村、东良村、三乐村、苏博村、加春村、忠党村、福兰村、新联村、古棠村、古今村、内钱村、加荣村、青龙村、雅联村、龙桂村、古信村、万朗村、红良村、吉隆村、龙民村、同乐村、坛昌村、四明村、均致村、同贵村、新联村、那堤村、高楼村、三合村、滕村村、高一村、英圩村、陇角村、马村、屯良村、棠梨村、屯六村、那良村、新兰村、雅王村、子伟村、英龙村、东佳村、那里村、那床村、那烈村、石塘村、独岭村、沙平村、四平村、六塘村、民政村
	治理改善型村庄	64 个	松柏村、马毡村、高沙村、镇海村、六味村、南康村、南面村、罗板村、下颜村、池鹏村、青山村、洪信村、那河村、贵龙村、兰田村、太新村、大宁村、芳雷村、惠良村、葛村村、五星村、上峰村、大浪村、中可社区、正浪村、望河村、尚新村、玉业村、民新村、古腰村、上岭村、安善村、加雅村、加妙村、马周村、三星村、石塘村、上荣村、北良村、加显村、良二村、百朝社区、那湾村、白马村、兴隆村、清水村、三冬村、渌韦村、坡班村、义龙村、永合村、方和村、坛垌村、福里村、派双村、陵桂村、同里村、台马村、南荣村、那湾村、武康村、禄强村、麓阳村、两山村
搬迁撤并类	搬迁撤并类	20 个	三黎村、五村村、木字村、东红村、拥军村、六合村、花衣村、龙头村、岑山村、高峰村、新盏村、万岭村、万岭村、万岭村、清凤村、伏王村、济力村、弄七村、水头村、绿浪村

2. 南宁市实地调研的乡村分类情况

研究团队实地走访了南宁市1367个村，通过聘请专家和培训当地政府工作人员，对乡村类型进行直观判定。由于乡村数量较多，直观判定时采用一级分类。根据结果显示：一级分类中有特色保护类乡村18个，城郊融合类乡村89个，集聚提升类乡村1235个，拆迁撤并类乡村24个（表4-30）。

南宁市实地调研的乡村类型 表4-30

一级类	乡村数量	乡村名称
特色保护类	18个	五村村、六合村、德明村、黄卢村、南山村、维新村、欧阳村、那冷村、浪利村、大龙洞村、六章村、六蒙村、布文村、平龙村、排红村、龙昌村、红星村、东春村
城郊融合类	89个	东红村、明阳社区、龙池村、石村村、山柏村、共和村、永和村、义陈社区、大同村、南新村、和合村、新村村、那平村、冲陶村、新团村、平乐村、共和村、坛泽村、五合社区、莫村社区、德福村、那笔村、东郭村、山柏村、新宾农业村、宝水村、北街村、新模村、顾明村、王明村、古城村、六明村、六岭村、六和村、七里村、咨塘村、云温村、大皇后村、合旗村、灵源村、大同村、仁福村、公曹村、梁村村、平丹村、新圩村、上塘村、高棠村、同乐村、新兰村、石塘村、独岭村、亭茶村、永合村、伶俐村、那笔村、那笔村、同仁村、吴圩社区、宋村村、蒙村村、谢圩村、学明村、周塘村、上塘村、罗村村、五合村、八合村、新桥社区、六新村、内学村、立星村、乐光村、百济社区、那黄村、渌绕村、东南村、长塘村、王京村、南阳村、那曾村、那舅社区、那陀村、大邓村、围村村、锦江村、古辣社区、露圩社区、新光村
集聚提升类	1235个	保城村、智信村、水头村、绿浪村、三黎村、木字村、拥军村、花衣村、龙头村、岑山村、高峰村、新盏村、万岭村、万岭村、万岭村、清凤村、伏王村、济力村、弄七村、那备村、同良村、定宁村、佳棉村、同华村、太平村、龙首村、上茶村、岭鹅村、莫大村、莫大村、大联村、政华村、平联村、三合村、红宜村、民生村、石柱村、刘村村、吴村村、碗窑村、恭村村、文伟村、太乡村、马岭村、六盘村、益宪村、秀英村、南关村、甘村村、林堡村、大仙村、马村村、新和村、梁凤村、长安村、长新村、明新村、石壁村、理化村、马王村、云岭村、云梯村、杨山村、白沙村、蒙记村、新塘村、文华村、狮螺村、陆永村、文岭村、甘六村、森隆村、新联村、圩底村、安宁村、江林村、云龙村、龙宝村、云姚村、洋渡村、大坡村、覃黄村、漫桥村、罗勘村、溯浪村、云城村、云蒙村、上龙村、三联村、民族村、勉圩村、古楼村、四兴村、那可村、小林村、大同村、灵利村、西安村、龙庄村、东义村、那重村、那门村、下邓村、上邓村、太阳升村、培正村、培正村、龙扶村、慕恭村、廷罗村、新甫村、造庆村、六联村、联兴村、林琅村、林渌村、卢覃村、庆乐村、伊岭村、从广村、覃内村、唐村村、大同村、旧陆斡村、旧陆斡村、苞张村、文坛村、汉林村、新乐村、华康村、三江村、中山村、龙岗村、团阳村、华联村、秀山村、金陵村、陆平村、三联村、和强村、下楞村、洞江村、良合村、六村村、那廊村、江南村、蒙垌村、六莲村、杨彭村、新张村、陆村村、新廖村、国太村、蒙田村、勒马村、长岗村、展志村、中兴村、太守社区、大林村、民范村、三才村、大庄村、立新村、三友村、大罗村、三塘村、黄凤村、高龙村、罗江村、大程村、连朋村、廖寨村、九龙村、北林村、塘隆村、皇主村、万古村、下江村、里丹村、三联村、新兴社区、宝塔村、宝塔村、西宁村、大林村、东安村、光明村、三宝村、连安村、那朗村、鹭鸶村、儒浩村、新都村、博浪村、双卢村、五海村、华山村、英烈村、杨李村、文合村、平福村、跃进村、平稳村、孔镇村、葛阳村、凤阳村、赖坡村、东王村、长安村、马香村、九里村、张朗村、梁新村、跃进村、濑琶村、下渌村、平陆村、伏林村、镇南村、夏黄村、九联村、大梁村、合美村、腾翔村、苏宫村、张村村、光和村、屯亮村、联团村、良勇村、那路村、坛墩村、那云村、屯了村、新生村、新新村、州同村、良信村、广良村、那盆村、那旺村、力勒村、那僚村、兴贤村、永红村、坛白村、坡塘村、平福村、碑塘村、社头村、大沙村、高义村、竹瓦村、塔竹村、彭岭村、瓦灶村、高村村、那檀村、方村村、下滕村、莫村村、竹标村、那莫村、民塘村、承朴村、木塘村、良村村、芦村村、双河村、旺塘村、杨梅村、替汶村、临江村、替桥村、大良村、旺庄村、邓圩村、公平村、克安村、平安村、

续表

一级类	乡村数量	乡村名称
集聚提升类	1233 个	小向村、西竹村、凤丹村、六昌村、大站村、大站村、帽子村、八德村、邓村村、那宁村、黄冠村、白花村、上国村、红桥村、兴宁村、长范村、沙井村、育才村、刘村村、八凤村、八岭村、燕山村、伶俐村、平桥村、新安村、下丹村、覃浪村、侯面村、卢柱村、双罗村、黄境村、龙头村、横岭村、万福村、双吴村、怀因村、万嘉村、大龙村、大完村、新华村、苏仅村、合理村、伏兴村、东七村、兴隆村、甘豆村、黄番村、高德村、三和村、古统村、新黄村、把读村、龙印村、里龙村、武平村、坛利村、双联村、五弄村、胜利村、德育村、三村村、东良村、三乐村、苏博村、加春村、忠党村、福兰村、新联村、古棠村、古今村、内钱村、加荣村、青龙村、雅联村、龙桂村、古信村、万朗村、红良村、吉隆村、龙民村、坛昌村、四明村、均致村、同贵村、新联村、那堤村、高楼村、三合村、滕村村、高一村、英圩村、屯良村、棠梨村、屯六村、那良村、雅王村、子伟村、英龙村、东佳村、那里村、那床村、那烈村、沙平村、四平村、六塘村、民政村、竹莲村、利垌村、三联村、谢村村、六凤村、长塘村、双桥村、上塘村、黄兴村、永共村、八联村、刘圩村、洪庐村、山江村、湴塘村、广龙村、滩头村、石板村、金石村、龙棉村、龙棉村、司马村、六律村、洋造村、古登村、东罗村、造华村、七贤村、周水村、龙开村、龙岗村、新龙村、渌旺村、达洞村、群星村、联光村、昆仑村、定计村、那齐村、镇宁村、新城村、平南村、周杨村、合山村、天亮村、三蕾村、蕾湴村、那恩村、独村村、北联村、苏安村、格木村、官山村、那帽村、泗英村、竹塘村、禾仓村、下垌村、潘六村、古逢村、古逢村、古逢村、苏村村、中团村、周璞村、象旺村、稔歌村、基塘村、旺龙村、龙塘村、三王村、周岭村、红村村、六龙村、新兴村、七新村、三择村、义和村、华罗村、三民村、新安村、茂凌村、那马村、坐椅村、凌达村、蓬塘村、那良村、长岭村、玉峰村、古楼村、双良村、黄楚村、寨受村、厂圩村、岜独村、高顶村、琴水村、龙保村、龙楼村、龙联村、琴马村、大坛村、杨树村、智超村、造加村、永久村、兴科村、内双村、民兴村、龙林村、北屏村、龙琴村、龙那村、望朝村、銮正村、福颜村、和济村、龙弟村、乔联村、中真村、定军村、振义村、平养村、念潭村、普权村、巴香村、香泉村、那溪村、尚黄村、三粟村、培联村、高二村、共和村、岜榄村、福良村、布凌村、头塘村、清白村、覃外村、进源村、寺圩村、新泉村、屯王村、罗马村、平派村、屯林村、华达村、新平村、那了村、河浪村、那务村、华佳村、南华村、那头村、那蒙村、平朗村、百乐村、乔板村、坛留村、那农村、锦亮村、那敏村、百乐村、南州村、新民村、那梨村、团垌村、南岸村、马伦村、居联村、邓圩村、合志村、同富村、龙达村、乐勇村、广道村、团黄村、枫木村、留凤村、那度村、大里村、三籁村、那救村、雄会村、新楼村、槐里村、枫木村、平地村、英广村、友爱村、松柏村、马毡村、高沙村、镇海村、六味村、南康村、南面村、罗板村、下颜村、池鹏村、青山村、洪信村、那河村、贵龙村、兰田村、太新村、大宁村、芳雷村、惠良村、葛村村、五星村、上峰村、大浪村、中可社区、正浪村、望河村、上岭村、安善村、加雅村、加妙村、马周村、三星村、石塘村、上荣村、北良村、加显村、良二村、百朝社区、那湾村、白马村、兴隆村、清水村、三冬村、渌韦村、坡班村、义龙村、方和村、坛垌村、福里村、派双村、陵桂村、同里村、台马村、南荣村、那湾村、武康村、禄强村、麓阳村、两山村、新桥村、那德村、新桥村、新桥村、白沙村、新妙村、丕地村、平塘村、丁村村、平安村、百合村、张安村、东敢村、渌雅村、渌雅村、邓柳村、华灵村、那造村、横州村、濑岽村、横州村、七齐村、保联村、平垌村、保安村、同宁村、罗凤村、高祝村、六答村、庙庄村、田共村、永新村、河塘村、妙门村、同菜村、东安村、陈塘村、桥板村、五合村、高山村、三阳村、平恩村、团富村、佛子村、小湴村、大茶村、长安村、洋塘村、刘奇村、杨江村、新兴村、石洲村、大浪村、张村村、瑶埠村、五福村、善塘村、贺桂村、山口村、六河村、秋江村、南乐村、滩晚村、那眉村、飞洒村、马兰村、蕾可村、盐田村、那旭村、古楼村、六谢村、合源村、六岑村、六合村、白岩村、水美村、四才村、三军村、和平村、义平村、平天村、弄周村、石塘村、六联村、覃排社区、赵坐村、寨鹿村、长塘村、古春村、正万村、龙祥村、马里村、东吴村、佛子村、江卢村、云灵村、光全村、山河村、新汉村、东庄村、六马村、片圩村、九平村、乐平村、杨圩村、新杨村、妙圩村、州圩村、东鸡村、局仲村、太平村、兴阳社区、旺中村、东信村、良兴村、良一村、良安村、南兴村、多林村、四联村、帮宁村、东礼村、渌龙村、红阳村、三乐村、上孟村、万岭村、上琴村、群力村、刘家村、团结村、文化村、布也村、六户村、四陈村、建丰村、朱董村、岜勋村、尚志村、莫阳村、全曾村、灵坡村、那羊村、全苏村、仁合村、石梁村、板欧村、

续表

一级类	乡村数量	乡村名称
集聚提升类	1235 个	燕齐村、德灵村、育秀村、贵德村、兴江村、四育村、敬三村、英江村、渌龙村、文泉村、那化村、明山村、龙庆村、坡江村、明山村、那化村、福江村、四明村、和平村、文桐村、育秀村、西盛村、华群村、文林村、团东村、维坝村、六眼村、团城村、大满村、一致村、五龙村、那坡村、那徐村、晓元村、邕乐村、三景村、那樟村、望齐村、上王村、沱江村、上王村、长大村、八塘村、太昌村、王竹村、富兴村、黄宣村、福禄村、那备村、康宁村、那备村、敬团村、新德村、祥宁村、隆德村、仁德村、保卫村、苏保村、慕村村、那海村、联英村、敬德村、新桥村、长江村、曹村村、清江村、北村村、长寨村、大和村、长淇村、上淇村、黄村村、武留村、大炉村、圩背村、平阳村、百联村、江口村、马平村、陆屋村、芳岭村、南岸村、芦塘村、那阳村、大六村、宝华村、那河村、潘村村、六香村、六坡村、六坡村、龙田村、廖村村、苏光村、良水村、五权村、快龙村、良塘村、彭村村、明新村、八联村、龙口村、小王村、覃寨村、化龙村、佛渡村、红花村、大料村、大料村、禾塘村、木道村、沙江村、陆村村、六秀村、洋林村、平林村、龙门村、大塘村、福旺村、令里村、外服村、韦村村、龙省村、横塘村、石井村、东圩村、白衣村、六蓝村、旺安村、草木村、楷冷村、福塘村、甲俭村、甲俭村、宿龙村、站圩村、飘竹村、六壮村、新龙村、太宁村、汗桥村、上颜村、双窑村、黄强村、宝鼎村、三韦村、三李村、龙胜村、启明村、凤鸣村、三和村、吴江村、龙公村、补塘村、甘棠社区、合庄村、南桥村、新宁村、祥华社区、六高村、四镇社区、公义村、邹圩社区、新华村、中南村、同仁村、同礼村、同德村、七星村、白山村、大桥社区、新道村、五七村、廖村村、联泉村、马界村、新胜村、龙额村、稔竹村、六窑村、周黎村、王灵社区、秀山村、大邦社区、岭甲村、洋桥社区、赤坭村、东黎村、龙贵村、弄贬村、登山村、朝韦村、繁荣社区、苏仁村、三水村、耀河村、白境村、邑森村、大黄村、石门村、弄陈村、塘红社区、木山社区、乔贤社区、高仁村、石逢村、韦寺村、西燕社区、长岗村、爱长村、大山村、高长村、三里社区、镇马社区、兴塘村、那君村、兴华村、大塘村、联合村、上级村、里民村、石丰村、东屏村、龙塘村、坛沙村、南邦村、爱旗村、拔翠村、台山村、青春村、俊龙村、大旺村、宁寿村、平山村、亲爱村、那料村、乐圩村、加乐村、民治村、大陆村、内金村、加让村、琴让村、民乐村、加善村、南圩社区、联造村、爱华村、联伍村、雁江社区、联隆村、那桐社区、浪湾村、那元村、镇流村、龙江村、大滕村、乔建社区、乔建社区、俭安村、俭安村、英敏村、定坤村、华岳村、保湾村、联合村、森岭村、古潭社区、育英村、都结社区、天隆村、林利村、陆连村、荣朋村、平荣村、达利村、欧里村、更明村、红光村、新风村、布泉社区、欧亚村、龙会村、龙礼村、屏山社区、业仁村、良安村、玉元村、罗波社区、甘圩社区、三联村、岭合村、群英村、中桥社区、定黎村、文溪社区、坛李村、西边村、树合村、暮定村、雄孟社区、群兴村、旧圩村、二塘村、锣圩社区、双龙村、仙山村、小陆村、三民村、那龙村、凤林村、联合村、邓吉村、忠党村、共济村、培桂村、林洋村、淝阳村、罗伏村、六冬村、苏梁村、马头社区、梁彭村、天马村、西边村、四联村、串钱村、云川村、培群村、双泉村、合耷村、龙英村、大榄村、两江社区、连才村、邓广村、桥东村、联新村、喜庆村、富良村、陆杨村、东江村、罗波社区、双桥社区、启德村、甘圩社区、聚群村、汉安村、平等村、桥北村、公泉村、那琅村、玉泉村、陆斡社区、板新村、府城社区、西厢村、覃李村、灵马社区、王桥村、南弼村、屯茶村、那利村、新安村、桥学村、那他村、屯宁村、那文村、周禄村、方村村、坛西村、平天村、那才村、那例村、那楼社区、那丰村、西宁村、南晓社区、和平村、那团村、群南村、那坛村、圩中村、富庶村、双义村、丰平村、兴平村、义平村、武陵村、硃湖村、硃湖村、上中村、中北村、上正村、二田村、定西村、谭村村、五塘社区、那况村、创新村、五塘社区、九塘社区、永宁村、三塘村、七塘村、建新村、西龙村、坛棍村、安平村、扬美村、同新村、同江村、华南村、蔡村村、安平村、那良村、青桐村、笔山村、新圩村、留寺村、武陵村、上施村、名山村、长联村、高贤社区、恭睦村、恭睦村、云里村、羊山村、乔老村、本立村、定江村、英俊村、伏唐村、八桥村、镇龙社区、新江社区、坛良村、太安村、刚德村、坛洛村、天堂村、施厚村、路东村、云桃村、塘昶村、新光村、龙尧村、九甲村、雅梨村
拆迁撤并类	24 个	三黎村、五村村、木字村、东红村、拥军村、六合村、花衣村、龙头村、岑山村、高峰村、新盏村、万岭村、万岭村、万岭村、清凤村、伏王村、济力村、弄七村、水头村、绿浪村

3．本研究确定的乡村分类与实地调研的差异分析

将本研究有数据的1425个乡村的分类结果与实地调研的1367个乡村情况相比对，其中与地方上报的乡村类型相符的乡村数量为997个，占比72.9%。

其中，兴宁区有数据的37个乡村中，与实地调研的情况相符合的村庄数量为29个，占比78.4%；青秀区有数据的42个乡村中，与实地调研的情况相符合的乡村数量为29个，占比69.0%；江南区有数据的46个乡村中，与实地调研的情况相符合的乡村数量为31个，占比67.4%；西乡塘区有数据的37个乡村中，与实地调研的情况相符合的乡村数量为27个，占比73.0%；良庆区有数据的58个村庄中，与实地调研的情况相符合的乡村数量为52个，占比89.7%；邕宁区有数据的68个村庄中，与实地调研的情况相符合的乡村数量为40个，占比58.8%；武鸣区有数据的212个村庄中，与实地调研的情况相符合的乡村数量为153个，占比72.2%；隆安县有数据的132个村庄中，与实地调研的情况相符合的乡村数量为88个，占比66.7%；马山县有数据的129个乡村中，与实地调研的情况相符合的乡村数量为111个，占比86.0%；上林县有数据的125个乡村中，与实地调研的情况相符合的乡村数量为82个，占比65.6%；宾阳县有数据的199个村庄中，与实地调研的情况相符合的乡村数量为125个，占比62.8%；横州市有数据的282个乡村中，与实地调研的情况相符合的乡村数量为230个，占比81.6%（图4–33）。

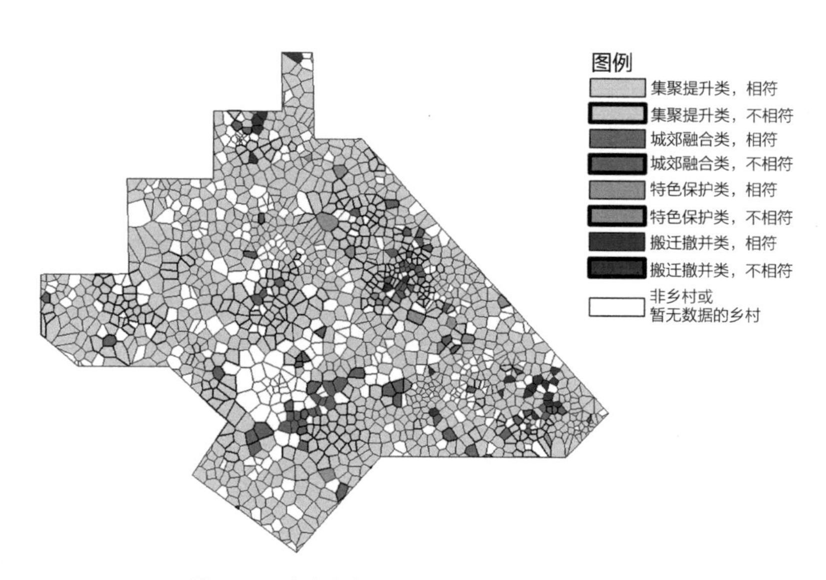

图4–33　南宁市乡村一级分类结果不相符示意

4．结果反馈

查找并深入分析本研究确定的乡村分类结果与实地调研结果存在分歧的原因，发现本研究确定的特色保护类、城郊融合类、搬迁撤并类等特征较为明显的乡村数量均高于实地调研数量，表明“沙漏法”乡村分类模型对于乡村典型特征的识别比较敏感，但对于典型特征覆盖

度（行政村、自然村）的判断还需要完善。

将技术检验结果反馈到“沙漏法”乡村分类模型的具体工作流程中，对于特色保护类乡村的判别还需要参考地方政府对于乡村认定的相关文件，实地调研中要着重收集风景名胜区、自然保护区、历史文化遗迹的规模和辐射范围，对于城郊融合类乡村的评价除了选取与中心城区、产业园区的距离，还要定量评价乡村与中心城区、产业园区的人口、经济和交通等要素的互联互通程度，对于搬迁撤并类乡村的分类要更加谨慎，除考虑生存条件、生态环境、自然灾害频发、重大建设项目影响等因素外，还要收集政府部门的乡村管理计划和搬迁安置资金安排等情况后再综合确定。

4.4 不同类型乡村发展引导

4.4.1 南宁市乡村分类发展指引

根据“沙漏法”乡村分类模型得到的分类结果，结合不同类型乡村的特点，从人居环境、基础设施、公共服务设施、产业发展、历史文化保护、生态保护等方面提出了村庄规划指引、乡村发展和治理策略（表4–31）。

乡村分类发展指引　　表4–31

乡村一级类型	乡村二级类型	村庄规划指引、乡村发展和治理策略
特色保护类	自然生态景观型乡村	通过景观特征评估识别魅力空间，充分整合文物景点、山水风光、休闲农业等农旅资源；编制生态景观专项规划，大力发展第三产业，围绕自然生态景观开展特色旅游，打造广西特色的类生态休闲旅游田园综合体，积极带动周边地区文旅产业的联动发展，打造全域旅游圈，从全域旅游的角度上开发乡村空间所有可利用的资源点
	历史人文保护型乡村	通过深入挖掘当地的历史人文资源与特色风景资源，识别独特的地域文化内涵及风土人情；编制历史文化专项规划，保护和传承历史文化、民族文化，对文物古迹、建筑等划定保护范围，以此进行特色保护和谨慎开发。大力抓好重点文化振兴，提升地方特征要素，打造独特文化标杆，同时需要格外注意旅游开发与文化生态保护工作的平衡，在带动当地旅游文化产业的基础上，做好传统风貌的保护工作。避免大拆大建的建筑或景观改造，从特有的历史文化入手，将村庄中的历史建筑风貌等直接转化成为产业资本，以逐步渐进谨慎开发为主
搬迁撤并类	搬迁撤并类乡村	此类乡村可不再编制建设类乡村规划，在法定及村民意愿允许的情况下进行搬迁或聚集，加强宣传动员，有序搬迁，加快土地流转；按照保护优先、自然恢复为主的原则进行后续治理
城郊融合类	城镇近郊型乡村	该类地区土地市场开发潜力大，容易无序开发。以融入城市为村庄发展目标，以提高用地效率、加强人居环境综合治理和公共服务配置为主要改造目的，做好城市扩张状态下的转型准备。 在村庄规划中着重对生产空间进行更新改造，增强土地开发强度和复合功能性，集约用地资源；对居民的居住空间进行改善升级，逐步按照城市社区功能进行配套，鼓励农村居民上楼；对人居总体环境进行整体整治，根据具体村庄的产业、经济、文化等进行更新，做好规划控制引导

续表

乡村一级类型	乡村二级类型	村庄规划指引、乡村发展和治理策略
城郊融合类	功能承接型乡村	该地区依托城郊优势，以承接城市各项功能、发展多功能农业、发展农产品深加工为主要发展目标，以农业多功能、农业工业化促进城乡融合。 在村庄规划中需要强化其在区域范围内的核心地位，提出为城镇提供乡村休闲配套服务的发展目标，引导乡村更好承接城市各项功能，特别是具有生态功能的相关地区，建造如乡村公园、郊野公园、区域绿带等空间，持续做好生产空间与生活、生态空间的相互平衡
集聚提升类	集聚发展型乡村	此类村庄人口规模较大、产业经济基础较好、基本公服设施较为完善。受到一部分城市辐射影响，但仍然维持乡村特征，短期内可能发展为美丽乡村，长期可能转型为城市功能区，目前发展方向仍需评估。 村庄规划应根据村庄自身发展条件，评估判断后确定村庄发展方向，在人才培育方面，培育种养殖大户、致富带头人、新型经营主体从业者、党员村干等乡村精英，带动乡村经济、文化、治理的同步提升；优化人居环境，保留乡村风貌，打造宜居环境，探索居业协同体的新型乡村社区，促进人口集聚发展；围绕乡村发展转型目标，挖掘自身优势产业，同步进行产业提升转型，打造专业化村庄
	存续提升型乡村	此类村庄规模较小、城市化发展水平较低，由于受到城市辐射能力弱，以发展成美丽乡村为目标。 村庄规划优先完善基本公服基础设施的配置，提升乡村生活质量，丰富乡村文化生活；因地制宜改造或者新增村庄基础设施配置，完善村庄公共服务和文化设施等；其次开展人居环境综合整治，提升村庄发展活力和吸引力；开展"三微"（微菜园、微果园、微花园）改造、绿道改造、"三清三拆"环境治理与改厕改厨工作等环境整治工作，改善村庄风貌，对乡村进行综合提升；推进特色高效产业发展，适当扶持村集体经济项目，发展种植类、养殖类项目，增加农民收入
	产业发展型乡村	此类村庄有产业基础，应立足于服务经济社会发展的需求，联动周边村庄聚集形成产业集群，逐步扩大规模，不断进行产业结构优化，提高乡村产业、企业竞争力为发展目标。 在村庄规划中应进行产业比较优势的分析并引导确定主导产业，对于农业类产业，规划可引导构建田园综合体，产旅结合，丰富村庄经济业态；建立耕地保护补偿机制，严格保护农业生产用地质量，维护国家粮食安全。对于工业类产业，规划可引导工业产品品牌化、特色化；发展建设基础设施及公共服务设施；充分利用周边环境优势，吸纳附近村庄村民就近就业。对于服务类产业，规划可引导完善村庄风貌整治，引导村民开展特色化民居改造；通过打造景观等方式营造美丽乡村生活空间；结合农业、制造业，打造乡村特色品牌。 规划还应对土地建设用地的资源化利用提出要求，盘活村庄内闲置宅基地，优化用地结构；鼓励政策、建设行为向产业优势大的企业进行倾斜，进一步加强由产业带动乡村发展的能力
	治理改善型乡村	此类乡村自身资源条件一般，生存环境比较脆弱，区位通行便捷程度较低，发展进度较为缓慢，以改善生存环境为主要发展目标。 在村庄规划中，需要控制乡村在建设空间的继续拓展，严格控制建设用地面积过大、建设量过多。基于公众参与，集中谋划现有生态环境的整治与生态基础设施提升等工作，对生态环境空间进行重点控制保护，对山水林田湖草等自然生态资源进行严格控制、保护与修复，增强生态系统循环能力，在维护全域地区生态平衡的基础上进行道路等基础设施的规划，以生态小型的基础设施投入为主。形成综合治理方案，推进治理工程，探索后续管护机制

4.4.2 特色保护类分布情况和案例分析

1. 分布情况

特色保护类中历史人文保护型乡村主要分布于上林县、宾阳县及西部邕江流域；南宁市西部具有良好的传统文化底蕴，适合在做好传统村落保护的同时，积极盘活利用历史文化遗产及非物质文化遗产，发展第三产业。自然生态景观型乡村主要分布于大明山、龙虎山等风景名胜区及旅游景点周边（图4–34）。

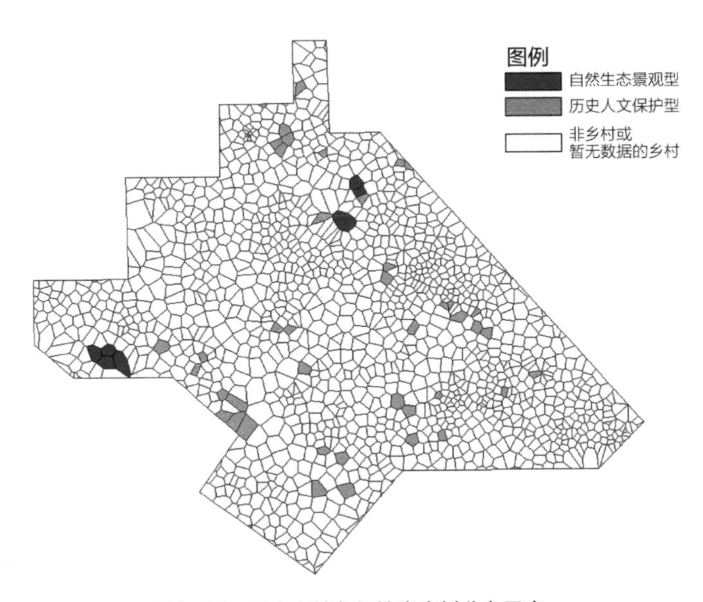

图4–34 南宁市特色保护类乡村分布示意

2. 典型案例：王明村发展实践（历史人文保护型）[①]

（1）王明村概况

区位情况：王明村位于宾州镇南部，北部与顾明村接壤，东部与吴村接壤，南部比邻六明村。宾阳县位于南宁市东北部，距南宁市约78千米，距南宁吴圩机场约125千米。宾州镇是宾阳县政府所在地，面积大约233.73平方千米，地处宾阳县西部，下辖18个社区、33个行政村。东接大桥镇武陵镇，南连陈平镇，西邻思陇镇、新桥镇，北靠新圩镇、邹圩镇洋桥镇。王明村距宾州镇政府约5.5千米，距宾阳县政府约4.5千米，有贵隆高速经过村域，且村域道路连接S209、G322和G358，交通条件优越，地理区位优势明显。

地形地貌：王明村地势南高北低，由南向北倾斜，境内海拔高度约在100～500米之间，属于低山丘陵地带。

① 资料来源：宾阳县宾州镇王明村村庄规划（2022–2035）。

气候水文：村域西部有一座塘来水库，村域内部有一条南北走向的新逻河，河水常年不断，河流水系发育较好，水资源丰富。

地质与土壤：村域无较大断层通过，地下岩层多为石灰石，部分山地为页岩，无裸露岩层。全境土壤多为第四世纪页岩土田质发育，覆盖厚度数米到10余米不等，水土流失现象甚微。

气候条件：王明村属亚热带季风气候，常年平均气温20.8℃，1月平均气温12℃，极端最低气温0.2℃，7月平均气温28.2℃，极端最高气温38℃；常年日照总数为1310～1845小时，常年降雨量为 1550～1650毫米，雨量充沛。

社会经济：王明村下辖王明屯、高明屯、景明屯、林屯、枫木屯、岭脚屯、新塘屯共7个自然屯。村域总面积约为619.9052公顷。村委位于王明村。2021年王明村共1684户，人口6650人，以汉族居多，有少部分壮族。村庄流动人口主要为外出打工人员、经商、学生等，外出打工人员主要流向镇区、县城，及南宁、广州、深圳等城市。2022年全村发展集体经济项目4个，集体经济总收入约7.28万元。一是入股佳达纸业项目，年收入约3.5万元；二是入股温德姆酒店项目，年收入约2.28万元；三是股天冬药材种植项目，年收入约1.5万元；四是村有出租房项目，年收入约1万元。农民人均纯收入约1.2万元，农民收入主要以种植、外出务工等为主。

历史人文资源：新塘屯是文化底蕴比较深厚的古村落，有四块清朝进士牌匾，有五百年制陶历史。村域内有1处祠堂、2处土地庙，分别位于林屯、景明屯。非物质文化丰富，宾阳炮龙节是融合了汉、壮民族文化特色的一项综合性民间节庆系列活动，流传于广西南宁市宾阳县，为国家级非物质文化遗产之一。其中在王明村，村民仍传承着这项历史悠久的具有浓郁民族特色的传统节日文化。炮龙节活动由“游彩架”“灯会”“舞炮龙”三部分组成，是中华龙文化的重要组成部分，它可以满足民众禳灾、祈福的心理需求，营造祥和的节日气氛，因而成为民俗学、文化学等学科研究的对象及和谐社会建设运动的有益借鉴。

产业发展：第一产业农作物以水稻种植为主，经济作物主要为砂糖橘、沃柑、桉树和杉树等，少部分散户种植花生、玉米和家禽养殖。岭脚屯有大规模养鸡，约30000只，其他的多以家庭小规模分散养殖为主，主要有鸭、鹅、鱼、猪等。第二产业有电子厂、木材加工厂、雕刻厂。王明村距离县城区、镇区较近，第三产业为村域内设有简单商业设施，其他村屯主要是在村内道路交汇处设有少量小卖部，主要满足部分村民的日常消费。依托宾阳炮龙节传统文化和王明村悠久历史，乡村旅游资源丰富，发展潜力较大。

土地现状：依据国家第三次国土调查成果，王明村土地总面积为619.9052公顷。其中，各地类数量与结构如下：

农用地占比为85.17%，其中林地主要分布在南部，耕地主要分布在北部。

乡村建设用地占比为11.46%，其中农村宅基地占比最大。

区域交通运输用地占比为2.59%，主要为公路用地。

其他建设用地占比0.33%，主要为其他特殊用地。

其他土地占比为0.45%，主要河流水面。

（2）村域特征小结

基于现状评估分析，王明村区位优越，有文化传承、自然环境、可塑空间，进行乡村整治提升有良好的基本条件。整体来看王明村产业发展方向尚不明显，基础设施需完善，街巷风貌提升任务艰巨，各方面的提升都存在较大压力。其中产业提升与用地优化、特色提升、公服与基础设施完善的压力、难度与紧迫度最大。

（3）发展定位

基于乡村振兴时代背景，依托王明村优越的区位条件、良好的自然资源、浓郁的炮龙文化，通过构建特色农业体系，发展都市近郊生态农业，营造优美的生态环境，建设美丽的田园乡村，将王明村定位为集居住、现代农业及乡村生态旅游示范等功能于一体的乡村振兴建设示范村农旅产业示范村。

（4）产业发展

发展目标：以现有水稻瓜果种植、农副产品制作为基础，发展现代智慧农业；以炮龙文化为核心主题，拓展文化旅游版图，发展特色文化旅游；以王明村田园风光为基底，结合乡村振兴政策，发展田园观光旅游；打造集智慧农业、文化旅游、乡村旅游等业态于一体的生态文旅产业。

发展思路（图4–35）：

发展策略：立足资源优势，统筹乡村产业发展，形成以“精品农业”“艺术文创”“生态康

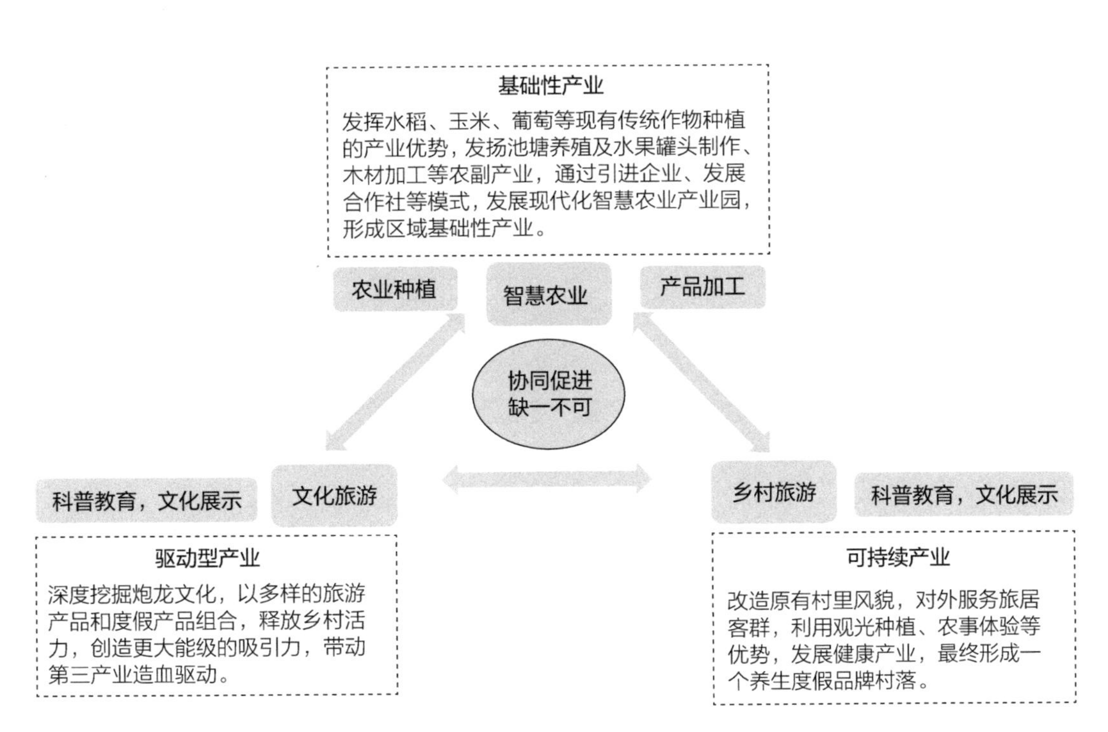

图4–35 王明村发展思路分析

养""休闲农旅"为主导产业，联动一二三产业，形成精品产业链。保护乡村山水林的生态环境，加强农业与炮龙文化、乡村旅游的结合，丰富文化周边、旅游产品，加强宾阳特色文化宣传、提高农产品附加值，最终实现村庄、产业旅游、文化之间的融合与延伸（图4–36）。

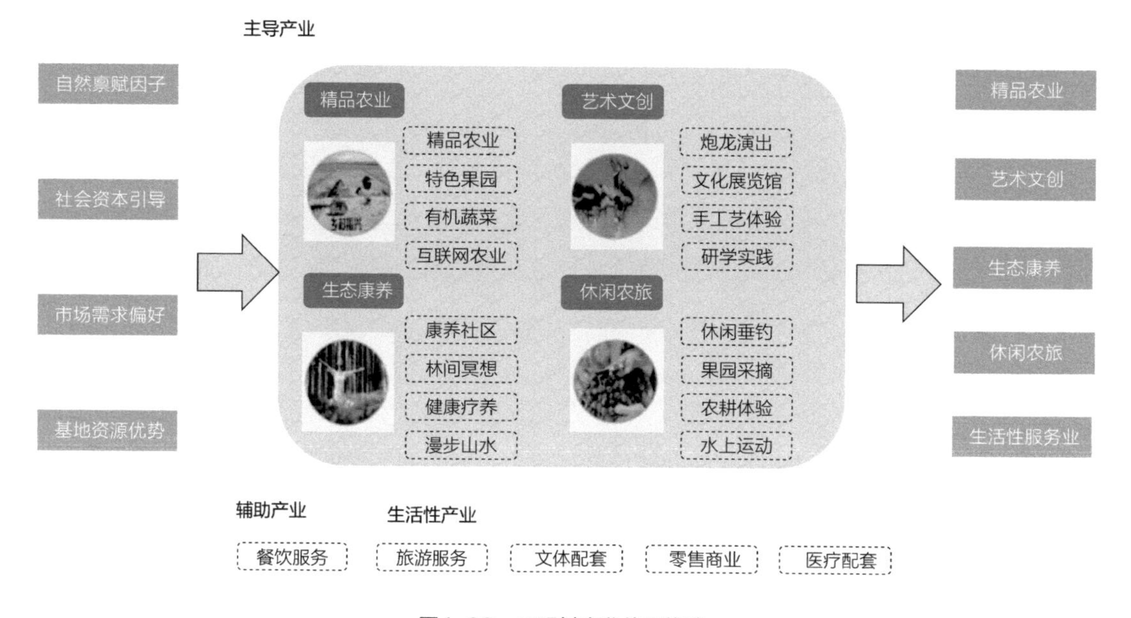

图4–36 王明村产业体系构建

4.4.3 聚集提升类分布情况和案例分析

1．分布情况

集聚提升类中集聚发展型乡村主要分布于大明山南侧、宾阳县与横县交汇处。这些乡村虽然远离市区，但均位于平原、山体南坡等地区，且大部分位于交通要道附近。存续提升型乡村主要分布于南宁市北部与东部及大明山西南侧，部分与南宁市内的林场、农场相邻，这些乡村或远离城区交通不便，或位于山区，发展阻力较为突出。产业发展型乡村的分布情况则根据产业类型不同有所不同：依靠农业发展的村庄集中于南宁市南部，主城区东侧未有分布，其他区县呈散点状分布；南部肥沃的平原和水系给农业发展型村庄带来了优越的条件；依靠工业发展的村庄呈散点状分布于南宁市东部且都位于主要道路附近；依靠三产发展的村庄无明显分布规律。治理改善型乡村主要分布于南宁市东南部，与产业发展型乡村相邻（图4–37）。

2．典型案例：浪湾村发展实践（集聚发展型乡村）①

（1）浪湾村概况

区位情况：浪湾村紧邻那桐镇区，那桐镇地处隆安县东南部，作为隆安县的副中心城镇，

① 本部分资料来源：南宁市隆安县那桐镇浪湾村村庄规划（2022–2035年）。

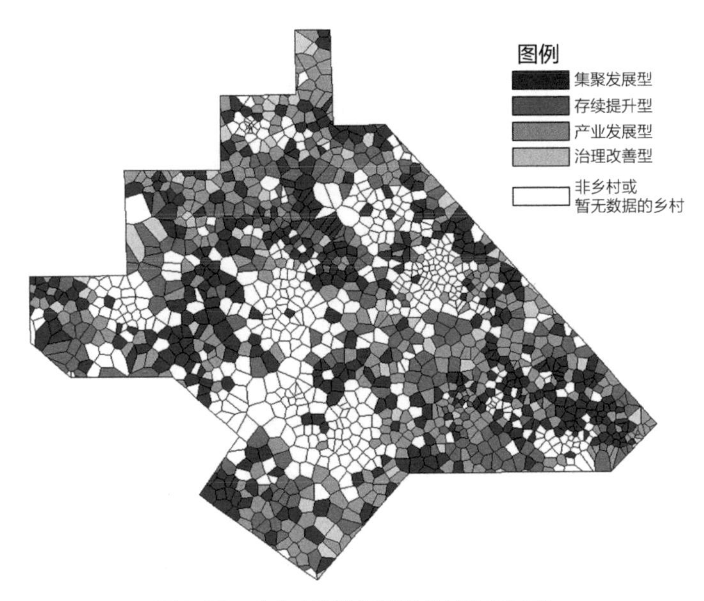

图4-37 南宁市聚集提升类乡村分布示意

处于整个隆安县的发展主轴线上。东与丁当镇接壤，南同西乡塘区毗邻，西与乔建镇交界，北和城厢镇隔江相望。那桐镇行政区域面积193.97平方千米。那桐收费站（高速出入口）位于村中间，现有G358国道东西向穿越村域，G358那桐绕城路项目由东北至西南方向穿越村部接G324国道，整体交通区位优势明显。

社会经济与人口：浪湾村总面积1536.46公顷，辖兰黎、兰甘、福坛、洛窑、兰黄、兰巩、兰里、定林8个自然屯。2021年总人口为4996人，常住人口为4032人，总户数为1084户，户均人口4.60人。在南宁市管理区及附近基地务工的村民约有548人，在百色市务工的村民约有26人，类型以公司职员和工厂工人为主。2021年，浪湾村村民人均年收入为0.8万～1万元，收入主要来源是土地流转、本地务工和商业经营。

发展制约：浪湾村面临着经济发展与资源环境矛盾突出的问题，产业结构层次较低、经济增长方式粗放落后的状况较突出，资源破坏和浪费现象还比较普遍，环境污染形势较严重，主要呈现为那桐糖厂和以低端的小作坊加工业为主的局面，第二产业对周边村民居住环境造成影响。

土地现状：浪湾村土地面积约1536.46公顷。农用地、其他土地和建设用地比例约为81∶8∶11。村域土地以农用地为主，农用地面积共1236.54公顷，占村域面积的80.48%；乡村建设用地约123.1公顷，占村域面积的8.01%；城镇建设用地约2.56公顷，占村域面积的0.17%；区域交通运输用地约45.25公顷，占村域面积的2.95%；其他建设用地约0.3公顷，占村域面积的0.02%；其他土地约128.71公顷，占村域面积的8.38%。

（2）村域特征

内外交通便利，缺乏停车场地。对外交通主要依靠贯穿村域南北的南百高速、贯穿村域东西的国道G358。南百高速北接百色，南通南宁市区对外交通十分便捷。内部交通主要通过村道联系各村坡，各坡道路通达性较好，村屯间连接的主要村道基本完成硬化；部分村屯巷道、宅间道硬化程度低，可达性差。现状缺乏公共停车场，以路边、宅旁空地、篮球场停车为主，部分村屯存在占道停车现象，机动车多停在自家门前空地处。

古树名木保护良好，"那文化"底蕴深厚。浪湾村现状挂牌古树约20棵，树种以榕树为主。村内各个村屯都设有一个或多个土地庙，逢年过节祭拜祈福，宗祠文化浓厚。同时，浪湾村还是"那文化之乡"，具有厚重的文化底蕴。"那"，意为"田"和"峒"，泛指田地或土地。"那文化"，即土地文化，以及与此相关联的文化。包括因稻作耕种而产生的民间生活习俗，据"那"而作，依"那"而居，以"那"为本。远在新石器时代，隆安壮族先民就遗留下了丰富多彩的"那"文化习俗和各种各样的文化遗产。其文化习俗包括"四月八"农具节、三界神祭祀、添粮增寿、以米占卜、吃五色糯米饭、做蕉叶糍、请师公赎谷魂、向龙母求雨等保佑稻谷丰收。

自然资源价值优越，文化资源丰富多样。浪湾村山清水秀，河流环绕，池塘点缀，农田连绵，果园遍布，具备优越的自然资源价值。浪湾村具有以壮族文化为主的民族文化，有与稻作生产息息相关、祈求丰收的那文化，有依山傍水而居的山水文化以及自古以来在土地上进行农业耕作的耕作文化。

产业粗放式发展，人口流出较为严重。由于城边村的土地价格远远低于城市中心，许多工厂、公司纷纷落户于城边村，因此城边村的产业结构中第二、三产业的比重持续上升。然而浪湾村的产业结构层次仍然较低、经济增长方式粗放落后的状况较突出，资源破坏和浪费现象还比较普遍，环境污染形势较严重。浪湾村紧邻那桐镇区，自身产业缺乏吸引力，经济收入水平不高，人口流出问题比较严重。

乡村风貌缺乏整治、品质不高。浪湾村除高速公路沿线村屯外大部分建筑缺乏规划引导，建筑风貌杂乱无序且风格各异，村内公共空间缺乏整治，空间场所感较差。整体生态环境条件和自然风貌较好，但未对其进行利用，缺乏景观打造，且存在的大量工厂作坊，存在建筑风貌较差、工业垃圾随意丢弃等不良现象。

（3）发展定位

结合上位规划对浪湾村发展定位要求和村庄发展条件与潜力，初步确定浪湾村的发展定位为南宁市乡村振兴重点帮扶村、隆安县乡村振兴产业示范区、那桐镇现代特色农业创新发展示范基地。

（4）发展目标与策略

打造振兴产业示范。深挖现有农业资源潜力，打造品牌示范基地，提振工业企业，打造三产融合发展的乡村产业体系。

实现土地集约利用。盘活闲置用地，实施增减挂钩，对用地进行综合整治与空间管制。

提升风貌美丽浪湾。紧紧依托美丽右江，保护和美化生态环境；整治提升村落风貌，打造高速出入口“窗口”形象；保护基本田地格局，形成特色农田景观。

打造生态宜居村庄。对山、水、林、田进行整体保护、系统修复；利用生态优势，打造乡村与自然融合、和谐共生，建设生态旅游乡村。

（5）产业发展

优势条件：农业基础较好，农产特色鲜明。承接镇区产业，工业稳固发展。自然资源丰富，区域旅游带动，具备乡村旅游产业营造潜力。区位优势突出，交通较为便利。

制约条件：种植业规模化、集约化程度有待提高。乡村旅游发展基本停滞、缺乏引导，对农民就业和致富的带动效益不足。产品附加值低、产业缺乏联动。村内目前仍以初级产品形式销售，缺乏后续加工，没有形成产业链条，附加值低。农业、农产品加工业各自发展，乡村旅游产业受到忽视，缺乏产业联动。

产业发展定位：依托农业基础优势，发展以特色种植为主导的农业强村依托工业产业基础，发展以服务镇区为导向的城郊融合发展示范区依托山水田园风光和文化特色底蕴，发展农旅融合的乡村休闲旅游村。

发展策略：促进一二三产深度融合，构建现代农业产业体系，总体上以绿色、低碳、生态为导向，大力推进农业现代化、产业规模化、加工产业绿色化、生态旅游特色化建设。以种植甘蔗、火龙果、沃柑为特色，促进三产联动发展，推进以特色果蔬为主题的产品链建设；以工业产业为基础，主动承接镇区产业延伸职能，构建城郊融合、城乡一体化产业发展新格局；以山水田园风光、本地人文特色为依托，积极推广乡村旅游，形成农旅结合产业发展模式（图4–38、图4–39）。

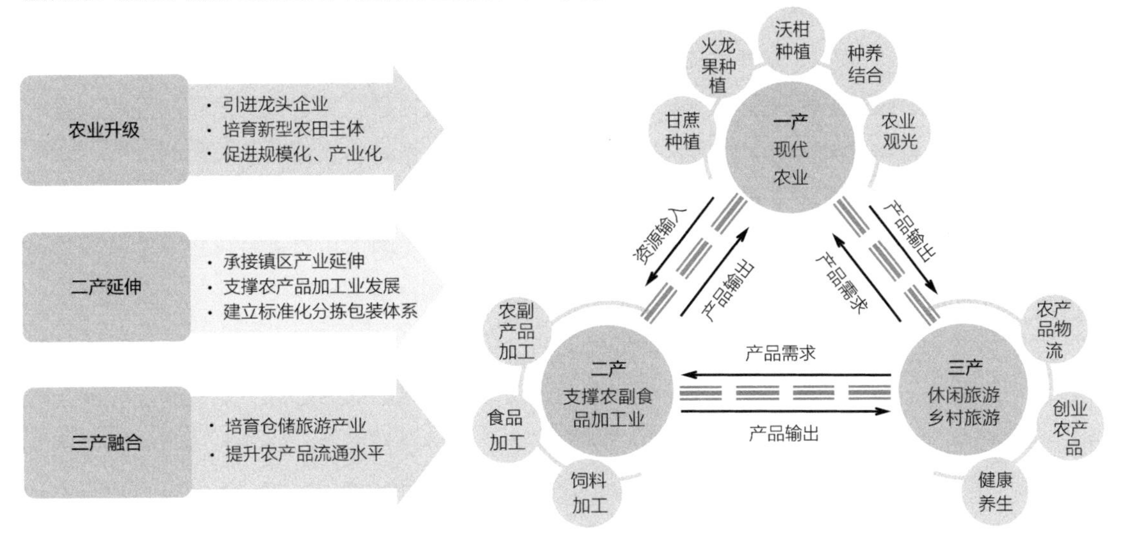

图4–38 浪湾村产业发展总体思路图

· 以甘蔗、火龙果、沃柑种植为特色，促进三产联动发展，推进以特色果蔬为主题的产品链建设

扩大甘蔗、火龙果、沃柑等特色作物种植规模，提升种植现代化水平，形成规模化、现代化特色作物种植区，以种植业为基础，衔接相关农副产品制造、批发零售、电商营销、产品展示等行生产业，积极拓展延伸产业链

· 以工业产业为基础，主动承接镇区产业延伸职能，构建城郊融合、城乡一体化产业发展新格局

稳固、扩大现状工业产业规模，以服务镇区为导向，主动承接镇区产业衍生职能，延伸镇区产业链。发挥利用境内高速路口、过境国道、毗邻镇区等区位优势，主动寻求商机，做大做强工业产业，配套发展物流仓储产业，吸收镇区发展辐射，构建城郊融合、城乡一体化产业发展新格局

· 以山水田园风光、本地人文特色为依托，积极推广乡村休闲旅游，形成农旅结合产业发展模式

充分衔接区域旅游发展，挖掘本地旅游资源，结合自然景观、田园风光，发挥"那"文化旅游节、那桐"四月八"农具节等风土习俗节庆活动的影响力，发展乡村休闲娱乐项目，完善相关的旅游设施配套，并积极进行宣传推广，打造以自然观光，民俗体验为主题的乡村休闲旅游产业

图4-39 浪湾村产业发展策略

3．典型案例：创新村发展实践（产业发展型乡村）[①]

（1）创新村概况

区位情况：创新村地处南宁市东北部，兴宁区三塘镇南部，属于典型的城市近郊村。兴宁区是南宁市老的城区之一，从古至今一直是邕城的中心区，承载着浓厚的人文历史，也是城市的商贸中心区，商贸服务业十分发达。创新村紧邻南宁东站，距离那安快速路5千米，快速融入城市交通圈创新村北邻昆仑大道，南邻南宁东站和那安快速路，随着长虹东路、虎岭大道的建设进程，创新村加速融入南宁城区，通往南宁机场、南宁站等交通枢纽十分便利。

历史沿革：兴宁区是南宁历史文化名城中心，也是中原文化与本土文化碰撞融合之地。兴宁区塘站文化重要节点，留下诸多文物古迹和美丽传说。悠久的历史在创新村留下了诸多文物古迹，主要有坛贡坡水井、古埌坡炮楼、细邓坡炮楼、创新村粮仓等。

自然条件：三塘镇地处丘陵地带，地势南北高，中部低，由西向东倾斜。创新村土地资源丰富，植被覆盖率高，生态环境良好。村庄地形为西北高，东南低的态势，地形起伏明显，属浅山丘陵地形，境内有四塘河等水系，大小河塘遍布，自然风光优美。四塘河从塘镇高峰林场延河分场流经境内三塘镇六村宝盖坡，长38.18千米，流域面积75.72平方千米。

① 资料来源：南宁市兴宁区三塘镇创新村村庄规划（2021–2035）。

人口与社会经济：创新村土地面积约为1709公顷，是三塘镇第二大村，由8个自然坡、27个村民小组组成。截止2020年底有农户2030户，人口6029人，常年外出人口约950人，人均收入约1万元。民族结构全部为壮族。创新村居民主要收入来源于种植业和养殖业。耕地面积约13000亩，主要种植水稻、甘蔗、蔬菜，甘蔗种植面积达3000多亩；水塘800多亩，农业、养殖业是其传统优势产业，村内主要养殖罗非鱼、肉猪、肉鸡等。创新村委集体经济收入来源为旧村委铺面出租及土地流转收益，2020年集体收入约为18.7万元。

旅游资源：创新村拥有丰富的旅游资源，以古建遗址、休闲体验、民俗文化体验为主，具有较高的游憩价值、历史价值和文化价值，资源实体完整，旅游吸引力相对较强。古建类资源有坛贡坡古井、坛贡坡传统民宅、细邓炮楼、古琅坡炮楼、平垌社区红砖建筑群；自然风光类资源有古榕树、四塘河、池塘水面、创新村林场；公共景观类资源有广场、露天舞台、社区人民公社；产业与设施：三姐故事周末文化生活园、葡萄种植园、产业孵化园；人文活动有婚丧嫁娶、丰收节、师公戏、哭嫁歌、三月三、添粮祝寿仪式。

产业现状：一产扎实、二产发达、三产薄弱。创新村受传统文化、自然条件及地理条件的影响，形成了以种养为主要产业的农业型村庄，在乡村振兴的政策下不断发展壮大，利用其位于南宁郊区的地理优势，逐渐形成各类加工业产业链，重点以再生资源利用基地、科教用品基地、智能科技产业园、建材产业园、智能设备工业孵化园为代表的第二产业，以三姐故事园为代表的第三产业，逐渐有了一二三产业融合的发展雏形。但总体来说，还是以一产为主导，且第一产业缺乏规模化，抗风险能力低；产业缺乏有效管理、规划和技术指导，没有品牌效应，产业链待完善。

土地现状：根据第三次全国土地调查数据成果，创新村扣除城镇开发边界内的土地后纳入规划范围土地总面积约为1709.82公顷，其中农用地面积约为1519.43公顷，占土地总面积的88.86%；建设用地面积约为170.44公顷，占土地总面积的9.97%；其他用地面积约为19.96公顷，占总面积的1.17%。总体来看，农用地占比最大，以林地为主；建设用地占比小，以农村宅基地为主；其他用地占比最小，以河流水面为主。

（2）整体发展定位

创新村位于兴宁区南梧—昆仑大道发展轴和三塘南数字经济产业园叠加区域，发展机遇突出。创新村依托其紧邻城区的区位优势和交通条件，以良好的自然生态基底为条件，以全域土地综合整治为抓手，通过党建文化引领，农业的现代化升级，产业链延伸，推动一二三产业的联动与融合，发展智慧农业、工业遗址文化旅游与田园康养等产业，实现传统文化的回归，乡村的复兴与再造，融入未来乡村社区理念，规划打造成为兴宁区特色农产品示范种植基地、乡村文旅时光记忆小镇和南宁近郊休闲后花园。

（3）产业发展

发展定位：依托近郊区位优势、生态田园本底、工业遗址小镇格局和浓郁的塘站文化底蕴，结合农业产业优势，重点发展生态农业、文旅产业、康养产业、高端商务会展、乡村总部经济多元闭合产业体系，打造集文化、旅游、产业、居住于一体的年代工业记忆——农创谷。

产业发展体系：规划形成“一条特色产业链、两大主导产业”的产业体系，具体组织如下：

休闲农业特色产业链组织。以休闲农业为主导产业，同时提供观光、度假、体验、娱乐、健身及教育、推广、示范等多种服务，推动主导产业链不断扩展延长，向前延伸到种子、苗木以及农业机械的生产和供给，向后则延伸至产后的农副产品一次、二次及深加工和开放型的内外营销，有效带动农用物资加工、设施农业及相关产业的发展（图4–40）。

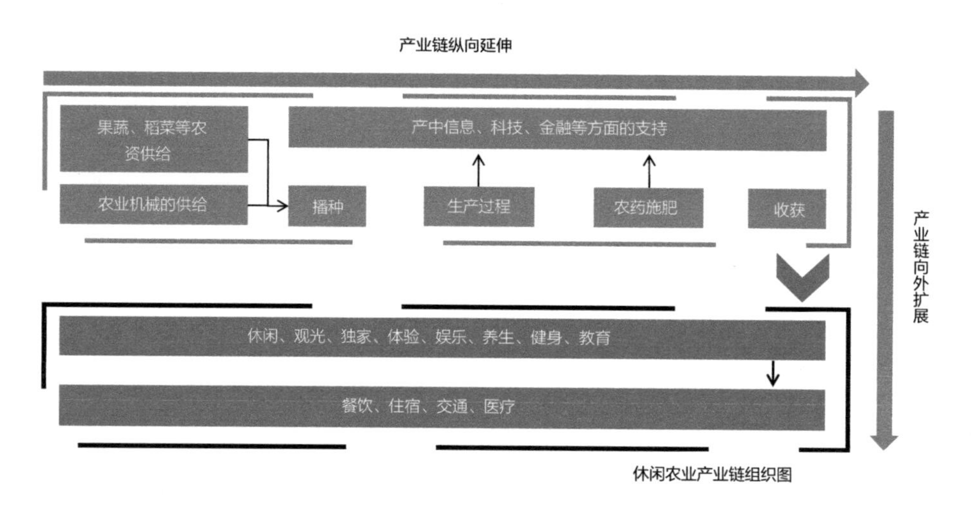

图4–40　创新村休闲农业产业组织

两大主导产业体系建构。在“农旅结合、以农促旅、以旅强农”的发展理念下组织休闲农业和乡村旅游两大主导产业。其中，休闲农业依托利用农业景观资源、农业生产条件以及乡村的配套设施，在现代农业规模化、标准化生产基础上，发展农业耕作体验、农业科技展示、农业知识科普、四季果蔬采摘、花卉苗木观赏体验、农业生产观光等产业。乡村旅游依托当地乡村民情、礼仪风俗、乡土特产等，发展民俗文化体验、乡土文化展览、农家乐餐饮住宿、生态农庄体验、休闲度假、生态观光（图4–41）。

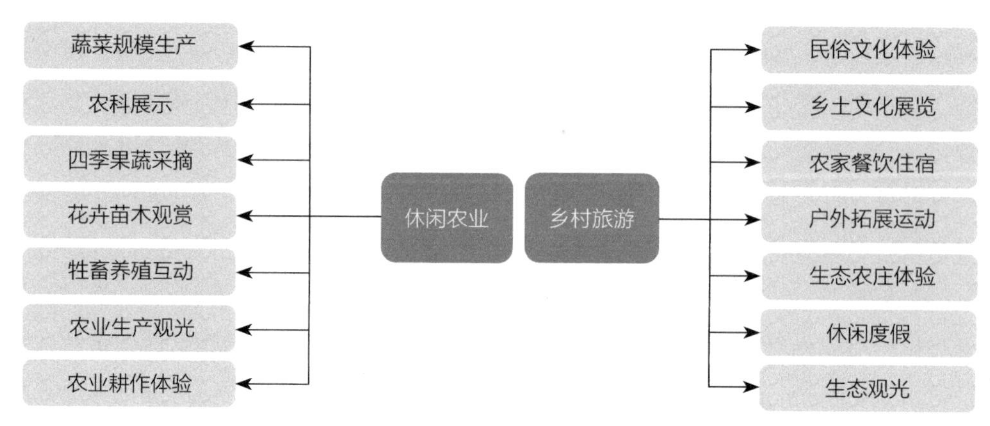

图4–41　创新村量大主导产业体系

4.4.4 城郊融合类分布情况和案例分析

1. 分布情况

城郊融合类乡村158个。主要围绕在南宁市中心城区周边、各区县城区周边及各类产业园区周边。其中城镇近郊型乡村主要成组团状，组团规模根据城市的辐射影响能力的强弱而大小不同，总体呈现与城市区域空间咬合的分布情况；功能承接性乡村主要分布在城市近郊型乡村的外围，呈环状或条带状空间结构（图4-42）。

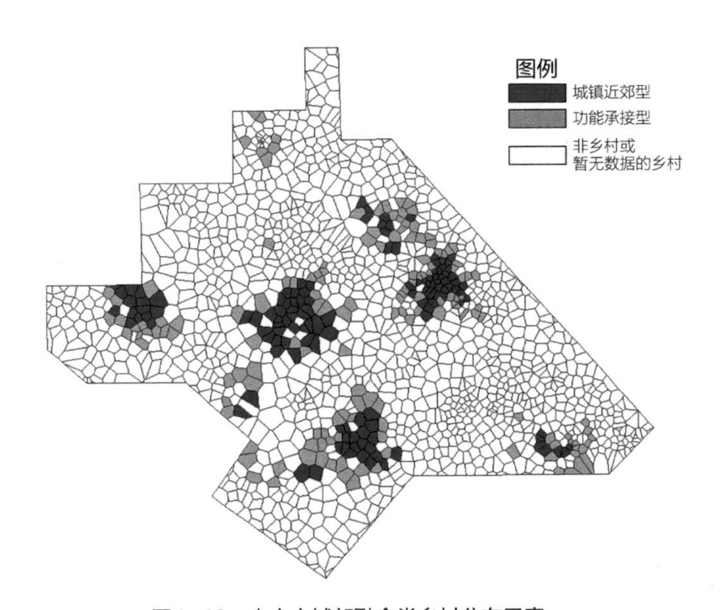

图4-42 南宁市城郊融合类乡村分布示意

2. 典型案例：六村村发展实践（功能承接型乡村）①

（1）六村村概况

区位情况：六村村位于南宁市兴宁区三塘镇东南部，村庄北侧为三塘镇建新村、南侧为青秀区、东侧为五塘镇友爱村、西侧为三塘镇创新村。村庄中部有县道X029、北侧有南广高铁自东西向穿越，目前村庄主要的对外交通联系为县道X029。六村村村域范围内规划有长虹路延长线自西向东穿越，项目已完成征地，建成后，六村村与南宁市中心城区的交通联系将得到进一步提升和加强。

地形地貌：六村村整体地形特点是南高北低，中部较为平坦，四周为丘陵，其中南侧为天堂岭山脉，林业资源丰富。中部耕地区域地貌，除居民点外基本为水稻、玉米等农作物，居民点周边主要为竹林地、小型灌木林等，南侧山脉的地貌主要为桉树等经济林为主。

① 资料来源：南宁市兴宁区三塘镇六村村村庄规划（2022-2035年）。

气候水文：六村村所在区域属南亚热带季风气候，年平均温度在21.5℃，雨量充沛，夏季潮湿，冬季干燥，干湿季节分明。

人文资源：六村村宗亲文化浓厚，各村屯均设置有土地庙、宗祠等文化场所，村内在七月节、三月三、五月五等节庆、婚俗等均有庆祝等风俗活动。六村坡的覃氏祖屋为南宁市不可移动文物。

社会经济与人口：六村村总人口约3148人，其中经济组织成员约2442人，占比约77.57%。全村劳动力约2000人，常年外出人口约700人。总户数约为909户，户均人口约为3.47人。六村村主要发展优质稻、玉米、辣椒等作物种植。村集体经济收入主要为出租旧村委办公楼以及投资入股南宁市富源山地鸡养殖专业合作社，2021年前三季度集体经济收入超5.46万元，村民人均年收入约1.3万元左右。

产业发展：第一产业以水稻、玉米等传统粮食作物种植为主，村庄丘陵区域种植桉树等经济林木。六村村范围内有规模养殖的实验猴、孔雀等，其余主要是农户自养的小规模的鸡鸭、生猪、牛等。第二产业方面，由于六村村位于南宁市近郊，目前已有柳凌仓储项目进驻，位于村庄西南侧；除在六村坡有小型的砂石加工作坊、小型仓库外，其余村坡基本无第二产业发展。第三产业主要在韦村坡、坛造坡等村坡有农家乐，其余无第三产业发展。总体来说，产业缺乏统一规划和设计，分布较为零散，不成体系，产业链条单一且杂乱；产业项目用地未得到有力保障，部分项目用地需落实较大的建设用地指标，村庄集体产业用地未得到规划；产业项目存在占耕、占农等情况，未能有效落实相关底线控制；第一产业发展受阻，主要阻力为水源、地力、劳动力、交易市场等。

土地现状：六村村村域总用地面积约1919.19公顷，现状用地以农用地为主。农用地总面积约为1769.35公顷，其中林地面积约为1116.73公顷，占农用地总面积比例为58.19%；耕地面积约为465.13公顷，占农用地总面积比例为24.24%；其余为草地、园地、其他农用地等。乡村建设用地总面积约为86.14公顷，其中农村宅基地总面积为42.08公顷，乡村道路用地面积约为27.56公顷，农村社区服务设施用地面积为0.68公顷，公用设施用地主要为供电用地、排水用地等，分布在各村屯。乡村产业用地共15.49公顷，其中农用设施建设用地中的畜禽养殖设施建设用地占比最大，主要通灵试验猴养殖基地。

（2）村域特征

城郊交通便利。村庄对外交通便利，内部道路交织成网，基本框架体系基本成型，但道路宽度及停车设施有待提升与完善，若规划路网覆盖，区域区位将得到提升。

资源基础丰富。村域内有四塘河、天堂岭等生态资源，农业资源基础良好。

产业发展机遇良好。现状产业发展势态良好，近期有企业有进驻意愿，可突出自身特色，与周边区域形成错位发展。

设施需提升完善。现状设施基本满足日常需求，但停车、供水、排污等设施仍需完善。

用地布局需要优化。部分产业项目用地未得到保障，新增宅基地需求需得到进一步落实，用地底线管控有待细化。

乡村风貌亟待引导。建筑风貌未进行统一规划，整体风貌较为混杂，位于高铁沿线，急需提升风貌。

（3）发展定位

以依托生态资源、农业资源发展城郊农家乡村旅游和现代农业产业为主，小型加工业发展为辅，打造南宁市东部城郊重要的现代产业融合示范村屯、城郊生态休闲旅游目的地完善服务设施建设，打造高品质人居环境，建设三塘片区宜居宜游示范村屯。

（4）产业发展（图4–43、图4–44）

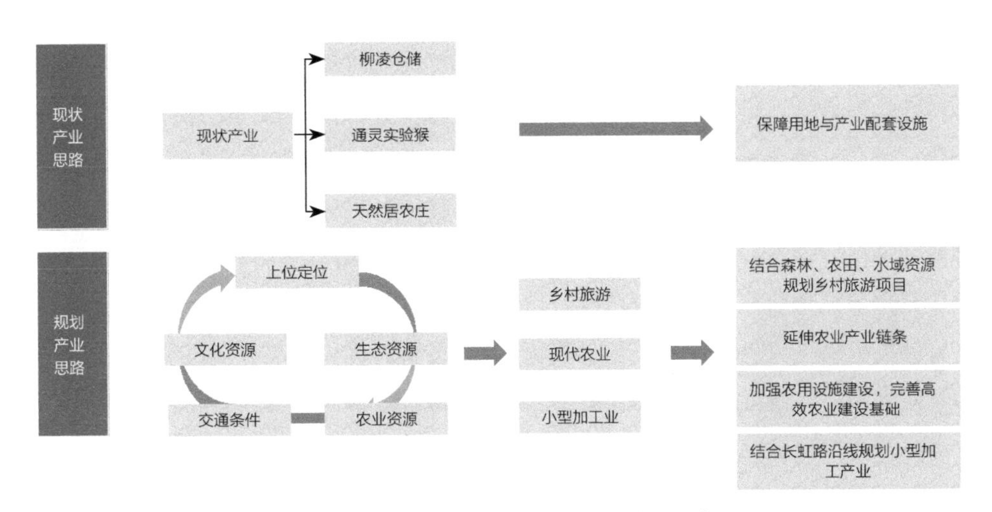

图4–43 六村村现状产业与规划产业发展方向

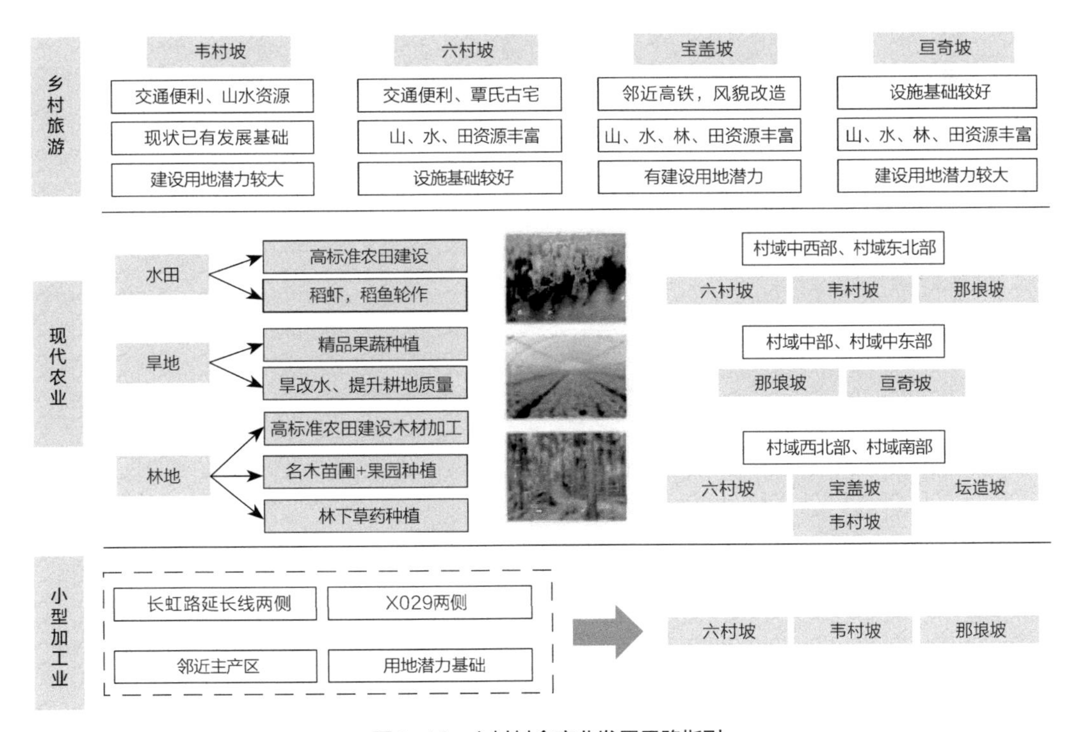

图4–44 六村村全产业发展思路指引

4.5 本章小结

以广西首府南宁市有数据的1425个行政村为实证对象，分析县域特征和乡村发展现状，采用“沙漏法”乡村分类模型，确定了南宁市乡村类型主要包括特色保护类、城郊融合类、集聚提升类三大类，个别为拆迁撤并类；二级分类分别为集聚发展型乡村、存续提升型乡村、产业发展型乡村、治理改善型乡村、城镇近郊型乡村、功能承接型乡村、自然生态景观型乡村、历史人文保护型乡村。以定性研判的方式筛选出自然生态景观型、历史人文保护型、搬迁撤并类等三类特殊类型乡村。建立多维度乡村潜力评价指标体系，提取各维度评价得分，划分五个等级，按照“区位—生态—人口—建设—产业”的顺序从五个维度进行定量筛选。然后得到分类结果：特色保护类村53个，其中历史人文保护型村庄46个，自然生态景观型村庄7个；城郊融合类村庄286个，其中城镇近郊型村庄132个，功能承接型村庄154个；集聚提升类村庄1066个，其中集聚发展型村庄435个，存续提升型村庄213个，产业发展型354个，治理改善型村庄64个。将分类结果与实地调研情况进行了差异比对分析，优化反馈分类技术方法。最后，结合南宁市不同类型乡村的特点，从人居环境、基础设施、公共服务设施、产业发展、历史文化保护、生态保护等方面提出了发展和治理策略。通过检验历史人文保护型乡村（王明村）、集聚发展型乡村（浪湾村）、产业发展型乡村（创新村）、功能承接型乡村（六村村），与分类结果和发展指引均能较好吻合。

5

桂北资源县实证研究

资源县位于桂北山区，地处广西与湖南交界处，在广西首府南宁市的政治、经济、文化辐射区边缘地带，是14个少数民族集聚县域。资源县自然资源丰富尤其是旅游资源，拥有集丹霞和喀斯特地貌于一体的特色旅游景区。资源县乡村零散分布在高山沟壑中，耕地资源匮乏，交通设施落后，人口分布不均，耕地保护与乡村建设、产业发展与交通支撑、人口流失与乡村振兴之间矛盾突出。资源县社会经济与产业发展整体落后，常住人口城镇化率低于广西平均水平，处于乡村振兴与产业转型发展的关键期。如何统筹好环境保护与经济发展、激发人口活力、提升乡村配套设施是当前资源县面临的主要矛盾与问题。根据资源县乡村发展特征和面临的主要问题调整“沙漏法”乡村分类模型体系，进行实证研究。

5.1 资源县概况[①]

5.1.1 地理区位与交通条件

（1）地理区位

资源县位于广西东北部越城岭山脉腹地，是广西的北大门，属桂林市管辖，距桂林市区98千米，距首府南宁550千米，界于东经110°13′~110°54′、北纬 25°48′~26°16′之间。东面、南面、西南面分别与全州县、兴安县、龙胜县毗邻，西面、北面分别与湖南省城步苗族自治县、新宁县交界。境内有华南第一高峰猫儿山，是长江水系和珠江水系的发源地之一。

（2）交通条件

资源县无机场、铁路等交通设施，综合客货均通过公路进行运输。县城距离最近的机场为桂林两江国际机场，约 127千米，需要1.5小时；距离较近的高铁站为桂林北站、兴安北站，均需要1.2小时车程。现状资兴高速（G59）贯穿南北，使得资源县中心城区融入桂林1小时经济圈；202省道穿越城区，与南部兴安县以及北部湖南省的联系便捷。同时，有多条县道联系现状城区与周围的乡镇。资源县包含资江和浔江航线长度 35.5千米，其中有丹霞码头一处，为桂林市 18 个客运码头之一，主要服务于旅客游船需求。

5.1.2 行政区划与人口发展

（1）行政区划

资源县东西横距65.5千米，南北纵距63.4千米，总面积1941.01平方千米，是一个少数民族聚居县。全县有苗族、瑶族、壮族、侗族、回族、蒙古族、彝族、朝鲜族、满族、土家族、毛南族、么佬族、仡佬族、黎族等14个少数民族。全县辖资源镇、中峰镇、梅溪镇、瓜里乡、车

① 主要参考资料有资源县国土空间规划及相关专题、资源县政府网站等。

田苗族乡、两水苗族乡、河口瑶族乡共四乡三镇。其中，资源镇辖大埠街社区居民委员会、沈滩居民委员会、大合村、城关村、石溪头村、石溪村、浦田村、金山村、修睦村、官洞村、马家村、文洞村、永兴村、天门村、晓锦村、同禾村2个街道居委会和14个行政村；中峰镇辖车田湾村、大庄田村、中封村、官田村、大源村、枫木村、社岭村、福景村、八坊村、上洞村10个行政村；梅溪镇辖茶坪村、三茶村、大坨村、梅溪村、随滩村、坪水底村、戈洞坪村、沙坪村、咸水口村、胡家田村、大滩头村、咸水洞村、铜座村13个行政村；车田苗族乡辖脚骨冲村、木厂村、海棠村、田头水村、粗石村、白洞村、龙塘村、黄龙村、车田村、黄宝村、坪寨村、石寨村12个行政村；瓜里乡辖香草村、文溪村、白竹村、义林村、大坪头村、田洞里村、瓜里村、大田村、金江村、水头村、白水村等11个行政村；两水苗族乡辖白石村、烟竹村、和平村、凤水村、社水村、塘垌村6个行政村；河口瑶族乡辖高山村、立寨村、大湾村、猴背村、葱坪村5个行政村。

（2）人口发展

依据第七次全国人口普查数据公报，资源县常住人口为 139212 人，与 2010 年第六次全国人口普查的146824人相比，十年共减少7612人，减少5.18%，年平均下降率为 0.53%。全县共有家庭户52043户，集体户911户，家庭户人口为132596人，集体户人口为6616人。平均每个家庭户的人口为2.55人，比2010 年第六次全国人口普查的3.12人减少 0.57 人。

5.1.3 地形地貌与自然资源

（1）地形地貌

资源县为桂北山区县，境内四面高山环抱，群山起伏，沟壑纵横，有“一水四田九十五分山”之称。县内有海拔千米以上高山421座，1500~2000米的高山50余座。县域东部属资江流域，地势南高北低；西部属浔江流域，地势东北高、西南低。全县中山占总面积的 56.80%，低山占总面积的40.50%，以中山山地为主。全县最低海拔265米，最高海拔2066米，采用等值间距将高程分为265~604米、604~835米、835~1086米、1086~1391米、1391~2066米。

受加里东期花岗岩体侵入影响，县域西侧分布有金紫山，中南部有猫儿山，东侧有越城岭等花岗岩体，彼此连接形成“N”形山岳地貌。同时，伴随区域构造运动，尤其是新宁—资源断裂构造、燕山运动以及第三纪初期构造运动不断叠加，资江流域地面遭受强烈剥蚀，逐步形成了资江水系和丹霞地貌雏形。进入第四纪，本区构造缓慢间歇抬升，在侵蚀作用、剥蚀作用、溶蚀作用、崩塌作用、风化作用以及根辟作用等共同作用下，资源镇至梅溪镇一带形成了奇特、绮丽的丹霞地貌。

（2）水资源

全县水资源主要集中于资江和五排河，其支流共有14 条，集雨面积在50平方千米以上的较大支流有10条，其中资江8条、五排河2条。全县水能蕴藏量30.05万千瓦，可开发量23.2万千瓦。

（3）森林资源

资源县是全区林业重点县，山地面积达18.4万公顷，是我国南方杉木、马尾松、毛竹的中心产区之一。境内植被丰富，种类繁多，据森林资源调查资料统计，境内有原生植物164科，1120余种，其中华南铁杉、长苞铁杉、资源冷杉属国家保护的珍贵树种，红豆杉、华南五针松、柳杉、马褂木为我国稀有特有树种，全县森林覆盖率达81.83%。

（4）矿产资源

全县矿产种类较多，已发现有石煤、钒矿、铁矿、铜矿、铅锌矿、钨矿、锡矿、钼矿、钽铌矿、铍矿、绿柱石、萤石矿、长石矿、沸石矿、陶瓷土、石灰岩、花岗岩、石英岩、页岩、炭质页岩、建筑用砂、热水泉等25个矿种，其中中型矿床2处，小型矿床4处，矿点98处。潜在资源丰富的有萤石矿、沸石矿、长石矿、瓷土矿和石英等非金属矿。

（5）旅游资源

资源县有丰富的旅游资源，境内山清水秀，石奇林幽，集名山、名江、名瀑特色于一体，是广西首批优秀旅游县。境内拥有“世界自然遗产、国家森林公园、国家地质公园”三顶桂冠的八角寨景区，有丹山碧水，被誉为“华南第一漂”的资江景区，有“中国最佳漂流胜地”的五排河探险漂流景区，有休闲度假丹霞温泉景区、天门山生态观光景区及“一瀑九折”的宝鼎瀑布景区等，同时拥有丹霞和喀斯特两种地貌。

5.1.4 河流水系与气候特征

（1）河流水系

资源县内溪河遍布，水源丰富，众多溪流分别汇注入资江和五排河两条主河道中。中峰、资源、梅溪、瓜里等乡（镇）属资江流域；车田、两水、河口等乡属五排河流域。两大河流的共同特点是主流都穿行于深山峡谷之中，河床结构普遍为卵石和礁石，多急滩、回湾、澄潭。其支流大都清澈湍急，多瀑布、潭湾、礁石，河床比较大。

（2）气候特征

资源县属中亚热带季风湿润气候，全县平均海拔在800米以上，是典型的高寒山区。全县气候温和，四季宜人，年均气温16.7℃，极端最高温度38.8℃，极端最低温度-8.4℃；年均降雨量1736毫米；光热适宜，年均日照时数为1275小时，日照时间较长，但光能不足，光、热、水时空分布不均匀，自然配合不协调，是广西气温最低、光热最少、雨量较多、温差较大和霜雪期最早、最长的县之一。由于地势偏高、地形复杂，具有“山地主体气候”的特点。

5.1.5 社会经济与土地利用

（1）社会经济情况

全县经济运行总体平稳，发展势头良好。2020年，全县地区生产总值实现50.36亿元，年均增长6.2%，人均地区生产总值达到31773元，年均增长5.1%，财政收入实现2.72亿元，年均增长0.1%，固定资产投资34.87亿元，年均增长5.7%，社会消费品零售总额达到8.61亿元，年均增7.1%。

自2010年以来，全县农村居民人均可支配收入稳定增长，由2010年的4622元增长到2020年的13327元，增长了188.33%（图5-1）。全县2020年农村居民人均可支配收入与桂林市平均水平相当，稍低于广西平均水平。

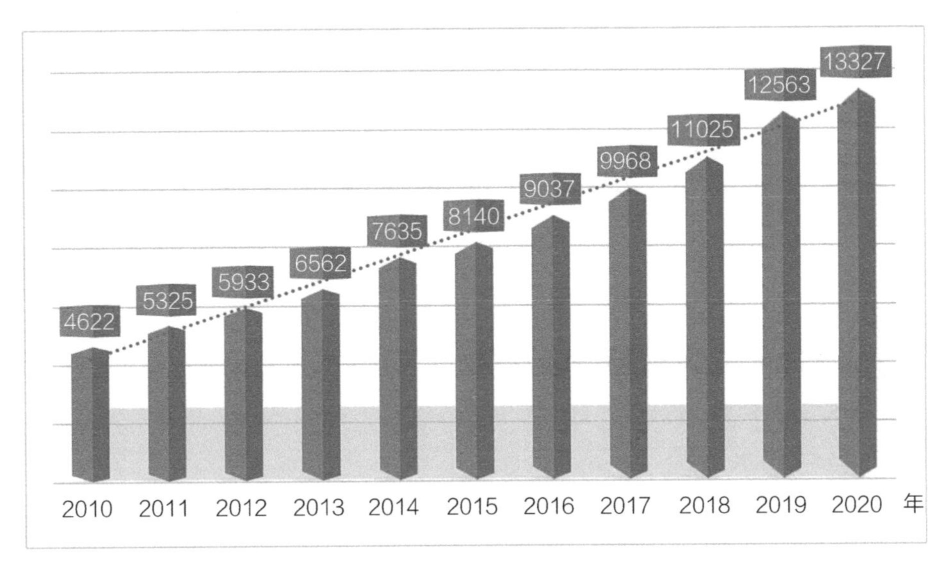

图5-1　2010~2020年资源县农村居民人均可支配收入对比

（2）土地利用现状

全县土地总面积194101.41公顷，其中农用地179902.13公顷，占土地总面积的92.68%；建设用地3530.73公顷，占土地总面积的1.82%；其他土地10668.55公顷，占土地总面积的5.50%（表5-1）。

资源县2018年土地利用现状结构　表5-1

地类			面积（公顷）	占土地总面积的比例（%）
农用地	耕地		17001.21	8.76
	园地		2219.18	1.14
	林地		155377.8	80.05
	草地		0	0
	其他农用地		5303.94	2.73
	小计		179902.13	92.68
建设用地	城乡建设用地	城镇与工矿用地	374.63	0.19
		农村居民点	2234.6	1.15
		小计	2609.23	1.34

续表

地类			面积（公顷）	占土地总面积的比例（%）
建设用地	交通水利及其他建设用地	交通用地	813.61	0.42
		水利用地	102.38	0.05
		其他建设用地	5.51	0
		小计	921.5	0.47
	建设用地合计		3530.73	1.82
其他土地	水域		1730.11	0.89
	自然保留地		8938.44	4.61
	小计		10668.55	5.5
土地总面积			194101.41	100

5.2 资源县乡村发展现状

5.2.1 乡村基本情况

资源县三镇四乡共有 74 个村（街）委，1151个自然村，各村常住人口共有13.92万人，半数以上村民分布在资源镇和中峰镇。全县有居住用地2143.9公顷，其中城镇居住用地有110.97公顷，农村居住用地有2032.94公顷。根据测算结果，全县农村常住人口人均拥有居住用地146.03平方米，其中瓜里乡常住人口人均居住用地面积最大，达到251.16平方米，河口瑶族乡次之，为243.49平方米，两水苗族乡也达到了人均200平方米以上。与四乡相比，三个镇的乡村居住用地集约度较高，常住人口人均乡村居住用地面积整体较低，尤其是资源镇，只有75.65平方米（表5-2）。

资源县乡镇人口统计　表 5-2

乡镇	居委会（个）	村委会（个）	居住用地面积（公顷）			常住人口（人）	人均乡村居住用地（平方米）
			城镇居住用地面积	乡村居住用地面积	小计		
合计	3	74	110.97	2032.94	2143.9	139212	146.03
资源镇	2	14	110.24	427.09	537.33	56458	75.65
中峰镇	0	10	0	418.94	418.94	23424	178.85
梅溪镇	1	13	0	374.7	374.7	18622	201.21
瓜里乡	0	11	0.05	320.36	320.4	12755	251.16
车田苗族乡	0	12	0.61	275.97	276.57	18166	151.92

续表

乡镇	居委会（个）	村委会（个）	居住用地面积（公顷）			常住人口（人）	人均乡村居住用地（平方米）
			城镇居住用地面积	乡村居住用地面积	小计		
两水苗族乡	0	6	0.07	139	139.07	6530	212.86
河口瑶族乡	0	5	0	76.87	76.87	3157	243.49

（注：居委会、村委会、人口数据来源于资源县统计年鉴，用地数据来源于自然资源管理部门。）

根据统计，全县乡村居民点用地年均增长率约为0.52%，2014~2017年全县乡村居民点用地呈增长趋势，2018年后乡村居民点用地有缩减倾向，但仍高于2014年的1923.76公顷。全县农村户籍人口呈负增长趋势，年均增长率为–0.25%。通过对近9年全县乡村居民点用地的变化分析可知，随着社会经济发展和城镇化水平的提升，乡村居住人口持续减少，但乡村建设用地并没有同步缩减。

5.2.2 乡村人口密度

资源县所辖村委会现有乡村居民点斑块个数为13616个，斑块总面积有1997.88公顷，人口密度为80人/公顷。从乡镇来看，资源镇人口密度最大，为97人/公顷，其次是车田苗族乡，人口密度为86人/公顷，河口瑶族乡人口密度最小，为67人/公顷。从单个乡村看各村之间的人口密度相差较大，城关村人口密度达到了1784人/公顷，而梅溪镇的梅溪村人口密度最小，只有51人/公顷（表5–3）。

资源县各乡村人口密度情况　　表5–3

乡镇	乡村	农村居民点			总人口	人口密度（人/公顷）
		斑块数（个）	斑块总面积（平方米）	斑块平均面积（平方米）		
资源镇	大合村	46	61728.11	1341.92	2880	467
	城关村	22	16140.78	733.67	2879	1784
	石溪头村	135	253388.36	1876.95	2878	114
	石溪村	138	333205.5	2414.53	2995	90
	浦田村	114	239147.76	2097.79	2997	125
	金山村	112	236191.23	2108.85	2880	122
	修睦村	215	465149.36	2163.49	2883	62
	官洞村	105	273940.5	2608.96	2879	105
	马家村	188	417951.74	2223.15	3002	72
	文洞村	145	357367.12	2464.6	2883	81
	永兴村	230	422041.29	1834.96	3005	71
	天门村	185	299368.56	1618.21	2880	96

续表

乡镇	乡村	农村居民点			总人口	人口密度（人/公顷）
		斑块数（个）	斑块总面积（平方米）	斑块平均面积（平方米）		
资源镇	晓锦村	201	444073.14	2209.32	2997	67
	同禾村	209	385896.16	1846.39	2880	75
	小计	2045	4205589.6	2056.52	40918	97
中峰镇	车田湾村	204	471964.99	2313.55	3245	69
	大庄田村	242	633856.72	2619.24	3395	54
	中峰村	198	480535.57	2426.95	4043	84
	官田村	270	628471.23	2327.67	4583	73
	大源村	138	232700.83	1686.24	1752	75
	枫木村	221	658874.89	2981.33	4892	74
	社岭村	123	227549.3	1849.99	1572	69
	福景村	65	122064.78	1877.92	1013	83
	八坊村	178	471432.96	2648.5	3763	80
	上洞村	68	141413.67	2079.61	983	70
	小计	1707	4068864.9	2383.63	29241	72
梅溪镇	茶坪村	83	121031.54	1458.21	1073	89
	三茶村	273	336668.43	1233.22	2452	73
	大坨村	298	410681.32	1378.13	2936	71
	梅溪村	197	348122.07	1767.12	1791	51
	随滩村	242	368678.3	1523.46	2696	73
	坪水底村	422	452059.36	1071.23	3530	78
	戈洞坪村	211	259968.11	1232.08	2280	88
	沙坪村	60	86153.81	1435.9	742	86
	咸水口村	153	254328.37	1662.28	2176	86
	胡家田村	126	193331.22	1534.37	1552	80
	大滩头村	178	248383.91	1395.42	2243	90
	咸水洞村	258	310914.59	1205.10	2615	84
	铜座村	237	321696.45	1357.37	2648	82
	小计	2738	3712017.5	1355.74	28734	77
车田苗族乡	脚骨冲村	300	194906.13	649.69	1532	79
	木厂村	248	186355.72	751.43	2006	108
	海棠村	372	233377.42	627.36	2436	104
	田头水村	155	148251.6	956.46	1418	96
	粗石村	275	253415.71	921.51	2170	86
	白洞村	132	131096.02	993.15	1215	93

续表

乡镇	乡村	农村居民点			总人口	人口密度（人/公顷）
		斑块数（个）	斑块总面积（平方米）	斑块平均面积（平方米）		
车田苗族乡	龙塘村	286	285214.23	997.25	2588	91
	黄龙村	190	180422.16	949.59	1463	81
	车田村	357	374067.93	1047.81	3065	82
	黄宝村	241	251883.71	1045.16	1675	66
	坪寨村	221	215713.21	976.08	1827	85
	石寨村	225	231383.29	1028.37	1736	75
	小计	3002	2686087.1	894.77	23131	86
瓜里乡	香草村	84	114874.5	1367.55	821	71
	文溪村	261	462300.17	1771.27	3198	69
	白竹村	264	414055.37	1568.39	2575	62
	义林村	328	467977.07	1426.76	3051	65
	大坪头村	78	100049.89	1282.69	805	80
	田洞里村	115	107303.22	933.07	835	78
	瓜里村	138	314784.66	2281.05	2314	74
	大田村	240	415559.03	1731.5	3033	73
	金江村	146	147698.32	1011.63	965	65
	水头村	231	303817.73	1315.23	2135	70
	白水村	221	330872.11	1497.16	2267	69
	小计	2106	3179292.1	1509.64	21999	69
两水苗族乡	白石村	157	185436.5	1181.12	1243	67
	烟竹村	137	192609.8	1405.91	1550	80
	和平村	210	228490.51	1088.05	1632	71
	凤水村	285	292242.33	1025.41	2480	85
	社水村	247	197710.23	800.45	2025	102
	塘垌村	260	267761.23	1029.85	1715	64
	小计	1296	1364250.6	1052.66	10645	78
河口瑶族乡	高山村	55	59255.73	1077.38	342	58
	立寨村	74	92643.16	1251.93	503	54
	大湾村	67	83366.91	1244.28	573	69
	猴背村	175	160481.13	917.04	1033	64
	葱坪村	351	366976.32	1045.52	2636	72
	小计	722	762723.25	1056.4	5087	67
全县合计		13616	19978825	1467.31	159755	80

（注：人口数据来源于资源县统计年鉴，农村居民点数据来源于自然资源管理部门。）

5.2.3 乡村空间分布特征

1．乡村空间布局主要影响因素

（1）地形坡度

地形坡度直接影响乡村的空间布局形态。依据《城市用地竖向规划规范》CJJ83-99中居住用地适宜坡度的相关规定，将县域范围内的土地坡度分为0~8°、8~15°、15~25°、>25°四个级别，再将坡度图与乡村居民点进行空间叠加分析。分析结果显示，坡度小于等于8°的地带乡村居民点斑块面积所占比例最大，达到95%以上。资源县的乡村主要分布在低坡度的资源镇和中峰镇，随着坡度的逐渐增大，乡村居民点斑块面积所占比例呈快速递减趋势，说明地形坡度对乡村空间布局的影响非常大。

（2）与各乡镇驻地的距离

各乡镇驻地对其周边乡村具有一定吸引力，是促进乡村经济发展的行政区域。先确定集镇中心位置，在ArcGIS中建立集镇中心图层，分别以2000米、4000米、6000米、8000米为缓冲半径做集镇中心缓冲分析，并将县域范围内的乡村居民点进行叠加，统计不同缓冲区间居民点斑块面积。根据统计，70%以上的乡村居民点分布在距离乡镇驻地中心4000米范围内，在距乡镇驻地中心4000米之后，随着距离的不断增大，乡村居民点的面积呈递减趋势。

2．乡村现状用地布局模式

（1）带（条）状布局

带（条）状布局模式的主要特点是乡村居民点沿狭长平地、道路、河流等线状地物分布。乡村居民点沿现状地物布局，一般具有较好的区位和交通条件，方便村民出行、干农活，有利于乡村的发展。资源县县域范围内的带状式布局主要分布在瓜里乡的瓜里村委会和水头村委会等。

（2）卫星式布局

卫星式布局模式是乡村居民点聚落布局特点的重要形式，主要特点为低一级的聚居点围绕高一级的聚居点呈辐射状，在功能和生产关系上处于相互补充或依存的关系。这种布局模式有利于中心城镇或发展较好的集镇向周边输出产业和人口，对周边乡村的剩余劳动力具有吸引作用，带动周边地区的经济发展，对促进城乡一体化发展具有重要推进作用。资源县县域范围内的卫星式布局主要分布在资源镇、中峰镇等城镇用地周边。

（3）多边形式布局

多边形式布局模式主要特点是乡村居民点集聚发展形成块状多边形，乡村发展较好，比其他一般乡村要大，在交通路网便利、水系较发达、经济基础较好的地区易形成多边形斑块。资源县县域范围内的多边形式布局主要分布在城关村、大合村、石溪村、修睦村等，这些村大多位于县城周边城乡融合区，交通便捷、水系河网发达。

（4）自由式布局

自由式布局模式主要特点是乡村居民点无规律散居发展，形成“满天星”的分布形态，整体景观破碎度较高，不利于村庄的经济发展。资源县县域范围内的自由式布局主要分布在带（条）状式、卫星式、多边形式布局以外的区域，此种模式主要受到地形地貌限制以及耕地分布影响，小农经济发展模式占比高。

5.2.4 乡村发展存在的问题

（1）居民点空间布局分散，乡村规模较小，土地集约化程度低

受自然地理环境影响，全县大部分乡村交通不方便，耕地资源有限，土地可承受人口较少。自然村屯规模偏小，各居民点之间距离较远，土地集约化程度低。

（2）农村宅基地管理不完善，人均用地过大，“空心村”现象突出

资源县是劳务输出县，每年都有大量劳动力外出务工。由于乡村宅基地管理政策与制度的不完善，造成乡村宅基地的大量闲置，但同时普遍存在沿村庄外围或道路重新建房的现象，村内原有房屋破旧无人居住，乡村中“空心村”现象明显，造成土地资源浪费。

（3）乡村产业功能不健全，农业规模化、集约化、产业化水平低

全县乡村以第一产业为主，多数乡村农业仍是处于“小农经济”的小规模经营状态，资源利用率低（水、电等），投入产出较小，无法实现农业的规模效应，且农业多以生产初级产品为主，缺少产后加工处理，产业链条短，农产品以自产自销为主，专业化合作经济组织没有形成，组织化成都有待提高；第二产业发展较为滞后，乡村内部缺少农副产品初加工，城镇农副产品深加工不足，一二产业联动不够；第三产业中，服务业结构比较传统，总体水平偏低，旅游业缺乏特色，旅游资源开发程度和整体经营管理水平偏低。

（4）地处高寒山区，交通条件受限，基础设施建设滞后

资源县地处广西、湖南交界处，属于高寒山区，地形复杂地势起伏大，基础设施建设施工难度大，尤其是相对分散的乡村地区，交通、通信、用地、供水等建设更为滞后。以农业为例，农业设施落后，农田水利设施老化、失修、抗灾能力弱，农业用水用地困难，机耕道路没有通达，肥料、农产品运输困难。

5.3 资源县“沙漏法”乡村分类

“沙漏法”乡村分类模型按照“确定乡村类型—实施定性沙漏法—实施定量沙漏法—检验与反馈—制定发展指引”的工作流程。首先，根据资源县乡村特征确定乡村分类的类型；其次，获取资源县文物保护单位名单、传统特殊保护村落名单、自然与人文风光旅游景区的相关资料，根据乡村管理的重要性对这些条件进行排序，以定性研判的方式筛选部分特殊类型乡村；再次，提取出特殊类型乡村后，剩余乡村建立多维度乡村潜力评价指标体系，测算各维度

乡村潜力分值，乡村潜力分值代表乡村某方面的发展现状与未来发展潜力，分值越高，代表乡村发展现状越好且发展潜力越大，测算分类结果时采用综合潜力测算思路；最后，将“沙漏法”乡村分类模型确定的乡村分类结果与资源县上报的类型进行比对，分析存在的差异及产生原因并反馈到分类模型及技术方法中。

5.3.1　第一步：确定乡村类型

搬迁撤并类乡村包含生存条件恶劣、生态环境敏感脆弱、受环境保护影响、自然灾害频发、重大建设项目影响、地上或地下采矿区等情形。在查阅有关规划成果、套合资源县生态保护红线、测算村庄设施条件、比对自然灾害分布区、叠加采矿用地范围线等基础上，经实地调查确认，资源县域范围内不存在搬迁撤并类乡村，并且资源县不位于边境地区，没有固边兴边类乡村，因此资源县乡村类型主要包括特色保护类、城郊融合类和集聚提升类三大类。其中，特色保护类包括自然生态景观型乡村和历史人文保护型乡村；城郊融合类主要包括城镇近郊型乡村和园区融合型乡村，没有功能承接型乡村；集聚提升类包括集聚发展型乡村、存续提升型乡村、产业发展型乡村和治理改善型乡村。

5.3.2　第二步：定性“沙漏法”

1. 资料收集

乡村定性分析阶段主要用于研判筛选资源县的特色保护类乡村和大部分城郊融合类乡村。

（1）特色保护类乡村

资源县有八角寨景区、资江天门山景区、资江灯谷景区、五排河漂流景区、十里平坦景区等自然风光景区。

全县有较为丰富的物质文化遗产和非物质文化遗产。物质文化遗产主要有古遗址、墓葬、建筑、桥梁、码头、碑刻、重要史迹、战争遗址等，共35处，其中国家级文物保护单位1处、自治区级文物保护单位3处、县级文物保护单位31处（表5–4）。

资源县文物保护单位　表5–4

类型	名称	地址	时代	保护范围	级别
古遗址	晓锦新石器时代文化遗址	资源镇晓锦村	新石器中晚期	16000平方米，控制地带为保护界四周50米	国家级
墓葬	唐大璋墓	瓜里乡文溪村	清代	全墓及墓地四周10米以内地	县级
	唐碧田夫妻墓	两水乡烟竹村	民国	全墓及墓地四周10米以内地	县级
	唐妙塘墓	资源镇浦田村	民国	全墓及墓地四周10米以内地	县级
	杨柳坪红军六烈士墓	车田苗族乡黄龙村	近现代	烈士墓四周12米以内地带	县级
	两水革命烈士墓	两水乡完小	近现代	烈士墓四周12米以内地带	县级

续表

类型	名称	地址	时代	保护范围	级别
特色建筑	马家马氏祠堂	资源镇马家村	明代	全祠堂及祠堂周围20米以内	自治区级
	湖南会馆	资源镇合浦街内	清代	全馆及馆周围	县级
	锦头民居群	中蜂镇大庄田镇	清代	古民居本身及四周100米以内地带	县级
	雷公田寺院	两水乡塘洞村	元末明初	寺院本身及四周100米以内地带	县级
	油榨坪公堂	中峰镇中峰村	近现代	公堂本身及四周10米以内地 带	县级
	塘洞院子	两水乡塘洞村	近现代	院内各文物保护点四周10米以内地带	县级
	龙溪自然村	中峰镇大庄田村	近现代	自然村内各文物保护点四周10米以内地带	县级
	蓝氏宗祠	车田乡白洞村	清代	祠堂四10米以内地带	县级
	田头水古戏台	车田乡田头村	清代	戏台四周10米以内地带	县级
桥梁	高仙桥	瓜里乡白水村	清代	全桥及桥四周10米以内地带	自治区级
	空大桥	梅溪街新街	清代	全桥及桥四周10米以内地带	县级
	天生桥	梅溪镇坪水底村	民国	全桥及桥四周10米以内地带	县级
	董家桥	梅溪镇大坨村	民国	全桥及桥四周10米以内地带	县级
	水口桥	车田乡白洞村	清代	全桥及桥四周10米以内地带	县级
	绾伦桥	两水苗族乡凤水村	民国	全桥及桥四周10米以内地带	县级
	九拱桥	资源镇同禾村	清代	全桥及桥四周10米以内地带	县级
	西天江风雨桥	梅溪镇梅溪村	清代	全桥及桥四周12米以内地带	县级
	凤凰风雨桥	瓜里乡瓜里村	清代	全桥及桥四周12米以内地带	县级
	龙塘风雨桥	车田苗族乡龙塘村	近代	全桥及桥四周12米以内地带	县级
重要史迹	红军标语	两水苗族乡凤水村	民国	书有标语的整垛墙及附有物	县级
	资源红军长征旧址	中峰镇、两水乡	近代	参见油榨坪公堂、塘洞院子、龙溪自然村、北门坳古战壕	自治区级
其他	文溪渡槽群	瓜里乡文溪村、义林村	近现代	渡槽四周10米以内地带	县级
	八角寨云台山山门	梅溪镇八角寨山顶	清代	全山墙及山墙四周10米以内	县级

全县目前有国家级传统村落2个，分别为河口瑶族乡葱坪村坪水屯、两水瑶族乡社水村；有自治区级传统村落12个，分别为资源镇合浦街、马家村、晓锦村、中峰镇大庄田村锦头屯、梅溪镇大坨村福竹屯、河口瑶族乡葱坪村江水屯和坪水屯、两水苗族乡社水村、烟竹村、塘洞村西寨屯、车田苗族乡石寨村茨坪屯、瓜里乡金江村石屋水屯。

根据实地调研情况，不少传统村落和历史文化遗产以自然村屯为主，覆盖范围较小，因此，结合以上自然景观和历史人文景观的分布和影响辐射范围，只将受到较大影响的行政村确定为特色保护类乡村。

（2）城郊融合类乡村

城郊融合类乡村包含城镇近郊型乡乡村和园区融合型乡村2个二级类。把资源县城镇开发边界与全县行政村范围进行叠加，通过ArcGIS软件测算县城周边乡村与城镇开发边界的距离，开发边界外围5千米范围作为城镇近郊型乡村的布局范围，同时收集乡镇政府驻地乡村。查阅园区规划资料，园区开发建设外围3千米范围作为园区融合型乡村的布局范围，识别园区覆盖型乡村。

2．滤网排序

根据资源县“生态立县、绿色发展”的定位与需求，按照自然生态环境保护、历史文化遗产保护、城乡融合发展的重要性顺序，定性“滤网”的筛选顺序如下：

（1）将资源县位于八角寨景区、资江天门山景区、资江灯谷景区、五排河漂流景区、十里平坦景区内的乡村及被收录在各级“特色景观旅游名镇名村”名录的乡村划为自然生态景观型乡村。

（2）将“历史文化名镇名村”名录、“传统村落”名录、“少数民族特色村寨”名录所收录的乡村划为历史人文保护型乡村。

（3）将距离县城和乡镇镇区距离近，与城镇发展关系密切，受城镇发展影响大的乡村划为城郊融合类乡村。

3．定性分类结果

最终确定资源县可列入特色保护类的乡村有9个，分别为以自然景观保护为主的大坨村、梅溪村、三茶村、随滩村和胡家田村，以历史文化保护为主的社水村、塘洞村、烟竹村和葱坪村（表5-5）。

资源县特色保护类乡村初步研判筛选结果　表5-5

所在乡镇	村名	一级分类	二级分类
两水乡	社水村	特色保护类	历史人文保护型乡村
	塘洞村		
	烟竹村		
河口乡	葱坪村		
梅溪镇	梅溪村		自然生态景观型乡村
	随滩村		
	大坨村		
	三茶村		
	胡家田村		

最终确定资源镇的修睦村、城关村、大合村、石溪村、浦田村、梅溪镇的咸水口村、瓜里乡的瓜里村、白竹村、义林村、中峰镇的中峰村、官田村、车田乡的车田村、黄龙村和两水乡

凤水村14个村为城郊融合类乡村。

5.3.3 第三步：定量“沙漏法”

1．选取资源县评价指标

资源县全部位于桂北山区，生态环境整体优良，各个乡村间差别不大，生态环境指标对于评价各村的发展潜力影响不大。因此，本次资源县多维度乡村潜力评价指标体系不考虑生态环境维度及相关指标。同时，为简化评价指标体系，将乡村建设中能反映资源县乡村潜力发展的指标与配套设施维度指标融合，最终确定从资源本底、区位条件、人口活力、经济发展、设施配套五个维度来评价资源县乡村发展潜力，共选取18项评价指标构建村庄发展潜力评价指标体系（图5–2）。

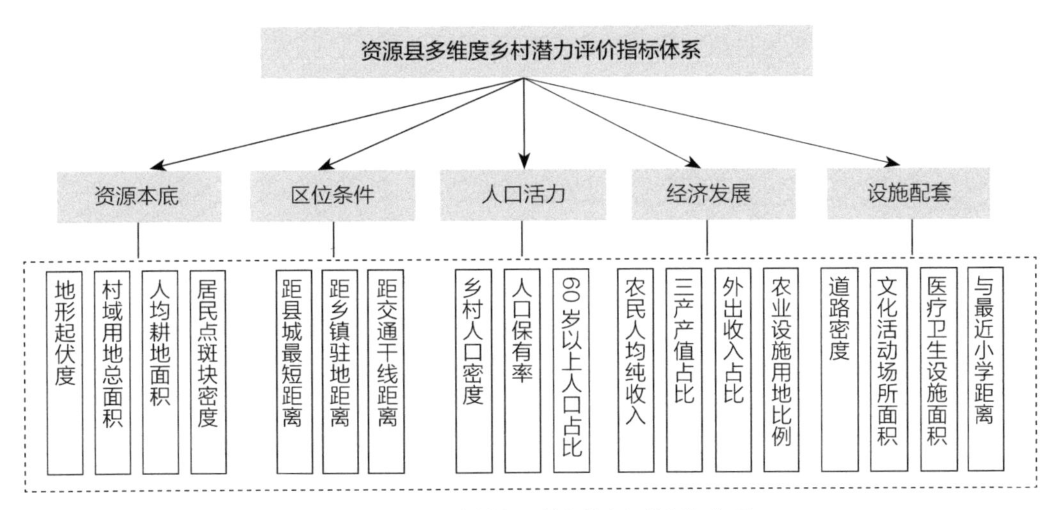

图5–2 资源县乡村发展潜力综合评价指标体系

2．确定评价指标权重

采用熵权法与德尔菲法相结合的方法确定资源县各项评估指标的权重。

熵权法最先是由 SHANON 引入确定指标权重的一种客观方法，目前被广泛应用于地理学空间分析中。

熵权法确定指标权重的计算步骤如下：

1）数据标准化

为消除量纲、实现数据的横向可比性，采用极值标准化法消除指标的量纲和数量级，对正、负向属性不同的指标采用不同的标准化函数。

$$x'_{ij}=\begin{cases}(x_{ij}-x_{jmin})/(x_{jmax}-x_{jmin})\text{正向指标}\\(x_{jmax}-x_{ij})/(x_{jmax}-x_{jmin})\text{负向指标}\end{cases}\qquad \text{公式（1）}$$

公式（1）中，x'_{ij}为行政村，i第j项指标的标准化值，x_{ij}为行政村i第j项指标的实际值，x_{jmax}、x_{jmin}分别为研究区内第j项指标的最大值和最小值。

2）计算综合标准化值

$$P_{ij}=(x'_{ij}/\sum x'_{ij}) \qquad \text{公式（2）}$$

公式（2）中，P_{ij}为行政村i第j项指标的综合标准化值。

3）计算第j项指标的熵

$$e_j=-k\sum p_{ij}\ln p_{ij}=-\frac{1}{\ln n}\sum p_{ij}\ln p_{ij} \qquad \text{公式（3）}$$

公式（3）中，n为研究区行政村的数量。

4）计算第j项指标的差异性系数

$$G_j=1-e_j \qquad \text{公式（4）}$$

公式（4）中，G_j为第j项指标的差异性系数。

5）计算第j项指标的权重

$$W_j=\frac{G_j}{\sum G_j} \qquad \text{公式（5）}$$

6）计算行政村i各个准则层的评价分值

$$S_i=\sum x'_{ij}W_j \qquad \text{公式（6）}$$

根据公式（1）~（5）对村庄各类原始数据进行标准化处理，逐步计算各指标的熵、差异性系数，得到各指标的客观权重，再结合德尔菲法，咨询乡村发展研究相关行业的专家，对熵权法确定的客观权重进行适度调整，进而得到各个指标的最终权重值。基于确定的指标权重值，再根据公式（6）计算得到各个行政村准则层的评价分值（表5-6）。

资源县多维度乡村潜力评价指标权重 表 5-6

维度	维度权重	评价指标	指标权重
资源本底 B1	0.1896	地形起伏度 C1	0.0457
		村域用地总面积 C2	0.0693
		人均耕地面积 C3	0.0617
		居民点斑块密度 C4	0.0468
区位条件 B2	0.2033	距县城最短距离 C5	0.0627
		距乡镇驻地距离 C6	0.0593
		距交通干线距离 C7	0.0614
人口活力 B3	0.3015	乡村人口密度 C8	0.0725
		人口保有率 C9	0.0827
		60 岁以上人口占比 C10	0.0631

续表

维度	维度权重	评价指标	指标权重
经济发展 B4	0.1732	农民人均纯收入 C11	0.0602
		第三产业产值占全村总产值比例 C12	0.0590
		外出务工收入占村庄总收入的比例 C13	0.0456
		农业设施用地比例 C14	0.0469
设施配套 B5	0.1324	道路密度 C15	0.0532
		文化活动场所面积 C16	0.0337
		医疗卫生设施面积 C17	0.0406
		与最近小学距离 C18	0.0358

3．层级划分与分值计算

（1）资源本底

资源本底维度选取村域平均高程、村域用地总面积、人均耕地面积、居民点斑块密度4项评价指标，对每个评价指标进行五类层级的划分并赋值，再根据各指标对应的权重计算不同层级对应的分值（表5–7）。

资源本底评价指标权重值　　表 5–7

维度	维度权重	评价指标	指标权重
资源本底 B1	0.1896	村域平均高程 C1	0.0457
		村域用地总面积 C2	0.0693
		人均耕地面积 C3	0.0617
		居民点斑块密度 C4	0.0468

根据资源县各村平均高程层级划分结果，平均高程低（250~600米）的乡村有25个，主要分布在县城中部的河谷地带，平均高程较低（600~800米）的乡村有15个，主要分布在瓜里乡、河口乡和中峰镇，平均高程中等（800~1000米）的乡村有14个，主要分布在县域东面，平均高程较高（1000~1400米）的乡村有12个，主要分布在县城西面的车田乡和两水乡，平均高程高（1000~1400米）的乡村有5个，集中分布在瓜里乡和车田乡的西北部（表5–8、图5–3）。

村域平均高程层级划分与赋值　　表 5–8

村域平均高程（米）	分级	分级赋值	对应分值
250~600	低	1	0.0457
600~800	较低	0.8	0.0366
800~1000	中等	0.6	0.0274
1000~1400	较高	0.4	0.0183
1400~2000	高	0.2	0.0091

（注：村域平均高程评价指标权重为0.0457，赋值与权重的乘积为各分级的对应分值。）

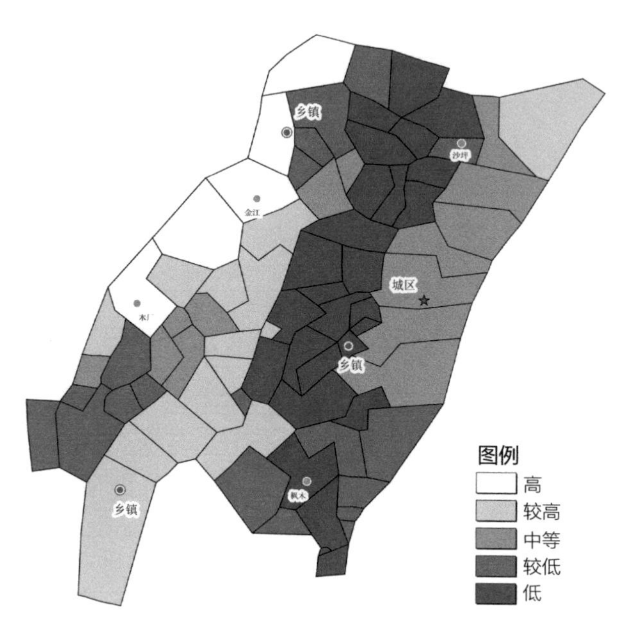

图5-3　资源县各村平均高程分级

根据资源县各村村域用地面积层级划分结果，村域用地面积大（5000公顷以上）的乡村有6个，分布在县域周边，距离县城都比较远的乡村，村域用地面积较大（4000~5000公顷）的乡村有9个，也是零散分布的、距离县城较远的乡村，村域用地面积一般（2000~4000公顷）的乡村有25个，主要分布在县域南面、北面和中部，村域用地面积较小（1000~2000公顷）的乡村有23个，主要分布在县城中部的资源镇、车田乡、瓜里乡和梅溪镇，村域用地面积小（1000公顷以下）的乡村有8个，主要分布在县城周边和瓜里乡政府周边（表5-9、图5-4）。

村域用地总面积层级划分与赋值　　表 5-9

村域用地总面积（公顷）	分级	分级赋值	对应分值
5000 以上	大	1	0.0693
4000~5000	较大	0.8	0.0554
2000~4000	中等	0.6	0.0416
1000~2000	较小	0.4	0.0277
1000 以下	小	0.2	0.0139

（注：村域用地总面积评价指标权重为0.0693，赋值与权重的乘积为各分级的对应分值。）

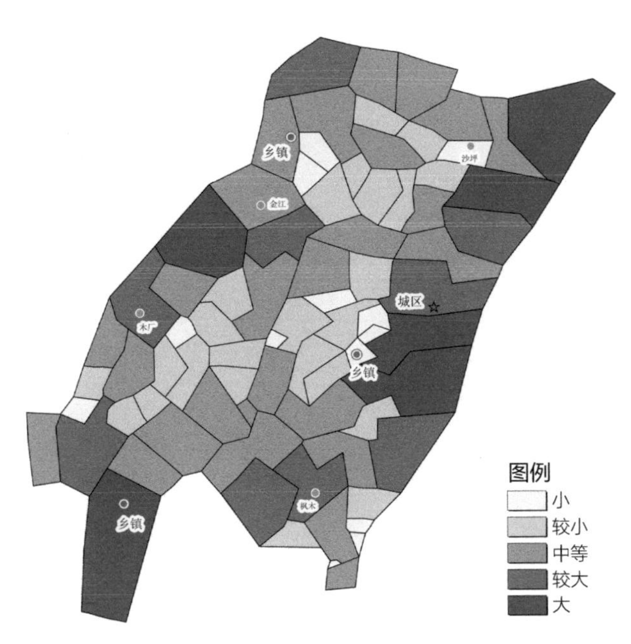

图5-4 资源县村域用地面积层级划分

从资源县各村人均耕地面积层级划分结果看，人均耕地面积在2.0亩以上的乡村有3个，主要分布在车田乡和河口乡；人均耕地面积介于1.5~2.0亩之间的乡村有13个，主要分布在车田乡和两水乡；人均耕地面积介于1.0~1.5亩之间的乡村有31个，比较集中分布在高程低、坡度小的村域；人均耕地面积介于0.5~1.0亩之间的乡村有20个，主要分布在资源镇、梅溪镇和中峰镇；人均耕地面积小于0.5亩的乡村有4个，主要分布在资源镇（表5-10、图5-5）。

人均耕地面积层级划分与赋值 表 5-10

人均耕地面积（亩）	分级	分级赋值	对应分值
> 2.0	大	1	0.0617
1.5~2.0	较大	0.8	0.0494
1.0~1.5	中等	0.6	0.0370
0.5~1.0	较小	0.4	0.0247
< 0.5	小	0.2	0.0123

（注：人均耕地面积评价指标权重为0.0617，赋值与权重的乘积为各分级的对应分值。）

根据资源县各村居民点斑块密度层级划分结果，居民点斑块密度大（15个/平方公路以上）的乡村有4个，主要分布在车田乡、瓜里乡和两水乡；居民点斑块密度较大（10~15个/平方公路）的乡村有21个，主要分布在资源镇、梅溪镇、车田乡和瓜里乡；居民点斑块密度中等（7~10个/平方公路）的乡村有21个，在各乡镇均有分布；居民点斑块密度较小（5~7个/平方公路）的乡村有10个，主要分布在中峰镇（表5-11、图5-6）。

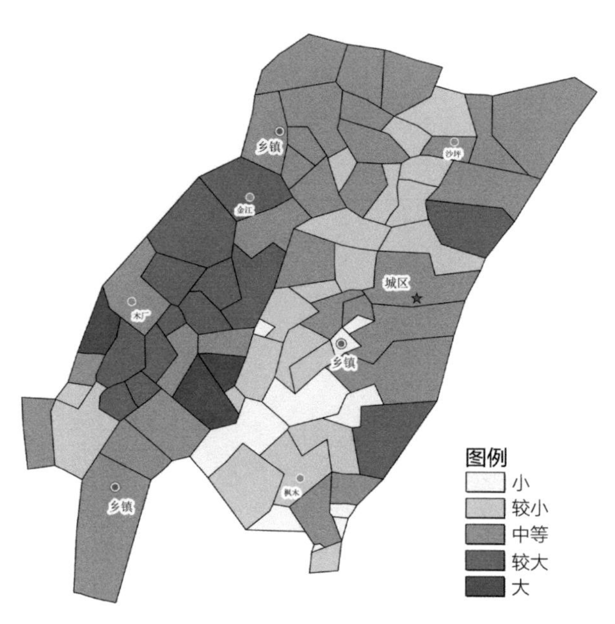

图5-5　资源县人均耕地面积层级划分

居民点斑块密度层级划分与赋值　　表 5-11

居民点斑块密度（个 / 平方千米）	分级	分级赋值	对应分值
15 个以上	大	1	0.0468
10~15 个	较大	0.8	0.0374
7~10 个	中等	0.6	0.0281
5~7 个	较小	0.4	0.0187
5 个以下	小	0.2	0.0094

（注：居民点斑块密度评价指标权重为0.0468，赋值与权重的乘积为各分级的对应分值。）

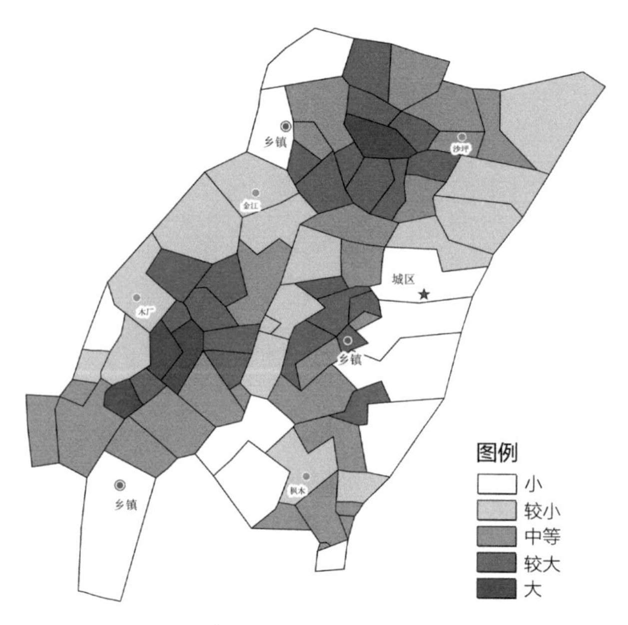

图5-6　资源县居民点斑块密度层级划分

运用ArcGIS中“加权总和”工具对资源本底中的各项评价指标进行叠加运算，得出资源本底维度的潜力评价图（表5-12、图5-7）。

资源本底维度的潜力评价表 表5-12

资源本底潜力	分级赋值	对应分值
好	1	0.1896
较好	0.8	0.1517
一般	0.6	0.1138
较差	0.4	0.0758
差	0.2	0.0379

（注：准则层资源本底维度权重为0.1896。）

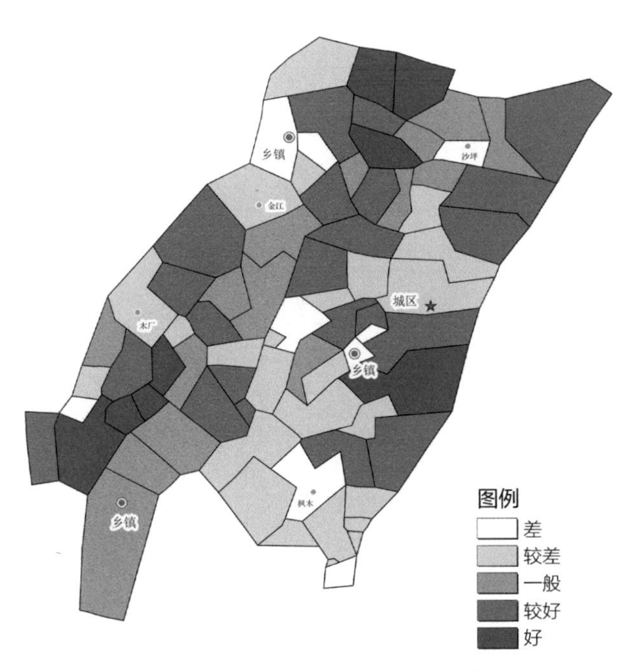

图5-7 资源本底维度的潜力评价

（2）区位条件

区位条件维度选取距县城最短距离、距乡镇驻地距离、距交通干线距离3项评价指标，对每个评价指标进行五类层级的划分并赋值，再根据各指标对应的权重计算不同层级对应的分值（表5-13~表5-16、图5-8~图5-10）。

区位本底评价指标权重值　　表 5-13

维度	维度权重	评价指标	指标权重
区位条件 B2	0.2033	距县城最短距离 C5	0.0627
		距乡镇驻地距离 C6	0.0593
		距交通干线距离 C7	0.0614

距县城最短距离层级划分与赋值　　表 5-14

距县城最短距离	分级	分级赋值	对应分值
5 千米以内	近	1	0.0627
5~10 千米	较近	0.8	0.0502
10~20 千米	一般	0.6	0.0376
20~25 千米	较远	0.4	0.0251
25 千米以上	远	0.2	0.0125

（注：距县城最短距离评价指标权重为0.0627，赋值与权重的乘积为各分级的对应分值。）

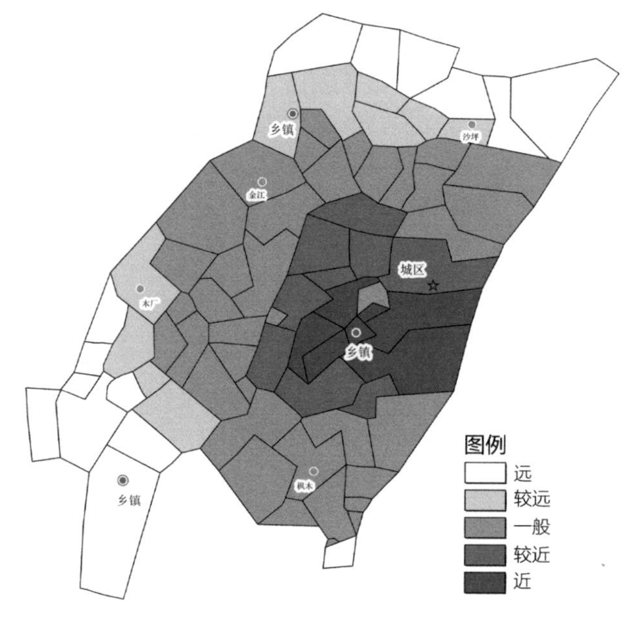

图5-8　资源县各村与县城距离评价

距乡镇驻地距离层级划分与赋值　　表 5-15

距乡镇驻地距离	分级	分级赋值	对应分值
1 千米以内	近	1	0.0593
1~4 千米	较近	0.8	0.0474
4~7 千米	一般	0.6	0.0356
7~10 千米	较远	0.4	0.0237
10 千米以上	远	0.2	0.0119

（注：距乡镇驻地距离评价指标权重为0.0593，赋值与权重的乘积为各分级的对应分值。）

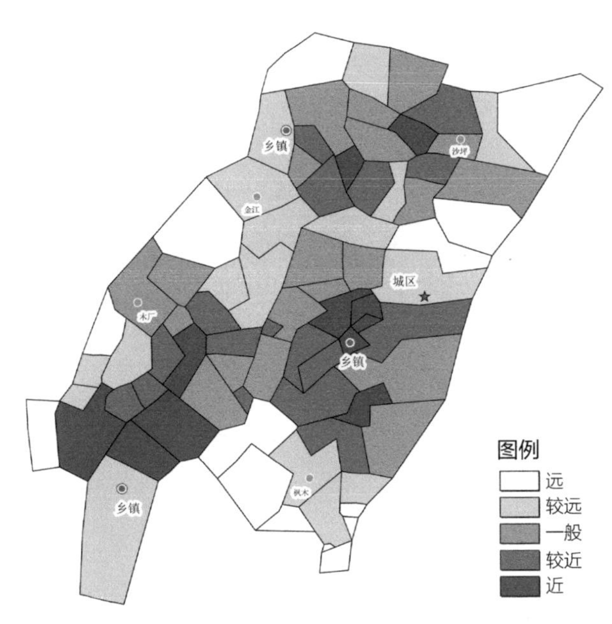

图5-9 资源县各村与乡镇驻地距离评价

距交通干线距离层级划分与赋值 表 5-16

距交通干线距离	分级	分级赋值	对应分值
1 千米以内	近	1	0.0614
1~3 千米	较近	0.8	0.0491
3~5 千米	一般	0.6	0.0368
5~7 千米	较远	0.4	0.0246
7 千米以上	远	0.2	0.0123

（注：距交通干线距离评价指标权重为0.0614，赋值与权重的乘积为各分级的对应分值。）

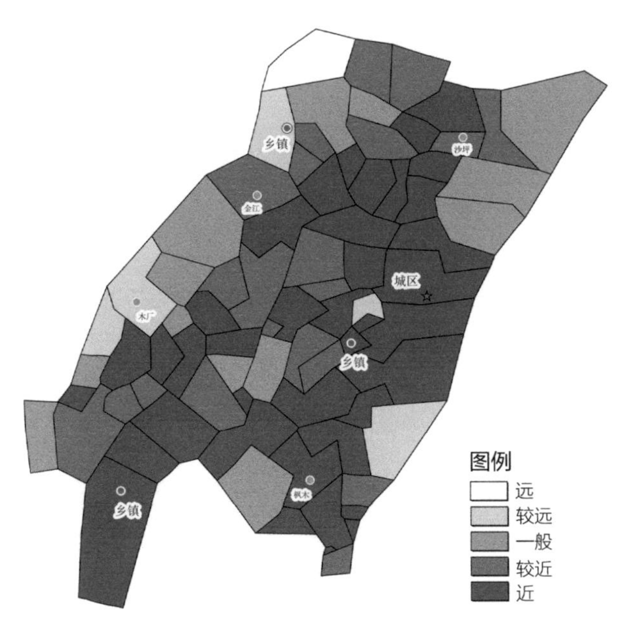

图5-10 资源县各村与交通干线距离评价

运用ArcGIS中“加权总和”工具对区位条件中的各项评价指标进行叠加运算，得出区位条件维度的潜力评价图（表5-17、图5-11）。

区位条件维度的潜力评价表　　表 5-17

区位条件潜力	分级赋值	对应分值
好	1	0.2033
较好	0.8	0.1626
一般	0.6	0.1220
较差	0.4	0.0813
差	0.2	0.0407

（注：区位条件维度的权重为0.2033。）

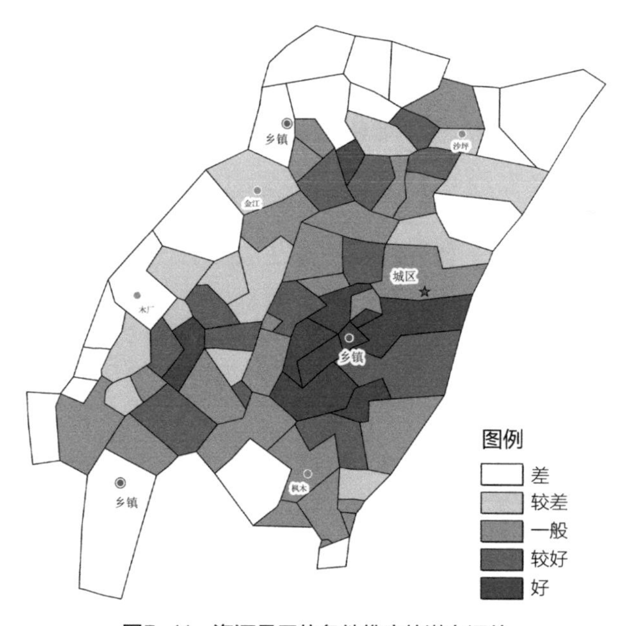

图5-11　资源县区位条件维度的潜力评价

（3）人口活力

人口活力维度选取乡村人口密度、人口保有率、60岁以上人口占比3项评价指标，对每个评价指标进行五类层级的划分并赋值，再根据各指标对应的权重计算不同层级对应的分值（表5-18~表5-21、图5-12、图5-13）。

人口活力评价指标权重值　　表 5-18

准则层	权重	评价指标	权重
人口活力 B3	0.3015	乡村人口密度 C8	0.0725
		人口保有率 C9	0.0827
		60 岁以上人口占比 C10	0.0631

乡村人口密度层级划分与赋值　表 5-19

乡村人口密度	分级	分级赋值	对应分值
＞300	大	1	0.0725
150~300	较大	0.8	0.0580
100~150	一般	0.6	0.0435
80~100	较小	0.4	0.0290
80 以下	小	0.2	0.0145

（注：乡村人口密度评价指标权重为0.0725，赋值与权重的乘积为各分级的对应分值。）

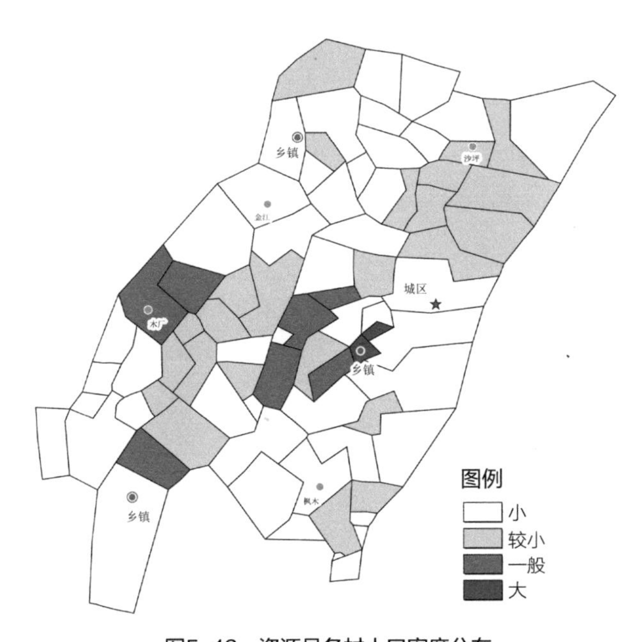

图5-12　资源县各村人口密度分布

乡村人口保有率层级划分与赋值　表 5-20

乡村人口保有率	分级	分级赋值	对应分值
90% 以上	高	1	0.0827
70%~90%	较高	0.8	0.0662
60%~70%	一般	0.6	0.0496
50%~60%	较低	0.4	0.0331
50% 以下	低	0.2	0.0165

（注：乡村人口保有率评价指标权重为0.0827，赋值与权重的乘积为各分级的对应分值。）

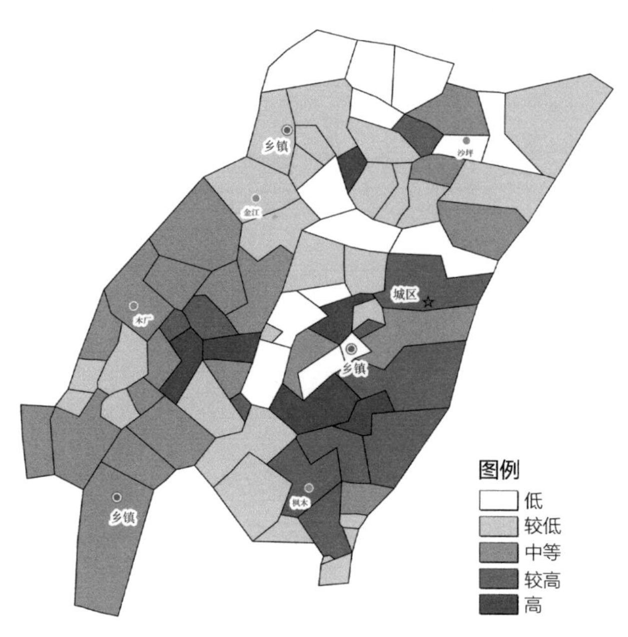

图5-13 资源县各村人口保有率评价分级

60岁以上人口占比层级划分与赋值 表5-21

60岁以上人口占比	分级	分级赋值	对应分值
15%以下	低	1	0.0631
15%~20%	较低	0.8	0.0505
20%~23%	一般	0.6	0.0379
23%~25%	较高	0.4	0.0252
25%以上	高	0.2	0.0126

（注：60岁以上人口占比指标权重为0.0631，赋值与权重的乘积为各分级的对应分值。）

运用ArcGIS中“加权总和”工具对人口活力中的3项评价指标进行叠加运算，得出人口活力维度的潜力评价图（表5-22、图5-14）。

人口活力维度的潜力评价 表5-22

人口活力维度的潜力	分级赋值	对应分值
好	1	0.3015
较好	0.8	0.2412
一般	0.6	0.1809
较差	0.4	0.1206
差	0.2	0.0603

（注：人口活力维度的综合权重为0.3015。）

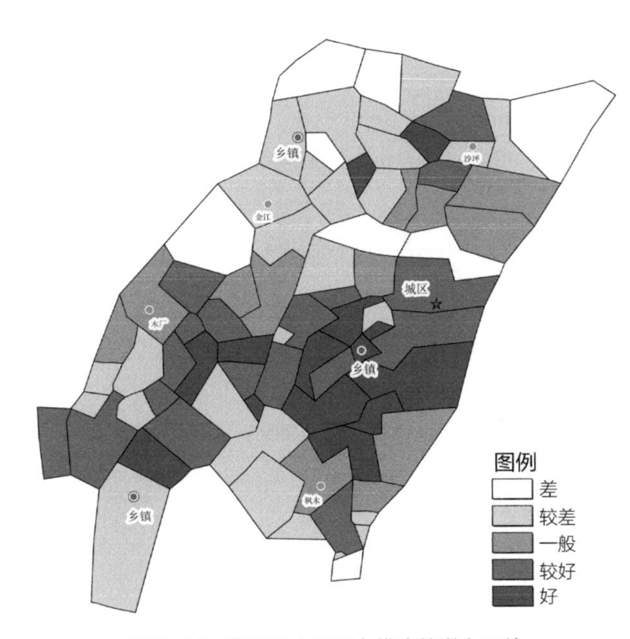

图5-14　资源县人口活力维度的潜力评价

（4）经济发展

经济发展维度选取农民人均纯收入、第三产业产值占全村总产值比例、外出务工收入占乡村总收入的比例、农业设施用地比例4项评价指标，对每个评价指标进行五类层级的划分并赋值，再根据各指标对应的权重计算不同层级对应的分值（表5-23~表5-28）。

经济发展评价指标权重值　表5-23

维度	维度权重	评价指标	指标权重
经济发展 B4	0.1732	农民人均纯收入 C11	0.0602
		第三产业产值占全村总产值比例 C12	0.0590
		外出务工收入占村庄总收入的比例 C13	0.0456
		农业设施用地比例 C14	0.0469

农民人均纯收入层级划分与赋值　表5-24

农民人均纯收入	分级	分级赋值	对应分值
1.5 万元以上	高	1	0.0602
1.0~1.5 万元	较高	0.8	0.0482
0.7~1.0 万元	一般	0.6	0.0361
0.5~0.7 万元	较低	0.4	0.0241
0.5 万元以下	低	0.2	0.0120

（注：农民人均纯收入评价指标权重为0.0602，赋值与权重的乘积为各分级的对应分值。）

第三产业产值占全村总产值比例层级划分与赋值 表 5-25

第三产业产值占全村总产值比例	分级	分级赋值	对应分值
80% 以上	高	1	0.0590
60%~80%	较高	0.8	0.0472
40%~60%	一般	0.6	0.0354
20%~40%	较低	0.4	0.0236
20% 以下	低	0.2	0.0118

（注：第三产业产值占全村总产值比例评价指标权重为0.0590，分级赋值与权重的乘积为各分级的对应分值。）

外出务工收入占村庄总收入的比例层级划分与赋值 表 5-26

外出务工收入占村庄总收入的比例	分级	分级赋值	对应分值
80% 以上	高	1	0.0456
60%~80%	较高	0.8	0.0365
50%~60%	一般	0.6	0.0274
30%~50%	较低	0.4	0.0182
30% 以下	低	0.2	0.0091

（注：外出务工收入占村庄总收入的比例评价指标权重为0.0456，分级赋值与权重的乘积为各分级的对应分值。）

农业设施用地层级划分与赋值 表 5-27

农业设施用地	分级	分级赋值	对应分值
0.1% 以上	高	1	0.0469
0.05%~0.1%	较高	0.8	0.0375
0.04%~0.05%	一般	0.6	0.0281
0.02%~0.04%	较低	0.4	0.0188
0.02% 以下	低	0.2	0.0094

（注：农业设施用地评价指标权重为0.0469，分级赋值与权重的乘积为各分级的对应分值。）

经济发展维度的潜力评价 表 5-28

经济发展维度的潜力	分级赋值	对应分值
好	1	0.1732
较好	0.8	0.1386
一般	0.6	0.1039
较差	0.4	0.0693
差	0.2	0.0346

（注：经济发展维度的权重为0.1732。）

运用ArcGIS中“加权总和”工具对经济发展中的4项评价指标进行叠加运算，得出经济发展维度的潜力评价图（图5-15）。

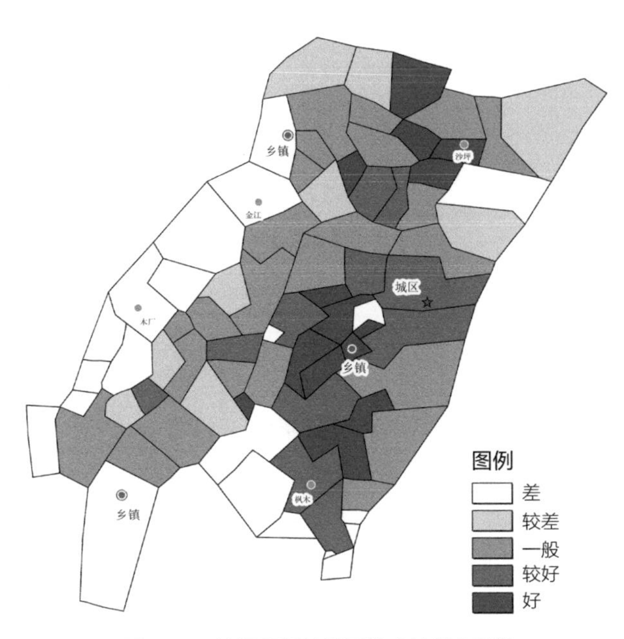

图5-15　资源县经济发展维度的潜力评价

（5）设施配套

设施配套维度选取道路密度、文体活动设施配套、医疗卫生设施配套、与最近小学距离4项评价指标，对每个评价指标进行五类层级的划分并赋值，再根据各指标对应的权重计算不同层级对应的分值（表5-29~表5-34）。

设施配套评价指标权重值　表5-29

准则层	权重	评价指标	权重
设施配套 B5	0.1324	道路密度 C15	0.0532
		文体娱乐设施配套 C16	0.0337
		医疗卫生设施配套 C17	0.0406
		与最近小学距离 C18	0.0358

道路密度层级划分与赋值　表5-30

道路密度（千米/平方千米）	分级	分级赋值	对应分值
＞2	高	1	0.0532
1.5~2	较高	0.8	0.0426
1~1.5	一般	0.6	0.0319
0.5~1	较低	0.4	0.0213
＜0.5	低	0.2	0.0106

（注：道路密度评价指标权重为0.0532，分级赋值与权重的乘积为各分级的对应分值。）

文体娱乐设施配套层级划分与赋值 表 5-31

文体娱乐设施配套	分级	分级赋值	对应分值
有村委、体育和养老设施且占地面积大	完善	1	0.0337
有村委、体育或养老设施中一两种且占地面积较大	较完善	0.8	0.0270
除村委外，还有小面积的其他文体娱乐设施	一般	0.6	0.0202
只有村委	不够完善	0.4	0.0135
没有相关设施	不完善	0.2	0.0067

（注：文体娱乐设施配套评价指标权重为0.0337，赋值与权重的乘积为各分级的对应分值。）

医疗卫生设施配套层级划分与赋值 表 5-32

医疗卫生设施配套	分级	分级赋值	对应分值
有卫生院	完善	1	0.0406
村里有卫生所且占地面积较大	较完善	0.8	0.0325
村里有卫生所	一般	0.6	0.0244
村里卫生所设备较差	不够完善	0.4	0.0162
村内没有卫生所	不完善	0.2	0.0081

（注：医疗卫生设施配套评价指标权重为0.0406，赋值与权重的乘积为各分级的对应分值。）

与最近小学距离层级划分与赋值 表 5-33

与最近小学距离	分级	分级赋值	对应分值
0.5 千米以内	近	1	0.0358
0.5~1.5 千米	较近	0.8	0.0286
1.5~3 千米	一般	0.6	0.0215
3~5 千米	较远	0.4	0.0143
5 千米以上	远	0.2	0.0072

（注：与最近小学距离评价指标权重为0.0358，赋值与权重的乘积为各分级的对应分值。）

设施配套维度的潜力评价 表 5-34

设施配套潜力	分级赋值	对应分值
好	1	0.1324
较好	0.8	0.1059
一般	0.6	0.0794
较差	0.4	0.0530
差	0.2	0.0265

（注：经济发展维度的权重为0.1324。）

运用ArcGIS中“加权总和”工具对设施配套中的4项评价指标进行叠加运算，得出设施配套维度的潜力评价图（图5-16）。

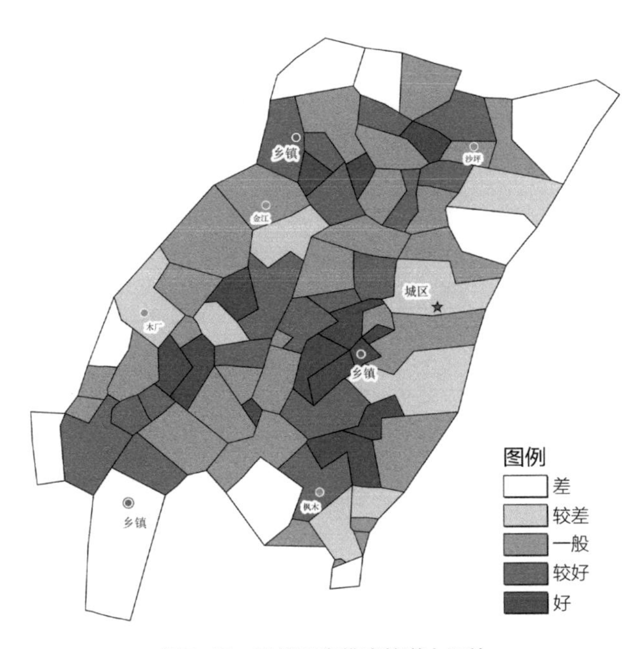

图5-16 设施配套维度的潜力评价

4. 乡村发展综合潜力评价

利用ArcGIS对上述各维度指标进行空间叠加分析，根据评价指标权重依次进行加权计算，得出资源县各乡村潜力评价的综合分值（表5-35）。将综合分值划分为三级，各乡村潜力分级的空间分布结果如下图所示（图5-17、表5-36）。

资源县各行政村综合潜力分值 表5-35

乡镇	行政村	分值（%）	乡镇	行政村	分值（%）
资源镇	大合村	13.879	中峰镇	枫木村	7.328
	城关村	15.179		社岭村	2.919
	石溪头村	7.427		官田村	13.096
	石溪村	13.582		大源村	7.640
	浦田村	11.902		中峰村	14.213
	金山村	8.744		大庄田村	12.037
	修睦村	15.650		车田湾村	11.136
	官洞村	9.382	车田苗族乡	车田村	12.924
	马家村	6.992		石寨村	6.470
	文洞村	8.524		坪寨村	8.025
	永兴村	6.442		黄宝村	10.605
	天门村	4.360		龙塘村	9.315
	晓锦村	7.962		粗石村	6.909
	同禾村	11.310		田头水村	7.000
中峰镇	上洞村	1.666		脚骨冲村	4.286
	八坊村	8.142		海棠村	7.224
	福景村	5.475		木厂村	4.043

续表

乡镇	行政村	分值（%）	乡镇	行政村	分值（%）
车田苗族乡	白洞村	6.967	梅溪镇	大坨村	8.071
	黄龙村	10.932		三茶村	4.511
瓜里乡	瓜里村	13.722		茶坪村	2.359
	大田村	8.671		坪水底村	3.787
	白水村	7.539		戈洞坪村	5.230
	水头村	6.044		随滩村	8.534
	金江村	4.100	两水苗族乡	凤水村	9.209
	田洞里村	6.552		社水村	10.109
	大坪头村	5.275		和平村	7.107
	香草村	3.369		烟竹村	10.556
	文溪村	5.931		白石村	5.448
	义林村	7.519		塘垌村	3.552
	白竹村	6.231	河口瑶族乡	高山村	4.041
梅溪镇	铜座村	5.478		立寨村	3.385
	大滩头村	6.698		大湾村	3.224
	咸水口村	11.431		猴背村	5.711
	咸水洞村	5.923		葱坪村	9.664
	胡家田村	8.149			
	沙坪村	6.243			
	梅溪村	13.599			

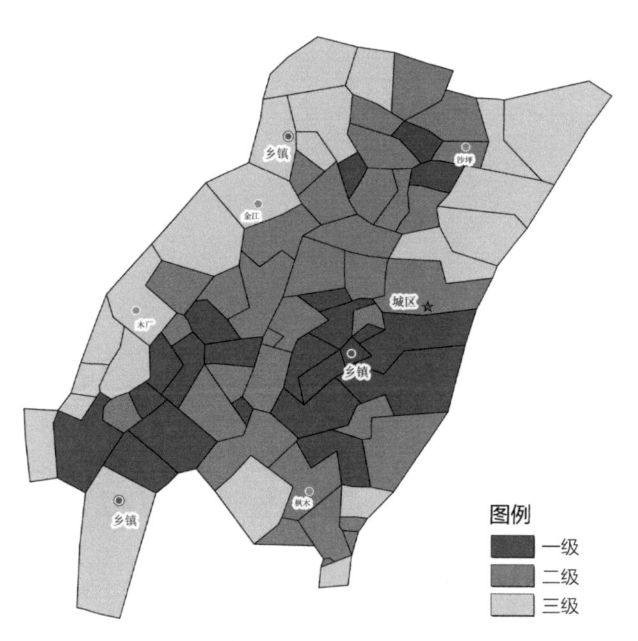

图5-17　资源县乡村发展潜力综合评价

资源县乡村发展潜力评价 表 5-36

乡镇	一级潜力乡村	二级潜力乡村	三级潜力乡村
资源镇	大合村、城关村、石溪村、浦田村、修睦村、官洞村、同禾村	石溪头村、金山村、马家村、文洞村、永兴村、晓锦村	天门村
中峰镇	官田村、大庄田村、车田湾村	八坊村、枫木村、大源村	上洞村、福景村、社岭村
梅溪镇	咸水口村、梅溪村	大滩头村、胡家田村、沙坪村、大坨村、随滩村	铜座村、咸水洞村、三茶村、茶坪村、坪水底村、戈洞坪村
车田苗族乡	车田村、黄宝村、龙塘村、黄龙村	石寨村、坪寨村、粗石村、田头水村、海棠村、白洞村	脚骨冲村、木厂村
瓜里乡	瓜里村	大田村、白水村、水头村、田洞里村、义林村、白竹村	金江村、大坪头村、香草村、文溪村
两水苗族乡	凤水村、社水村、烟竹村	和平村	白石村、塘垌村
河口瑶族乡	葱坪村	—	高山村、立寨村、大湾村、猴背村

在乡村发展潜力综合评价结果基础上，剔除“沙漏法”定性分析阶段确定的特色保护类乡村和城郊融合型乡村，对剩余的48个乡村再次进行判定识别，确定均为集聚提升类乡村。再根据48个乡村的潜力级别细划二级分类，其中一级潜力划定为集聚发展型乡村，二级潜力划定为存续提升型乡村，三级潜力划定为治理改善型乡村（表5-37）。

资源县集聚提升类乡村细化分类结果 表 5-37

乡镇	二级类	行政村
资源镇（9个）	集聚发展型乡村	官洞村、同禾村
	存续提升型乡村	石溪头村、金山村、马家村、文洞村、永兴村、晓锦村
	治理改善型乡村	天门村
中峰镇（8个）	集聚发展型乡村	大庄田村、车田湾村
	存续提升型乡村	八坊村、枫木村、大源村
	治理改善型乡村	上洞村、福景村、社岭村
梅溪镇（7个）	存续提升型乡村	大滩头村、沙坪村
	治理改善型乡村	铜座村、咸水洞村、茶坪村、坪水底村、戈洞坪村
车田乡（10个）	集聚发展型乡村	黄宝村、龙塘村
	存续提升型乡村	石寨村、坪寨村、粗石村、田头水村、海棠村、白洞村
	治理改善型乡村	脚骨冲村、木厂村
瓜里乡（8个）	存续提升型乡村	大田村、白水村、水头村、田洞里村
	治理改善型乡村	金江村、大坪头村、香草村、文溪村
两水乡（2个）	存续提升型乡村	和平村
	治理改善型乡村	白石村
河口乡（4个）	治理改善型乡村	高山村、立寨村、大湾村、猴背村

5.3.4　第四步：检验与反馈

1．本研究确定的乡村分类结果

本研究确定的乡村分类结果为特色保护类9个（自然生态景观型乡村5个、历史人文保护型乡村4个），城郊融合类乡村14个（均为城镇近郊型乡村，中峰村同为园区融合型乡村），搬迁撤并类0个，集聚提升类48个（集聚发展型乡村6个、存续提升型乡村22个、治理改善型乡村20个）（图5–18、图5–19、表5–38）。

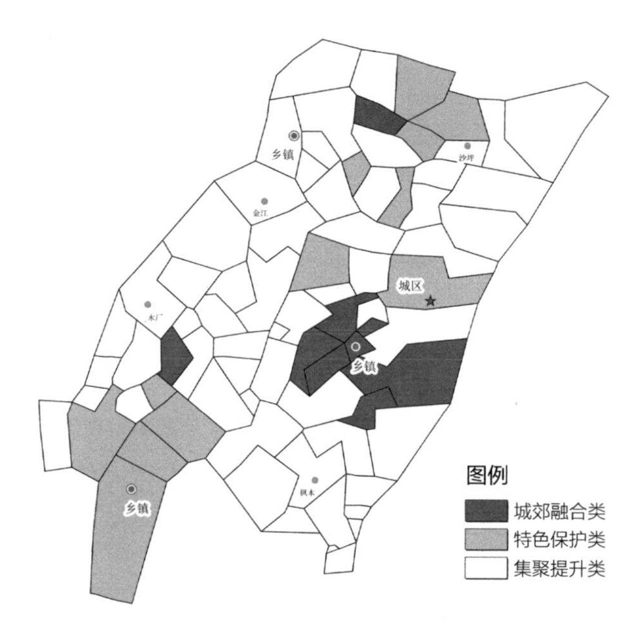

图5–18　资源县乡村一级分类

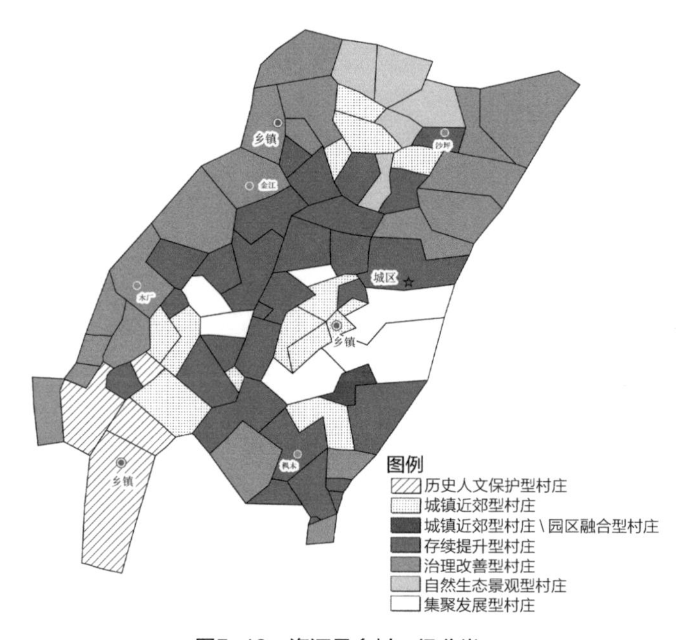

图5–19　资源县乡村二级分类

资源县乡村分类汇总 表5-38

一级类	二级类	乡村数量（个）	乡村名称
特色保护类	自然生态景观型乡村	5	梅溪村、大坨村、随滩村、胡家田村、三茶村
	历史人文保护型乡村	4	社水村、塘垌村、烟竹村、葱坪村
城郊融合类	城镇近郊型乡村	14	修睦村、城关村、大合村、石溪村、浦田村、咸水口村、瓜里村、白竹村、义林村、中峰村、官田村、车田村、黄龙村、凤水村
	园区融合型乡村	1	中峰村（同为城镇近郊型）
集聚提升类	集聚发展型乡村	6	官洞村、同禾村、大庄田村、车田湾村、黄宝村、龙塘村
	存续提升型乡村	22	石溪头村、金山村、马家村、文洞村、永兴村、晓锦村、八坊村、枫木村、大源村、大滩头村、沙坪村、石寨村、坪寨村、粗石村、田头水村、海棠村、白洞村、大田村、白水村、水头村、田洞里村、和平村
	治理改善型乡村	20	上洞村、福景村、社岭村、铜座村、咸水洞村、茶坪村、坪水底村、戈洞坪村、脚骨冲村、木厂村、天门村、金江村、大坪头村、香草村、文溪村、白石村、高山村、立寨村、大湾村、猴背村

2．资源县实地调研的乡村分类情况

研究团队实地走访了资源县71个村，通过聘请专家和培训当地政府工作人员，对乡村类型进行直观判定。一级分类中有特色保护类12个（自然生态景观型乡村3个、历史人文保护型乡村9个），城郊融合类乡村9个（均为城镇近郊型乡村），集聚提升类50个（集聚发展型乡村12个、存续提升型乡村20个、治理改善型乡村18个）（表5–39）。

资源县实地调研的乡村类型汇总 表5-39

一级类	二级类	乡村数量（个）	乡村名称
特色保护类	自然生态景观型乡村	3	大坨村、随滩村、胡家田村
	历史人文保护型乡村	9	马家村、晓锦村、梅溪村、瓜里村、凤水村、社水村、塘垌村、烟竹村、葱坪村
城郊融合类	城镇近郊型乡村	9	修睦村、城关村、大合村、石溪村、浦田村、车田湾村、中峰村、黄龙村、白竹村
集聚提升类	集聚发展型乡村	12	石溪头村、官洞村、文洞村、同禾村、大庄田村、官田村、三茶村、咸水口村、龙塘村、义林村、车田村、黄宝村
	存续提升型乡村	20	金山村、永兴村、八坊村、枫木村、大源村、沙坪村、大滩头村、脚骨冲村、海棠村、田头水村、粗石村、坪寨村、白洞村、石寨村、田洞里村、大田村、白水村、水头村、和平村、高山村
	治理改善型乡村	18	天门村、福景村、社岭村、茶坪村、坪水底村、上洞村、咸水洞村、戈洞坪村、铜座村、木厂村、香草村、大坪头村、文溪村、白石村、立寨村、金江村、大湾村、猴背村

3．本研究确定的乡村分类与实地调研的差异分析

资源县的71个乡村中，本研究确定的乡村一级分类成果与资源县实地调研结果相符合的乡村数量为61个，占比85.92%，不相符的10个乡村中，有5个乡村出现对特色保护类乡村的判别

误差，其余是对集聚提升和城郊融合两大类之间的判别误差；细化到二级分类时，本研究确定的乡村二级分类成果与资源县实地调研结果相符合的乡村数量有56个，占比78.87%，不相符的15个乡村中，除去因一级分类判别误差连带的两级分类不同的10个乡村外，其余5个村均是集聚提升类乡村细化分类时出现的认定分歧（图5-20）。

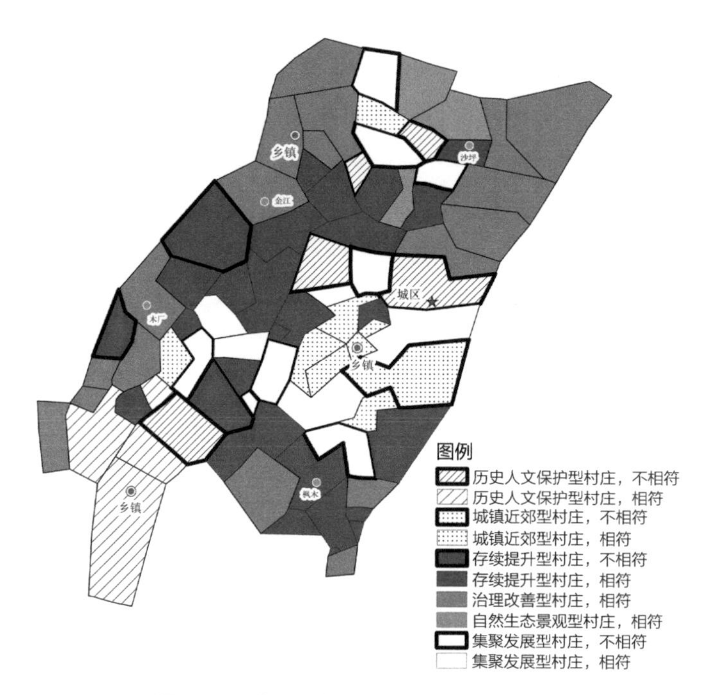

图5-20　资源县乡村分类结果不相符示意

4．结果反馈

查找并深入分析本研究确定的乡村分类结果与实地调研结果存在分歧的原因，发现一级分类中对特色保护类乡村判别存在误差主要是资料收集不完整、与乡村管理部门对接不深入等因素造成的，对集聚提升类和城郊融合类乡村判别存在误差的主要原因是评价指标选取和权重值设置还需完善，二级细化分类存在分歧主要体现在集聚提升类乡村，该类型乡村的划分还需进一步区分二级分类之间的差别和判定指标。

将技术检验结果反馈到“沙漏法”乡村分类模型的具体工作流程中，定性“沙漏法”部分要强化资料收集的重要性，针对研究对象的特征和实际需求，合理调整滤网顺序，定量“沙漏法”环节，评价城郊融合类乡村的关键要素除了与中心城区的距离，还要定量评价乡村与中心城区的人口、经济和交通互联互通程度，集聚提升类乡村在乡村发展综合潜力评价结果基础上还要结合国土空间规划、村庄规划情况再细化二级分类。

5.4 不同类型乡村发展引导

5.4.1 资源县乡村分类发展指引

根据“沙漏法”乡村分类模型得到的分类结果，结合不同类型乡村的特点和发展需求，从村居建设、人口引导、产业发展、设施配套、历史文化保护、生态环境等方面提出了村庄规划指引、乡村发展和治理策略（表5-40）。

资源县不同类型乡村发展与规划引导 表 5-40

乡村一级类型	乡村二级类型	发展方向与规划编制
特色保护	自然生态景观型乡村	该类型乡村自然生态景观丰富或特色突出，具备发展乡村生态旅游的基础和条件，要充分结合生态景观、田园风光和休闲农业等农旅景源、资源，开展生态景观休闲旅游服务，大力发展第三产业，积极带动周边地区文旅产业的联动发展。 村庄规划编制除基本内容外，要突出自然生态景观的保护与管控措施、合理保障旅游基础设施用地需求、生态景观用地整治与修复等重点内容，明确新增宅基地严格执行“一户一宅”政策，乡村可预留不超过 5% 的建设用地机动指标，用于村民居住、公益设施、文旅产业等用地
	历史人文保护型乡村	该类型乡村拥有特色历史人文资源与风景资源，要按照特色保护和谨慎开发相结合的原则，充分挖掘乡村历史文化特色要素，找准特色旅游资源开发与乡村振兴、建设、保护的契合度，综合历史人文资源、风土人情、农耕文化等开展乡村文化建设和乡村旅游服务 村庄规划编制要突出特色历史文化保护专项规划，明确历史文化保护范围，强化特色保护空间品质规划设计和塑造。注重引导乡村利用历史文化资源丰富的优势高质量发展乡村旅游和特色产业，统筹保障乡村合理用地需求，乡村可预留不超过 5% 的建设用地机动指标，用于村民居住、公益设施、文旅产业等用地
城郊融合	城镇近郊型乡村	该类型乡村距离城镇近，人口、产业、建设、环境等受城镇发展辐射影响大，乡村发展应注重与城镇的有机结合，积极承接城镇产业转移，推进公共服务设施和公共基础设施的共享共建，加快乡村人居环境的实施改造，引导其发展模式向社区转型。 村庄规划编制要突出统筹协调乡村与城镇用地布局，合理保障乡村居住与产业用地需求，研究制定城乡基础设施互联互通、公共服务共建共享的政策措施，引导做好人居环境改善提升和资源的节约集约利用
	园区融合型乡村	该类型乡村分布在产业园区周边，受产业园区发展影响大，乡村设施、村民收入、产业发展等方面优于一般乡村。乡村发展的重点是服务产业园区，不断满足产业园区对劳动力、生活服务、乡村休闲等需求，适时发展多功能农业、农产品深加工业等。 村庄规划编制要突出乡村在产业园区辐射范围内的服务地位，提出为产业园区提供乡村休闲配套服务的发展目标，引导乡村更好承接园区各项功能，做好生产空间与生活、生态空间的相互平衡
集聚提升	集聚发展型乡村	该类型是一般类型乡村中发展基础好、潜力较大的乡村，在人口、产业、设施、乡村建设等综合方面具有发展优势。乡村发展的重点是产业，做大做强现有产业，深度挖掘潜在特色产业，通过产业发展集聚人口、盘活资源，同时要注重乡村设施建设和人居环境改善。 村庄规划的重点内容有：保障村庄基础设施和公共服务设施空间需求；优化提升产业空间布局；推进农村人居环境整治项目实施

续表

乡村一级类型	乡村二级类型	发展方向与规划编制
集聚提升	存续提升型乡村	该类型是一般类型乡村中资源条件和交通区位条件都一般，人口集聚能力较差，没有优势产业，经济发展缺少活力的乡村。乡村发展策略是不鼓励开展过多建设行为，在原有建设空间范围内重点提升设施配套水平，改造与优化人居环境，稳步提升村民生活水平。村庄规划编制要着力于既有环境的整治提升与基础设施的完善，鼓励和引导村民在法律允许的条件下适当向县城、镇区或中心村集聚，加快变农业生产与发展方式，挖掘村内的农产品生产与初加工，推动村内产业的形成与发展
	产业发展型乡村	该类型是一般类型乡村中产业发展基础较好的乡村。乡村发展的重点是做强做大特色产业，以产业发展带动乡村建设，农业产业基础好的乡村适宜做田园综合体项目，在保障粮食、蔬果生产的同时促进产旅结合，工业产业基础好的乡村适宜推进工业产品品牌化、特色化发展，在工业发展中促进乡村建设、集聚乡村人口，三产产业基础好的乡村要继续完善乡村配套设施和乡村风貌改造提升，提高乡村三产服务水平。 村庄规划的重点产业用地空间布局优化调整，保障重点产业用地需求、产业发展与留住人口相关措施
	治理改善型乡村	该类型是一般类型乡村中发展潜力较差的乡村，乡村发展进度缓慢，设施条件一般，人口集聚水平低，产业发展落后，乡村环境有待改善。乡村发展以改善生存环境、补齐公共设施短板，维持基本生活需求为主要发展目标。 村庄规划的重点是形成乡村综合治理方案，在控制乡村建设空间的同时，优化各类建设布局，提高资源利用效率，集中谋划现有生态环境的整治与基础设施提升等工作

5.4.2　特色保护类分布情况和案例分析

1．分布情况

资源县特色保护类乡村共计9个，占资源县乡村总数的12.68%。其中，自然生态景观型乡村主要分布在梅溪镇，分别是梅溪村、随滩村、大坨村、三茶村、胡家田村5个村；历史人文保护型乡村主要分布在两水乡和河口乡，分别是两水乡的社水村、烟竹村、塘洞村与河口乡的葱坪村。从空间分布看，自然生态景观型乡村集中分布在资源县北部，历史人文保护型乡村则集聚分布在资源县南部（图5–21）。

2．实践案例：大坨村发展实践（自然生态景观型乡村）[①]

（1）大坨村概况

区位情况：大坨村位于资源县北部、梅溪镇西北部，距离资源县城约30千米，距离湖南新宁县城约35千米，距离桂林市约130千米。资兴高速公路在梅溪镇镇区设置出入口，资江、202省道由南至北贯穿全境，向南可达资源县城，向北可至湖南省新宁县，交通区位优势比较明显。

地形地貌：村四周为土山地，村屯附近地势较为平缓，整体地势为东西两侧高、中间低，高程处于343~1052米之间，最高点位于西北部山地，最低点位于南部福竹村。坡度低于5度的区域位于南部福竹村等地区，适合进行开发建设和规模化种植，坡度大于25度的区域大多分布

① 本节资料来源：《资源县梅溪镇大坨村村庄规划（2022-2035年）》。

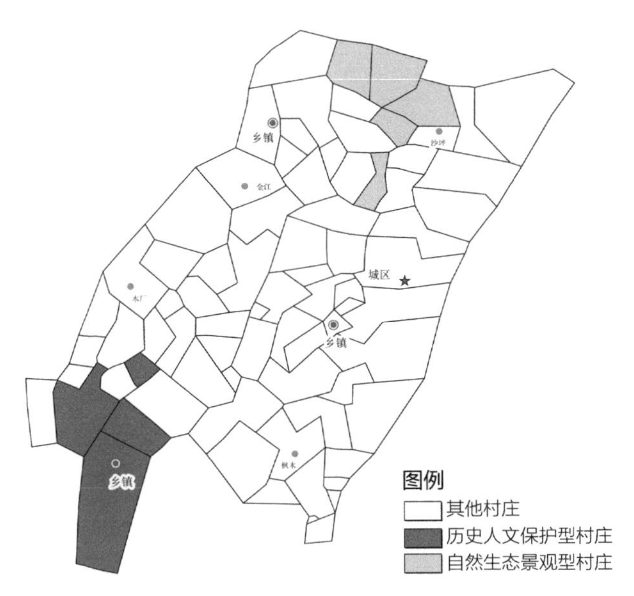

图5-21 资源县特色保护类乡村分布

在东西两侧的山体区域，不适合开发建设。

气候水文：亚热带季风气候，四季分明，年平均气温16.8摄氏度，受季风气候影响，雨量充沛，年平均降雨量1988毫米。光热适宜，年均日照时数1275小时。水文条件较差，地表水系不发育，受丹霞地貌环境影响，地表涵养水条件差，芭源树、竹子底屯存在季节性缺水现象，三茶河自西北向东南流经村庄南部，汇入资江。

社会经济：下辖25个自然村，总户籍人口3158人，总户数872户，常住人口约1800人，外出务工人口约1300人，常年在外务工人数约占全村总人口的50%。外出务工人员多为青壮年，务工地主要分布在广东、江西、南宁和桂林等地，村内务农的多为老年劳动力。村民受教育程度多为初中，村庄人口以男性为主。

产业发展：被誉为“丹霞之魂”的八角寨景区位于村东部，景区内村屯依托景区发展以餐饮住宿服务业为主，村内民宿有20多家。八角寨景区外村屯以种植业和养殖业为基础，种植业以水稻、渔民为主，养殖业以高山鱼、山羊、鸡鸭为主。耕地总面积为2600亩，主要分布在八角寨景区外、村庄西部的山林沟壑之间，多为梯田，耕地零碎，不成规模，农业机械化、规模化发展潜力较低。

土地现状：根据第三次土地调查成果，大坨村土地总面积3411.61公顷，其中农用地3115.74公顷，建设用地75.59公顷，其他土地220.29公顷，分别占土地总面积的91.32%、2.22%、6.46%。农用地中，水田263.04公顷，旱地28.90公顷；乡村建设用地中，农村宅基地40.67公顷，中小学用地0.45公顷。

（2）村域特征

位于资江—八角寨精品旅游区内，自然景观独特。自然资源独特，拥有雄奇险幽的八角寨，位于丹霞地貌风景区内。生态环境良好，集自然、生态、人文景观为一体，处于资源县旅游发展区级经济发展轴上，是资源县旅游开发、经济发展的重点区域。

旅游基础设施不够健全，整体接待能力不足。依托八角寨旅游景区，乡村旅游业初具规模，现有农家乐20多家，以餐饮、住宿为主，但餐饮菜品比较单一，以当地腊肉、血肠为主，住宿多为民房改造，档次较低，住宿消费每日每间约80~100元，客流量较少。

产业发展基础薄弱，农业设施不完善。林地占比很大，集中连片优质耕地很少，耕地不成规模，主要分布在乡村西部的山涧中，零碎分布且多为梯田，农业设施比较落后，农业产业规模化、机械化发展潜力低。

生态环境优越，但存在垃圾污染、地质灾害现象。村内有1840.15公顷生态用地，占村域面积的53.94%，山清水秀，石奇林幽，气温适宜，雨量较多，是夏季避暑胜地。但村屯垃圾清运能力不足，有垃圾倾倒污染河流、农田现象，部分村屯存在地质灾害（山体滑石）现象。

生态保护红线覆盖半个村域，开发与保护协调难度大。村内生态保护红线覆盖范围有1827.84公顷，占全村域面积的53.58%，保护类型主要是水源涵养与生物多样性保护，主要分布在村东部。生态保护红线范围内，要严格按照国家河自治区要求进行保护，村内旅游资源开发与生态保护协调难度大。

（3）发展策略

大坨村是以独特自然景观为主导的特色保护类乡村，自然景观保护与科学合理开发利用是乡村发展的根本，在保护开发丹霞地貌景观的同时，结合村内的人文景观和民风民俗，探索综合性旅游产业发展之路，并在旅游产业的带动下，夯实乡村特色种植业和农副产业加工业的发展，以产业发展带动乡村振兴（图5-22、表5-41）。

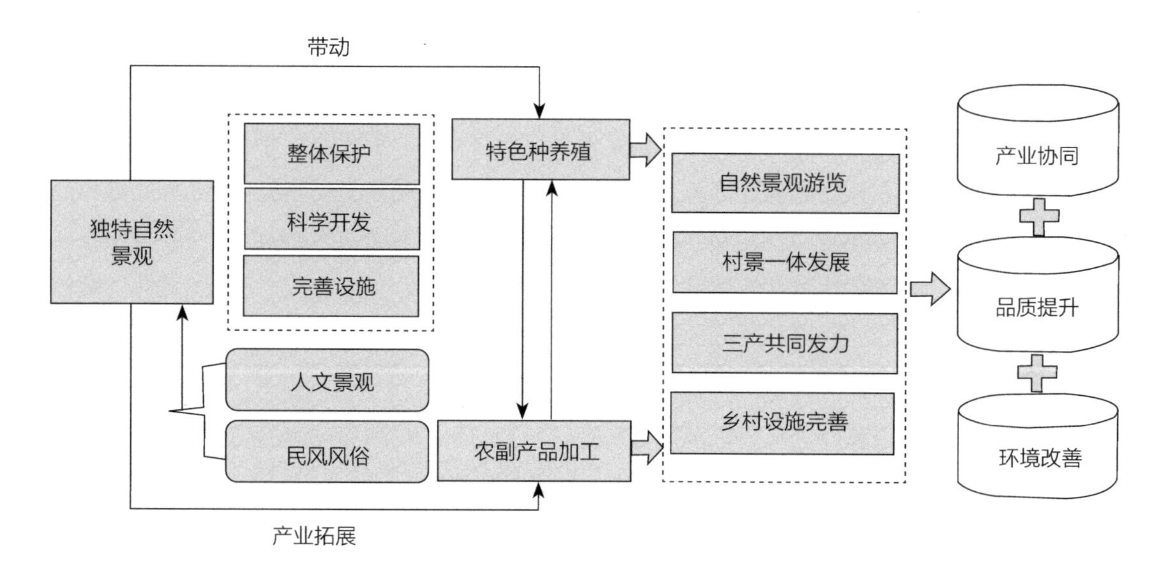

图5-22 大坨村发展策略

大坨村发展策略建议 表 5-41

发展策略一：优化国土空间布局，实现景村一体化发展
基于村庄土地利用和旅游发展现状，科学界定生态保护、旅游开发、生产生活边界，合理布局生态、生产和生活空间。在村庄东部生态保护红线内，以观光游览和生态康养为主，在村庄西部村庄和人口集聚区，发展生态种养产业，做好景区游览产业的呼应融合，在村庄南部依托区位和交通条件，建设高品质综合服务区
发展策略二：加强旅游基础设施建设，提升旅游景观品质
构建“农民 + 企业 + 合作社 / 村集体 + 政府”协作下的“共建共享”运营管理模式，村民、企业和政府多方共同参与游客服务中心、停车场、厕所及污水处理等乡村基础设施的建设和运营。成立大坨村民宿发展协会，对住宿、餐饮、服务价格等制定规范规则，统一管理，提升旅游服务水平
发展策略三：推进乡村旅游带动特色农产品种养殖及加工产业发展
在八角寨旅游景区外依托大坨村海波高、耕地少且为梯田的地理特性，以打造高山生态有机鱼稻种养殖、山地采摘体验为重点，打造特色农场品种养殖基地和农副产品加工基地，生态产品优先供给景区，促进乡村旅游与特色农产品生产加工形成产业互补
发展策略四：乡村风貌提升，打造更有吸引力的乡村游览地
紧紧围绕景区建设和村民生活需要，重点开展田园景观风貌营造、山林景观风貌营造、人居环境风貌营造、民宿环境改造引导、建筑风貌改造引导等乡村风貌提升工作。尤其做好细节改造提升工程，规范乡村旅游经营户改造厨房、院落和厕所，通过乡村院落建设把农区变景区

3．实践案例：烟竹村发展实践（历史人文保护型乡村）①

（1）烟竹村概况

基本情况：烟竹村位于资源县两水苗族乡北部，著名的五排河河畔，是五排河漂流必经之地。全村苗族人口占总人口的98%，是一个历史悠久、民风民俗氛围浓郁、民族文化底蕴浓厚的苗族村寨。

行政辖区：辖上青山湾、下青山湾、大路边、梨树田、白杨坪、青牛塘、牛塘、半岭头、杉公包、冲头、上坪、下坪、城子坪、杨家寨、平寨、元湾、皮冲头、岩包、圳头冲、大井洞、百步界、界背底22个自然屯，总面积1084.08公顷。

地形地貌：地势为东南部高、西北部偏低，中间为两河谷地，海拔在390~2142米之间，境内主要山峰有越城岭、锯子岭、戴云山、大竹山、猫儿山。

河流水文：境内有浔江、珠江水系支流，主要河流是五排河，发源于海拔1883米的金紫山，是资源县境内的第二大河，流经资源县车田、两水、河口三个少数民族乡镇，汇入柳江。

人口产业：现状有441户1580人，其中人口最多的是大井洞屯120人，人口最少的是百步界32人。村屯之间距离较远，人口分布比较分散。以第一产业为主，主要种植水稻、红薯、玉米、西红柿等农作物，还有少量的食用菌和杉木种植。

交通现状：对外交通主要依托X173县道，连接村域内部道路与S301省道。村域内道路整体呈现树枝状伸展，往西通白石村，往北达车田苗族乡，往南可连通S301省道，山路蜿蜒盘

① 本节资料来源：《资源县两水苗族乡烟竹村村庄规划（2022–2035年）》。

旋，弯道较多坡度较大，整体交通条件一般。

（2）乡村特征

深厚的苗族文化基底，山歌节远近有名。自明朝永乐年前后，苗家人便在此生生不息，创造了灿烂多姿的苗族文化。在此可以领略悠久的历史文化、独特的苗族习俗，品尝美味的苗族美食。是闻名遐迩的资源七月半歌节发源地，山歌已唱出资源县境，不少游客慕名而来。

高山生态环境优良，特色种养殖产业初具规模。烟竹村四面环山，生态环境优良，适合具有地方特色的种养产业发展。目前全村有机农产品基地认证面积在500亩以上，生态土猪养殖800多头，养殖土鸡10000羽以上，种养结合生态循环农业已初具规模。

民风淳朴群众积极，乡村组织建设基础好。苗族村寨内民风淳朴，党群关系和谐，在党建工作的引领下，全村已成立专业的种养合作社3个，打造“党员示范岗”“党员示范窗口”8个，乡村基层组织建设有序推进。

现状道路网基本完善，乡村公服设施有待完善。村庄对外联系道路为X173，宽6米，各村屯连接道路3~3.5米，均已硬化，村庄路网体系基本完善。各村屯目前没有污水处理设施、污水管网和垃圾处理设施，污水仍以直排为主。大部分村屯缺少文化活动中心、健身设施和休闲场所，农业设施也比较简陋。

（3）乡村发展思路

依托五排河漂流景区旅游线，结合山歌节等特色民俗文化，推进文旅结合，打造烟竹村特色农文旅产业（图5-23）。

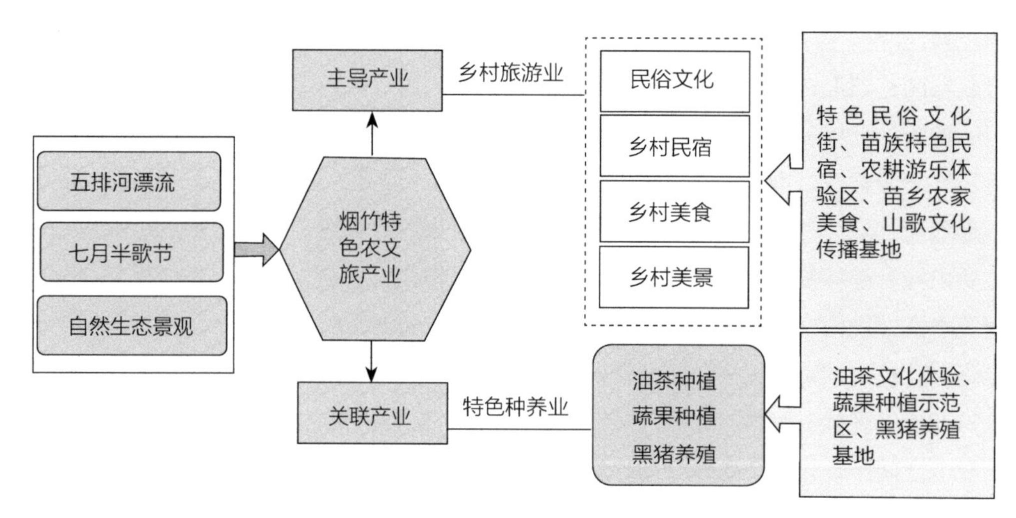

图5-23　烟竹村产业发展思路

加大推广“支部+农民合作社+基地+农户”模式，持续打造“高山稻田鱼”“林下跑地鸡”“高山土鸭”等特色养殖项目品牌，加快成立专业种养合作社，继续拓展有机农产品种养基地。

依托民俗文化，打造乡村游品牌。发挥“七月半歌节”发源地的优势，盘点民俗文化家底，对村内资源不断挖掘和提升，持续打造别具特色的“山歌”文化和“油茶”文化。以群众喜闻乐见的山歌形式对民俗文化宣扬流传，进一步扩大自治区非物质文化遗产的影响力。

4．实践案例：梅溪村发展实践（自然生态景观型乡村）[①]

（1）梅溪村概况

区位情况：梅溪村位于梅溪镇西部，东与随滩村、沙坪村交界，南与胡家田村、咸水口村相邻，西与瓜里乡义林村相连，北靠大坨村、白竹村。距离梅溪镇政府0.5千米，距资源县城35千米，村内有国道241、乡道900贯穿而过，交通便捷。

人口产业：下辖9个自然屯，有598户，总人口约1944人。第一产业以种植业为主，主要种植水稻养殖业以土鸡养殖为主，全年土鸡数量达10万只；第二产业以原材料挖掘、初步加工为主，现状产业有竹子加工、木材加工、砂石场、石材加工，分布在罗溪组、把火石组。第三产业以发展旅游为主。整体产业发展水平低，经济基础薄弱，产业结构单一，经济效益低。

地形地貌：村域高程处于309~811米之间，地势东南、西部高中部低，最高点位于东南部，最低点位于中部。村内道路沿线地势较为平缓，有耕地分布，四周坡度较大，均为丹霞地貌红色砂岩山体。

气候水文：属于亚热带季风气候，四季分明，年平均气温16.8摄氏度，雨量充沛，年平均降雨量1988毫米，光热适宜，年均日照时数为1275小时。有资江支流夫夷水穿村而过，南北流向，从梅溪入湘，注入洞庭湖。

土地利用：根据第三次土地调查成果，梅溪村土地总面积1581.18公顷，其中农用地1455.46公顷，建设用地78.23公顷，其他土地47.48公顷。农用地中，林地面积1327.95公顷，占全村面积的83.99%，耕地面积111.98公顷。建设用地中，乡村建设用地有60.67公顷，占全村面积的3.84%。

交通现状：过境交通有国道241、乡道900。村屯内部交通主要依托村道与国道241、乡道900相连，路宽约3~6米，能基本满足村民使用。村庄内部道路均已硬化，路宽为1.5~3.5米。整个村庄交通设施相对较好，停车设施与镇区共享共用。

（2）村域特征

区位优势明显，产业发展基础好。位于资江—八角寨精品旅游区内，适合开发观光休闲、精品度假、丹霞风光体验类项目。位于梅溪镇镇区，处于资源旅游发展区及经济发展轴上，《资源县梅溪镇总体规划（2016–2035年）》对其定位是发展矿产加工业、旅游业，结合镇区优势，建设为镇域集政治、经济、商业、文化中心、旅游服务基地为一体的县域旅游服务次中心。

（3）发展策略

梅溪村要借助乡村区位优势，主动融入丹霞小镇及八角寨5A景区战略布局，做好景区服

① 资料来源：《资源县梅溪镇梅溪村村庄规划（2022–2035年）》。

务配套建设，在旅游产业的带动下，加快发展生态农业、林业和矿产品加工业，推进村镇融合发展。今后的发展重点是在城镇化引领下实现城乡产业融合发展，与镇区基础设施和公共服务设施共建共享（图5-24）。

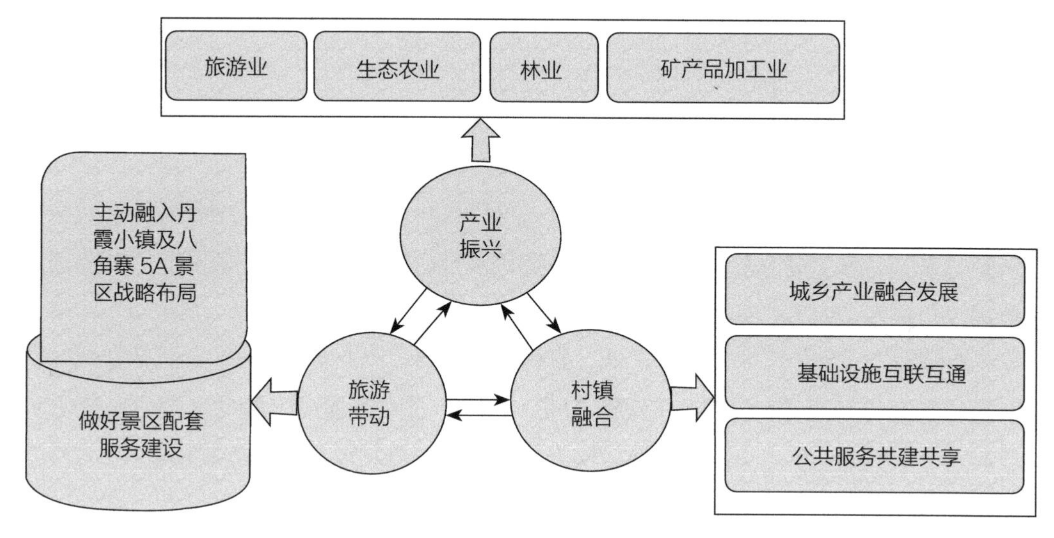

图5-24　梅溪村发展策略

5.4.3　城郊融合类分布情况和案例分析

1．分布情况

资源县城郊融合类乡村共计14个，占资源县乡村总数的19.72%。14个村均为城镇近郊型乡村，其中中峰村既是城镇近郊型乡村，也是园区融合型乡村。城郊融合类乡村在空间分布上呈现“大分散、小集聚”的特点，在6个乡镇均有分布，分别是资源镇的修睦村、城关村、大合村、石溪村、浦田村、梅溪镇的咸水口村、瓜里乡的瓜里村、白竹村、义林村、中峰镇的中峰村、官田村、车田乡的车田村、黄龙村、两水乡的凤水村（图5-25）。

2．实践案例：咸水口村发展实践（城镇近郊型乡村）[①]

（1）咸水口村概况

区位情况：咸水口村位于资源县东北部，东与咸水洞村交界，南邻大滩头村，西接胡家田村，北靠梅溪街。距梅溪镇乡政府所在地约3.5千米，距资源县城约30千米，距离桂林市区约140千米。村内有高速路出口，全资公路、资梅公路穿村而过，规划国道241与全资二级公路相接，交通便捷，区位优势明显。

地形地貌：整个村地势东北高中西部低，最高点位于东北部，最低点位于中部道路沿线

① 资料来源：《资源县梅溪镇咸水口村村庄规划（2022-2035年）》。

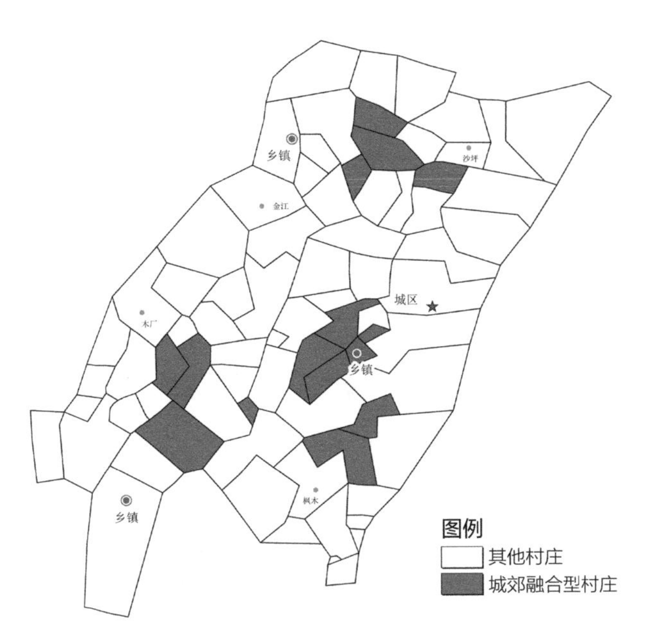

图5-25 资源县城郊融合类乡村分布

区域。村屯及道路沿线附近地势较平缓，可利用农田耕种，四周则坡度较大，均为丹霞地貌红色砂岩山体。高程在300~900米之间，坡度小于8度的区域位于中部道路沿线，坡度大于25°的区域大多分布在东北部的山体区域，不适合开发建设。

社会经济：下辖7个自然屯，分别为杨家院、青云桥、文板桥、谢家湾、鸭头、东边岭和大乐水，共计669户，总人口约2297人。水利、电业资源丰富，村域内建有4个水电站。第一产业主要以种植优质水稻为主，村内鸭头片区被划为乡村振兴精品示范点。全村成立村民合租社1个，截至2021年，村集体经济收入有5.6万元。

产业发展：第一产业以种植业为主，主要作物为水稻、玉米等，主要分布在道路沿线；第二产业以原材料挖掘，初步加工为主，现状工业主要竹子、木材初级加工；第三产业以小型商店为主，商业服务业品质不高。

土地现状：土地面积为1196.88公顷。农用地面积为1070.09公顷，占比89.44%，其中林地面积917.17公顷，占全村面积的76.66%；耕地面积145.28公顷，占全村面积的12.14%。建设用地面积为81.75公顷，比重为6.83%，其中乡村建设用地面积41.13公顷，占全村面积的3.44%；区域交通用地面积38.17公顷，占全村面积的3.19%。

（2）村域特征

水利资源丰富，利用种植产业发展。咸水口村有资江穿村而过，南北流向，经咸水口到梅溪入湘，最后注入洞庭湖。依托资江水资源，可以大力发展果蔬种植业。

交通便利，生态环境优美。呼北高速穿村而过，村域内有高速路出口，村民出行方便。村域群山环绕，生态环境优良，生态宜居。

产业发展初级，各项设施落后。农业产业发展为初级，发展层次低，以种植业为主。工业发展落后，只有少量竹子、木材初加工。乡村生态与文化旅游产业待开发。生产生活设施配套不足、公共服务设施种类单一，村民缺乏休闲活动场所。

（3）发展策略

发挥咸水口村的区位和交通优势，主动融入梅溪镇加快融合发展，参与资水沿线旅游景区的景点一体化建设，共建八角寨风景旅游带。产业发展方面，做精特色农业为核心的农文旅融合特色产业体系，以农业产业定向升级为目标，以搭建高端产业平台和发展景观型农业产业两大手段，通过休闲旅游产业嵌入式发展，实现农业休闲化、特色化创意发展（图5-26）。

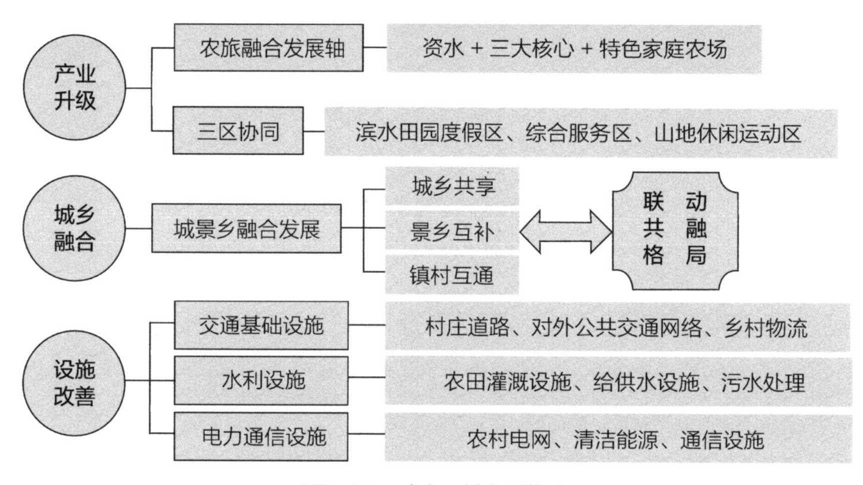

图5-26 咸水口村发展策略

5.4.4 集聚提升类分布情况和案例分析

1．分布情况

资源县集聚提升类乡村共计24个，占资源县乡村总数的33.80%。其中，集聚发展型乡村有6个，分别是资源镇的官洞村、同禾村、中峰镇的大庄田村、车田湾村、车田乡的黄宝村、龙塘村，集聚发展型村庄在梅溪镇、瓜里乡、两水乡和河口乡没有分布；存续提升型乡村有22个，分别是资源镇的石溪头村、金山村、马家村、文洞村、永兴村、晓锦村、中峰镇的八坊村、枫木村、大源村、梅溪镇的大滩头村、沙坪村、车田乡的石寨村、坪寨村、粗石村、田头水村、海棠村、白洞村、瓜里乡的大田村、白水村、水头村、田洞里村、两水乡的和平村，除河口乡外，存续提升型乡村在其他乡镇均有分布；治理改善型乡村有20个，分布在资源镇的天门村、中峰镇的上洞村、福景村、社岭村、梅溪镇的铜座村、咸水洞村、茶坪村、坪水底村、戈洞坪村、车田乡的脚骨冲村、木厂村、瓜里乡的金江村、大坪头村、香草村、文溪村、两水乡的白石村、河口乡的高山村、立寨村、大湾村、猴背村，治理改善型乡村在各个乡镇均有分布。

2．典型案例：坪寨村发展实践（存续提升型乡村）[①]

（1）基本情况

交通区位：坪寨村位于资源县中西部，车田乡东南部，东临石溪头村，南部为中峰镇官田村林场，西靠石寨村，北接黄宝村。距离县城32千米，可经301省道抵达县城，车程约50分钟，最近的高速公路路口为中峰镇高速路口；距离乡镇5千米，可经乡道614抵达镇区，距离五排河漂流区、石山底农家乐等景点7千米。

地形地貌：地势西高东低，高差大，地势连绵起伏。高程处于520~1793米之间，最高点位于东南部山地，最低点位于中西部山谷。整体地貌为山地，坡度低于8%的区域位于山谷狭缝，是耕地的主要分布区域，适合进行开发建设和农作物种植，坡度大于25%的区域多分布在中部的山体区域，不适合开发建设。

气候水文：属亚热带季风气候，四季冷暖分明，气候温和，多年平均气温16.4摄氏度，平均无霜期272天，日照充足，全年日照1256小时，雨量充沛，年降雨量1779毫米，平均海拔705米，属于高山区。境内主要河流为五排河及五排河支流，由南向北穿过坪寨村，支流水质较好，建有双江水电站，有很好的蓄能作用，但存在季节性缺水现象。

土地利用：总面积1886.77公顷，农用地1830.47公顷，建设用地40.50公顷，其他土地15.80公顷，分别占土地总面积的97.02%、2.15%、0.84%。农用地主要有耕地和林地构成，其中耕地面积330.88公顷，占农用地的18.08%，林地面积1442.42公顷，占农用地的78.80%。

产业发展：以水稻、西红柿和辣椒种植为主，产业结构单一。农业产业基础较好，但均为村民自发种植，未形成规模化。养殖业以猪、鸭、羊为主，村内成立了一家养羊合作社，规模有100只，但村民缺乏相关种养技术，经济效益低，导致养殖积极性不高，其他均为村民自家小规模散养。第二产业尚未形成，第三产业缺乏，农业休闲观光资源有待挖掘，各项服务设施有待提升。

配套设施：公共服务设施缺乏，各村屯间交通服务设施不完善，对文体设施需求也较大（表5-42）。基础设施基本完善，很大村屯内部道路需要硬化修缮，缺乏污水处理设施、垃圾收集点、消防设施（表5-43）。

坪寨村公共服务设施状况　　表5-42

行政管理	村委设有办公室、公共服务中心、文化活动室和党员活动室
医疗养老	有卫生室1处，能满足日常看病需求，但设施老旧，缺乏维护。没有养老服务设施
商业金融	多是村民自设商店和小卖部，有惠农支付便民服务点，可接收邮政快递
教育设施	有小学1所，设有幼儿园教学点，可以满足适龄儿童上学需求
文化体育	除村委设有篮球场外，其他村屯没有文体设施，村民对体育健身需求较为迫切

① 资料来源：《资源县车田苗族乡坪寨村庄规划（2022–2035年）》。

坪寨村基础设施状况 表5-43

道路交通	大部分道路已经硬化，部分村屯内部道路还需硬化
供水设施	各村屯已实现集中供水，水源为山泉水，供水设施较为完善
排水设施	主要采用自建化粪池处理污水，处理后排出的污水与其他污水通过明沟排水水渠排放到农田、水塘、河流等低处，存在排水污染现象
电力电信	所有村屯均设有变压器，供电正常，能满足村民用电需求，村内已实现网络全覆盖
环卫设施	大部分村屯未设置有垃圾收集点，未进行垃圾分类处理
燃气设施	各村屯以使用罐装液化气、电力为主，柴火为辅，无燃气管道
防灾设施	消防设施普遍缺乏

（2）村庄特征

距离县城、高速路口远，外部交通条件差。坪寨村虽然临近镇区，但整体来讲距离县城和高速公路口较远，且山路崎岖，路况复杂，对外出行条件较差。

生态环境优良，水资源丰富，但配套设施不足。村内土地资源丰富，山林较多，喀斯特地貌为主，山地延绵，天蓝地绿，生态环境良好。地下水资源丰富，但排洪和污水处理设施缺乏。

土地资源不缺乏，但产业发展落后。农业产业主要是村民自家种养殖，没有形成规模化生产。基本没有第二、三产业，村民收入主要靠年轻劳动力外出务工。

（3）发展策略

充分展现村庄质朴秀美独特魅力，推进“农业生产+山地景观+民俗文化”组合发展，激发乡村全季节发展内驱力（图5-27）。

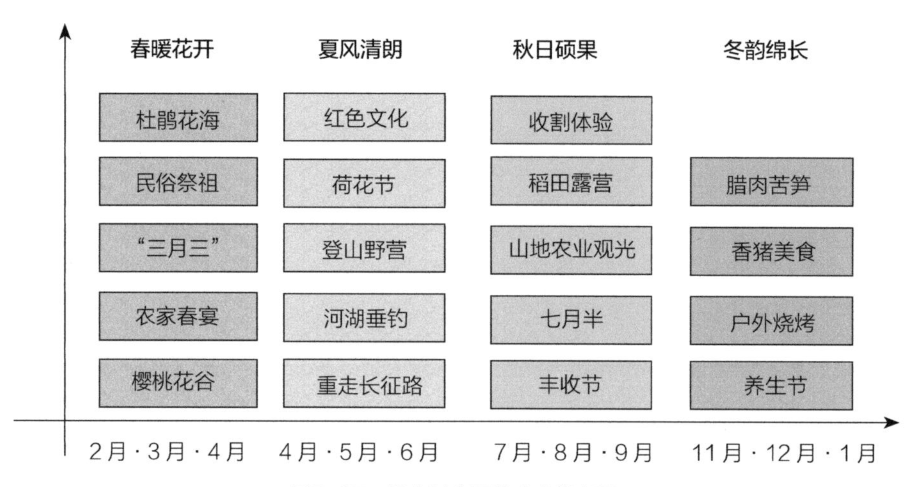

图5-27 坪寨村全季节产业发部署

做好做实三大农产品种植产业。借助车田苗族乡西红柿和辣椒两个国家地理标识产品、农副产品集散中心，依托良好的高山自然生态环境，打造西红柿和辣椒种植基地，做好高山水稻种植和品牌打造。

做好全域土地综合整治，治理修复乡村人居环境。依托坪寨村山地地形和良好的水环境与生态环境，以错落有致的村民聚落和起伏跌宕的梯田为整治重点，对全村的生产、生活、生态空间进行优化布局，对田水路林村进行全要素整合整治，统一修复治理乡村人居环境，引导乡村建筑风貌统一整洁（表5–44）。

坪寨村乡村建筑风貌建设引导 表 5–44

引导要素	引导要求
总体风貌指引	住宅建筑延续坪寨村当地壮族建筑的一贯风格，采用半 / 全坡屋顶为主，整体建筑风格简约、淡雅
建筑间距控制	建筑物不宜在公路两侧对应布置，并应当与公路用地界外缘保持以下间距：省道不少于 15 米，县道不少于 10 米，乡道不少于 5 米。规划住宅正面退让村道 2 米，建筑正面间距保持在 5 米以上，建筑侧面按照农村住宅防火间距控制
宅基地面积控制	严格落实“一户一宅”，现状宅基地面积予以保留，新建宅基地面积按照 150 平方米 / 户控制，建筑占地面积按照 90~120 平方米 / 户控制
建筑高度控制	层高 2.8~3.3 米，不应超过 3.3 米，净高不宜低于 2.5 米，整体建筑高度控制在 4 层以内
总体色彩引导	以淡色系为主，主要以米黄色为主，搭配棕色、灰色等
文化要素引导	建筑整体以当地壮族建筑风格为主，搭配和平村祥云元素
建筑外墙材料引导	减少水泥、瓷砖的使用，推广使用涂料、夯土、原木、砖石等本土材料
村容风貌管理	清理生活垃圾，合理规范排放污水，整治乱堆杂物，清除各类违规广告。利用乡村果树、蔬菜对周边环境进行打造

结合村民需求配置基础设施和公共服务设施。以完善村民生活圈和提升村民生活便捷度为目标，结合现状基础和公共服务设施，充分考虑村民的生产生活需求，按村屯等级分类分级配套公服设施。

5.5 本章小结

本章以桂北资源县全域71个行政村为实证对象，分析县域特征和乡村发展现状，采用“沙漏法”乡村分类模型，确定了资源县乡村类型主要包括特色保护类、城郊融合类、集聚提升类三大类，没有固边兴边类和拆迁撤并类。二级分类分别为：集聚发展型乡村、存续提升型乡村、产业发展型乡村、治理改善型乡村、城镇近郊型乡村、园区融合型乡村、自然生态景观型乡村、历史人文保护型乡村。以定性研判的方式筛选出自然生态景观型、历史人文保护型、城镇近郊型等三类特殊类型乡村。建立多维度乡村潜力评价指标体系，测算了乡村综合潜力评价得分，划分为三个等级，分别对应了集聚发展型、存续提升型、治理改善型乡村。

然后，得到分类结果特色保护类乡村9个（自然生态景观型乡村5个、历史人文保护型乡村4个），城郊融合类乡村14个（均为城镇近郊型乡村，中峰村同为园区融合型乡村），搬迁撤并类0个，集聚提升类48个（集聚发展型乡村6个、存续提升型乡村22个、治理改善型乡村20个）。将分类结果与实地调研情况进行了差异比对分析，优化反馈分类技术方法。

最后，从人居环境、基础设施、公共服务设施、产业发展、历史文化保护、生态保护等方面提出了发展和治理策略，使不同类型的乡村从发展目标定位到具体规划编制实施过程都更有方向性与针对性。结合典型乡村探索了不同类型乡村发展策略，通过检验自然生态景观型乡村（大坨村、梅溪村）、历史人文保护型乡村（烟竹村）、城镇近郊型乡村（咸水口村）、存续提升型乡村（坪寨村）与分类结果和发展指引均能较好吻合。

附表

附表1　南宁市兴宁区分类结果与实际村庄调查的比对结果

村庄	实地调研的乡村分类情况	本研究确定的乡村分类结果	对比结果	村庄	实地调研的乡村分类情况	本研究确定的乡村分类结果	对比结果
八塘村	集聚提升类	集聚提升类	符合	富兴村	集聚提升类	集聚提升类	符合
群星村	集聚提升类	集聚提升类	符合	平地村	集聚提升类	集聚提升类	符合
两山村	集聚提升类	集聚提升类	符合	黄宣村	集聚提升类	集聚提升类	符合
太昌村	集聚提升类	集聚提升类	符合	永宁村	集聚提升类	集聚提升类	符合
那笔村	城郊融合类	集聚提升类	不相符	沙平村	集聚提升类	集聚提升类	符合
那陀村	城郊融合类	集聚提升类	不相符	四平村	集聚提升类	集聚提升类	符合
大邓村	城郊融合类	集聚提升类	不相符	三塘村	集聚提升类	集聚提升类	符合
五塘社区	集聚提升类	集聚提升类	符合	六塘村	集聚提升类	集聚提升类	符合
那笔村	城郊融合类	集聚提升类	不相符	七塘村	集聚提升类	集聚提升类	符合
围村村	城郊融合类	集聚提升类	不相符	路东村	集聚提升类	特色保护类	不相符
那况村	集聚提升类	集聚提升类	符合	福禄村	集聚提升类	集聚提升类	符合
联光村	集聚提升类	集聚提升类	符合	同仁村	城郊融合类	集聚提升类	不相符
六村村	集聚提升类	城郊融合类	不相符	建新村	集聚提升类	集聚提升类	符合
王竹村	集聚提升类	集聚提升类	符合	西龙村	集聚提升类	集聚提升类	符合
昆仑村	集聚提升类	集聚提升类	符合	英广村	集聚提升类	集聚提升类	符合
创新村	集聚提升类	集聚提升类	符合	坛棍村	集聚提升类	集聚提升类	符合
五塘社区	集聚提升类	集聚提升类	符合	友爱村	集聚提升类	集聚提升类	符合
那笔村	城郊融合类	城郊融合类	符合	民政村	集聚提升类	集聚提升类	符合
九塘社区	集聚提升类	集聚提升类	符合				

附表2　南宁市青秀区分类结果与实际村庄调查的比对结果

村庄	实地调研的乡村分类情况	本研究确定的乡村分类结果	对比结果	村庄	实地调研的乡村分类情况	本研究确定的乡村分类结果	对比结果
团黄村	集聚提升类	集聚提升类	符合	上王村	集聚提升类	集聚提升类	符合
枫木村	集聚提升类	集聚提升类	符合	那救村	集聚提升类	集聚提升类	符合
长塘村	城郊融合类	集聚提升类	不相符	王京村	城郊融合类	集聚提升类	不相符
天堂村	集聚提升类	特色保护类	不相符	独岭村	城郊融合类	集聚提升类	不相符
那里村	集聚提升类	集聚提升类	符合	新光村	城郊融合类	特色保护类	不相符
施厚村	集聚提升类	特色保护类	不相符	南阳村	城郊融合类	集聚提升类	不相符
二田村	集聚提升类	集聚提升类	符合	雄会村	集聚提升类	集聚提升类	符合
那床村	集聚提升类	集聚提升类	符合	新楼村	集聚提升类	集聚提升类	符合

续表

村庄	实地调研的乡村分类情况	本研究确定的乡村分类结果	对比结果	村庄	实地调研的乡村分类情况	本研究确定的乡村分类结果	对比结果
留凤村	集聚提升类	集聚提升类	符合	沱江村	集聚提升类	集聚提升类	符合
五合社区	城郊融合类	城郊融合类	符合	上王村	集聚提升类	集聚提升类	符合
洞江村	集聚提升类	城郊融合类	不相符	莫村社区	城郊融合类	城郊融合类	符合
定西村	集聚提升类	集聚提升类	符合	德福村	城郊融合类	城郊融合类	符合
那烈村	集聚提升类	集聚提升类	符合	长大村	集聚提升类	集聚提升类	符合
那度村	集聚提升类	集聚提升类	符合	谭村村	集聚提升类	集聚提升类	符合
大里村	集聚提升类	集聚提升类	符合	良合村	集聚提升类	城郊融合类	不相符
那樟村	集聚提升类	集聚提升类	符合	槐里村	集聚提升类	集聚提升类	符合
石塘村	城郊融合类	集聚提升类	不相符	麓阳村	集聚提升类	集聚提升类	符合
望齐村	集聚提升类	集聚提升类	符合	刘圩村	集聚提升类	集聚提升类	符合
伶俐村	城郊融合类	集聚提升类	不相符	枫木村	集聚提升类	集聚提升类	符合
禄强村	集聚提升类	集聚提升类	符合	那曾村	城郊融合类	集聚提升类	不相符
三籁村	集聚提升类	集聚提升类	符合	那舅社区	城郊融合类	集聚提升类	不相符

附表3 南宁市江南区分类结果与实际村庄调查的比对结果

村庄	实地调研的乡村分类情况	本研究确定的乡村分类结果	对比结果	村庄	实地调研的乡村分类情况	本研究确定的乡村分类结果	对比结果
保城村	集聚提升类	集聚提升类	符合	祥宁村	集聚提升类	集聚提升类	符合
智信村	集聚提升类	城郊融合类	不相符	隆德村	集聚提升类	集聚提升类	符合
那备村	集聚提升类	集聚提升类	符合	仁德村	集聚提升类	集聚提升类	符合
新桥村	集聚提升类	集聚提升类	符合	保卫村	集聚提升类	集聚提升类	符合
那备村	集聚提升类	城郊融合类	不相符	苏保村	集聚提升类	集聚提升类	符合
定计村	集聚提升类	集聚提升类	符合	慕村村	集聚提升类	集聚提升类	符合
保联村	集聚提升类	集聚提升类	符合	佳棉村	集聚提升类	城郊融合类	不相符
康宁村	集聚提升类	集聚提升类	符合	那海村	集聚提升类	集聚提升类	符合
同良村	集聚提升类	城郊融合类	不相符	平丹村	城郊融合类	集聚提升类	不相符
那备村	集聚提升类	集聚提升类	符合	那德村	集聚提升类	集聚提升类	符合
平垌村	集聚提升类	集聚提升类	符合	同华村	集聚提升类	城郊融合类	不相符
敬团村	集聚提升类	集聚提升类	符合	那廊村	集聚提升类	城郊融合类	不相符
保安村	集聚提升类	集聚提升类	符合	同江村	集聚提升类	特色保护类	不相符
那齐村	集聚提升类	集聚提升类	符合	新桥村	集聚提升类	集聚提升类	符合
镇宁村	集聚提升类	集聚提升类	符合	锦江村	城郊融合类	特色保护类	不相符
新城村	集聚提升类	集聚提升类	符合	吴圩社区	城郊融合类	集聚提升类	不相符

续表

村庄	实地调研的乡村分类情况	本研究确定的乡村分类结果	对比结果	村庄	实地调研的乡村分类情况	本研究确定的乡村分类结果	对比结果
安平村	集聚提升类	特色保护类	不相符	同宁村	集聚提升类	集聚提升类	符合
明阳社区	城郊融合类	城郊融合类	符合	永红村	集聚提升类	集聚提升类	符合
扬美村	集聚提升类	特色保护类	不相符	华南村	集聚提升类	特色保护类	不相符
定宁村	集聚提升类	城郊融合类	不相符	坛白村	集聚提升类	集聚提升类	符合
平南村	集聚提升类	集聚提升类	符合	新桥村	集聚提升类	集聚提升类	符合
新德村	集聚提升类	集聚提升类	符合	联英村	集聚提升类	集聚提升类	符合
同新村	集聚提升类	特色保护类	不相符	敬德村	集聚提升类	集聚提升类	符合

附表4 南宁市西乡塘区分类结果与实际村庄调查的比对结果

村庄	实地调研的乡村分类情况	本研究确定的乡村分类结果	对比结果	村庄	实地调研的乡村分类情况	本研究确定的乡村分类结果	对比结果
南岸村	集聚提升类	集聚提升类	符合	东南村	城郊融合类	集聚提升类	不相符
马伦村	集聚提升类	集聚提升类	符合	龙达村	集聚提升类	集聚提升类	符合
秀山村	集聚提升类	城郊融合类	不相符	刚德村	集聚提升类	特色保护类	不相符
居联村	集聚提升类	集聚提升类	符合	乐勇村	集聚提升类	集聚提升类	符合
群南村	集聚提升类	集聚提升类	符合	广道村	集聚提升类	集聚提升类	符合
三景村	集聚提升类	集聚提升类	符合	兴平村	集聚提升类	集聚提升类	符合
那坛村	集聚提升类	集聚提升类	符合	义平村	集聚提升类	集聚提升类	符合
圩中村	集聚提升类	集聚提升类	符合	英龙村	集聚提升类	集聚提升类	符合
富庶村	集聚提升类	集聚提升类	符合	和强村	集聚提升类	城郊融合类	不相符
邓圩村	集聚提升类	集聚提升类	符合	武陵村	集聚提升类	集聚提升类	符合
双义村	集聚提升类	集聚提升类	符合	坛洛村	集聚提升类	特色保护类	不相符
武康村	集聚提升类	集聚提升类	符合	硃湖村	集聚提升类	集聚提升类	符合
金陵村	集聚提升类	城郊融合类	不相符	硃湖村	集聚提升类	集聚提升类	符合
兴贤村	集聚提升类	城郊融合类	不相符	东佳村	集聚提升类	集聚提升类	符合
丰平村	集聚提升类	集聚提升类	符合	上中村	集聚提升类	集聚提升类	符合
合志村	集聚提升类	集聚提升类	符合	中北村	集聚提升类	集聚提升类	符合
同富村	集聚提升类	集聚提升类	符合	上正村	集聚提升类	集聚提升类	符合
陆平村	集聚提升类	城郊融合类	不相符	下楞村	集聚提升类	城郊融合类	不相符
三联村	集聚提升类	城郊融合类	不相符				

附表5 南宁市良庆区分类结果与实际村庄调查的比对结果

村庄	实地调研的乡村分类情况	本研究确定的乡村分类结果	对比结果	村庄	实地调研的乡村分类情况	本研究确定的乡村分类结果	对比结果
新村村	城郊融合类	城郊融合类	符合	冲陶村	城郊融合类	城郊融合类	符合
西盛村	集聚提升类	集聚提升类	符合	新团村	城郊融合类	城郊融合类	符合
西宁村	集聚提升类	集聚提升类	符合	平乐村	城郊融合类	城郊融合类	符合
华群村	集聚提升类	集聚提升类	符合	一致村	集聚提升类	集聚提升类	符合
文林村	集聚提升类	集聚提升类	符合	五龙村	集聚提升类	集聚提升类	符合
那蒙村	集聚提升类	集聚提升类	符合	濑岽村	集聚提升类	集聚提升类	符合
团东村	集聚提升类	集聚提升类	符合	那坡村	集聚提升类	集聚提升类	符合
平朗村	集聚提升类	集聚提升类	符合	那徐村	集聚提升类	集聚提升类	符合
坛良村	集聚提升类	特色保护类	不相符	南州村	集聚提升类	集聚提升类	符合
新兰村	城郊融合类	集聚提升类	不相符	横州村	集聚提升类	集聚提升类	符合
雅王村	集聚提升类	集聚提升类	符合	七齐村	集聚提升类	集聚提升类	符合
那平村	城郊融合类	城郊融合类	符合	陵桂村	集聚提升类	集聚提升类	符合
百乐村	集聚提升类	集聚提升类	符合	新民村	集聚提升类	集聚提升类	符合
那黄村	城郊融合类	集聚提升类	不相符	那梨村	集聚提升类	集聚提升类	符合
维坝村	集聚提升类	集聚提升类	符合	晓元村	集聚提升类	集聚提升类	符合
那造村	集聚提升类	集聚提升类	符合	那僚村	集聚提升类	城郊融合类	不相符
乔板村	集聚提升类	集聚提升类	符合	邕乐村	集聚提升类	集聚提升类	符合
福里村	集聚提升类	集聚提升类	符合	太安村	集聚提升类	特色保护类	不相符
坛留村	集聚提升类	集聚提升类	符合	子伟村	集聚提升类	集聚提升类	符合
那农村	集聚提升类	集聚提升类	符合	和平村	集聚提升类	集聚提升类	符合
锦亮村	集聚提升类	集聚提升类	符合	共和村	城郊融合类	城郊融合类	符合
六眼村	集聚提升类	集聚提升类	符合	同里村	集聚提升类	集聚提升类	符合
派双村	集聚提升类	集聚提升类	符合	台马村	集聚提升类	集聚提升类	符合
南晓社区	集聚提升类	集聚提升类	符合	南荣村	集聚提升类	集聚提升类	符合
那敏村	集聚提升类	集聚提升类	符合	团垌村	集聚提升类	集聚提升类	符合
团城村	集聚提升类	集聚提升类	符合	那团村	集聚提升类	集聚提升类	符合
横州村	集聚提升类	集聚提升类	符合	那湾村	集聚提升类	集聚提升类	符合
百乐村	集聚提升类	集聚提升类	符合	坛泽村	城郊融合类	城郊融合类	符合
大满村	集聚提升类	集聚提升类	符合	渌绕村	城郊融合类	集聚提升类	不相符

附表6 南宁市邕宁区分类结果与实际村庄调查的比对结果

村庄	实地调研的乡村分类情况	本研究确定的乡村分类结果	对比结果	村庄	实地调研的乡村分类情况	本研究确定的乡村分类结果	对比结果
和合村	城郊融合类	城郊融合类	符合	光和村	集聚提升类	城郊融合类	不相符
仁福村	城郊融合类	城郊融合类	符合	屯亮村	集聚提升类	城郊融合类	不相符
南弼村	集聚提升类	集聚提升类	符合	联团村	集聚提升类	城郊融合类	不相符
屯茶村	集聚提升类	集聚提升类	符合	良勇村	集聚提升类	城郊融合类	不相符
坛垌村	集聚提升类	集聚提升类	符合	那路村	集聚提升类	城郊融合类	不相符
屯王村	集聚提升类	集聚提升类	符合	棠梨村	集聚提升类	集聚提升类	符合
那利村	集聚提升类	集聚提升类	符合	三江村	集聚提升类	城郊融合类	不相符
罗马村	集聚提升类	集聚提升类	符合	坛墩村	集聚提升类	城郊融合类	不相符
新安村	集聚提升类	集聚提升类	符合	那才村	集聚提升类	集聚提升类	符合
桥学村	集聚提升类	集聚提升类	符合	那例村	集聚提升类	集聚提升类	符合
那他村	集聚提升类	集聚提升类	符合	那云村	集聚提升类	城郊融合类	不相符
平派村	集聚提升类	集聚提升类	符合	南华村	集聚提升类	集聚提升类	符合
屯林村	集聚提升类	集聚提升类	符合	中山村	集聚提升类	城郊融合类	不相符
华灵村	集聚提升类	集聚提升类	符合	红星村	特色保护类	特色保护类	符合
华达村	集聚提升类	集聚提升类	符合	屯了村	集聚提升类	城郊融合类	不相符
新平村	集聚提升类	集聚提升类	符合	屯六村	集聚提升类	集聚提升类	符合
那了村	集聚提升类	集聚提升类	符合	那楼社区	集聚提升类	集聚提升类	符合
河浪村	集聚提升类	集聚提升类	符合	那良村	集聚提升类	集聚提升类	符合
屯宁村	集聚提升类	集聚提升类	符合	那丰村	集聚提升类	集聚提升类	符合
汉林村	集聚提升类	城郊融合类	不相符	公曹村	城郊融合类	城郊融合类	符合
那务村	集聚提升类	集聚提升类	符合	新生村	集聚提升类	城郊融合类	不相符
新乐村	集聚提升类	城郊融合类	不相符	新新村	集聚提升类	城郊融合类	不相符
那文村	集聚提升类	集聚提升类	符合	州同村	集聚提升类	城郊融合类	不相符
镇龙社区	集聚提升类	特色保护类	不相符	龙岗村	集聚提升类	城郊融合类	不相符
华佳村	集聚提升类	集聚提升类	符合	梁村村	城郊融合类	城郊融合类	符合
张村村	集聚提升类	城郊融合类	不相符	良信村	集聚提升类	城郊融合类	不相符
华康村	集聚提升类	城郊融合类	不相符	广良村	集聚提升类	城郊融合类	不相符
百济社区	城郊融合类	集聚提升类	不相符	那头村	集聚提升类	集聚提升类	符合
八联村	集聚提升类	集聚提升类	符合	那盆村	集聚提升类	城郊融合类	不相符
周禄村	集聚提升类	集聚提升类	符合	那旺村	集聚提升类	城郊融合类	不相符
方村村	集聚提升类	集聚提升类	符合	新江社区	集聚提升类	特色保护类	不相符
屯良村	集聚提升类	集聚提升类	符合	力勒村	集聚提升类	城郊融合类	不相符
坛西村	集聚提升类	集聚提升类	符合	团阳村	集聚提升类	城郊融合类	不相符
平天村	集聚提升类	集聚提升类	符合	华联村	集聚提升类	城郊融合类	不相符

附表7　南宁市武鸣区分类结果与实际村庄调查的比对结果

村庄	实地调研的乡村分类情况	本研究确定的乡村分类结果	对比结果	村庄	实地调研的乡村分类情况	本研究确定的乡村分类结果	对比结果
坛昌村	集聚提升类	集聚提升类	符合	全苏村	集聚提升类	集聚提升类	符合
四明村	集聚提升类	集聚提升类	符合	仁合村	集聚提升类	集聚提升类	符合
玉元村	集聚提升类	集聚提升类	符合	坡班村	集聚提升类	集聚提升类	符合
清凤村	集聚提升类	搬迁撤并类	不相符	石梁村	集聚提升类	集聚提升类	符合
伏王村	集聚提升类	搬迁撤并类	不相符	板欧村	集聚提升类	集聚提升类	符合
六户村	集聚提升类	集聚提升类	符合	梁彭村	集聚提升类	集聚提升类	符合
济力村	集聚提升类	搬迁撤并类	不相符	布凌村	集聚提升类	集聚提升类	符合
四陈村	集聚提升类	集聚提升类	符合	天马村	集聚提升类	集聚提升类	符合
新甫村	集聚提升类	城郊融合类	不相符	西边村	集聚提升类	集聚提升类	符合
罗波社区	集聚提升类	集聚提升类	符合	四联村	集聚提升类	集聚提升类	符合
甘圩社区	集聚提升类	集聚提升类	符合	串钱村	集聚提升类	集聚提升类	符合
双卢村	集聚提升类	城郊融合类	不相符	云川村	集聚提升类	集聚提升类	符合
三联村	集聚提升类	集聚提升类	符合	培群村	集聚提升类	集聚提升类	符合
新龙村	集聚提升类	集聚提升类	符合	燕齐村	集聚提升类	集聚提升类	符合
岭合村	集聚提升类	集聚提升类	符合	双泉村	集聚提升类	集聚提升类	符合
英俊村	集聚提升类	特色保护类	不相符	合耸村	集聚提升类	集聚提升类	符合
群英村	集聚提升类	集聚提升类	符合	德灵村	集聚提升类	集聚提升类	符合
造庆村	集聚提升类	城郊融合类	不相符	育秀村	集聚提升类	集聚提升类	符合
五海村	集聚提升类	城郊融合类	不相符	头塘村	集聚提升类	集聚提升类	符合
大皇后村	城郊融合类	城郊融合类	符合	龙英村	集聚提升类	集聚提升类	符合
建丰村	集聚提升类	集聚提升类	符合	贵德村	集聚提升类	集聚提升类	符合
华山村	集聚提升类	城郊融合类	不相符	大榄村	集聚提升类	集聚提升类	符合
英烈村	集聚提升类	城郊融合类	不相符	兴江村	集聚提升类	集聚提升类	符合
均致村	集聚提升类	集聚提升类	符合	两江社区	集聚提升类	集聚提升类	符合
同贵村	集聚提升类	集聚提升类	符合	清白村	集聚提升类	集聚提升类	符合
六联村	集聚提升类	城郊融合类	不相符	连才村	集聚提升类	集聚提升类	符合
杨李村	集聚提升类	城郊融合类	不相符	邓广村	集聚提升类	集聚提升类	符合
朱董村	集聚提升类	集聚提升类	符合	桥东村	集聚提升类	集聚提升类	符合
联兴村	集聚提升类	城郊融合类	不相符	联新村	集聚提升类	集聚提升类	符合
香泉村	集聚提升类	集聚提升类	符合	伏唐村	集聚提升类	特色保护类	不相符
文合村	集聚提升类	城郊融合类	不相符	伊岭村	集聚提升类	城郊融合类	不相符
合旗村	城郊融合类	城郊融合类	符合	喜庆村	集聚提升类	集聚提升类	符合
平福村	集聚提升类	城郊融合类	不相符	濑琶村	集聚提升类	城郊融合类	不相符
跃进村	集聚提升类	城郊融合类	不相符	乐光村	城郊融合类	集聚提升类	不相符

续表

村庄	实地调研的乡村分类情况	本研究确定的乡村分类结果	对比结果	村庄	实地调研的乡村分类情况	本研究确定的乡村分类结果	对比结果
平稳村	集聚提升类	城郊融合类	不相符	四育村	集聚提升类	集聚提升类	符合
孔镇村	集聚提升类	城郊融合类	不相符	从广村	集聚提升类	城郊融合类	不相符
那溪村	集聚提升类	集聚提升类	符合	敬三村	集聚提升类	集聚提升类	符合
葛阳村	集聚提升类	城郊融合类	不相符	义龙村	集聚提升类	集聚提升类	符合
中桥社区	集聚提升类	集聚提升类	符合	滕村村	集聚提升类	集聚提升类	符合
渌雅村	集聚提升类	集聚提升类	符合	高一村	集聚提升类	集聚提升类	符合
凤阳村	集聚提升类	城郊融合类	不相符	英圩村	集聚提升类	集聚提升类	符合
定黎村	集聚提升类	集聚提升类	符合	覃外村	集聚提升类	集聚提升类	符合
赖坡村	集聚提升类	城郊融合类	不相符	覃内村	集聚提升类	城郊融合类	不相符
文溪社区	集聚提升类	集聚提升类	符合	富良村	集聚提升类	集聚提升类	符合
林琅村	集聚提升类	城郊融合类	不相符	进源村	集聚提升类	集聚提升类	符合
新联村	集聚提升类	集聚提升类	符合	陆杨村	集聚提升类	集聚提升类	符合
林渌村	集聚提升类	城郊融合类	不相符	东江村	集聚提升类	集聚提升类	符合
尚黄村	集聚提升类	集聚提升类	符合	罗波社区	集聚提升类	集聚提升类	符合
坛李村	集聚提升类	集聚提升类	符合	渌旺村	集聚提升类	集聚提升类	符合
西边村	集聚提升类	集聚提升类	符合	英江村	集聚提升类	集聚提升类	符合
邕勋村	集聚提升类	集聚提升类	符合	渌龙村	集聚提升类	集聚提升类	符合
树合村	集聚提升类	集聚提升类	符合	文泉村	集聚提升类	集聚提升类	符合
暮定村	集聚提升类	集聚提升类	符合	双桥社区	集聚提升类	集聚提升类	符合
东王村	集聚提升类	城郊融合类	不相符	下渌村	集聚提升类	城郊融合类	不相符
长安村	集聚提升类	城郊融合类	不相符	永合村	城郊融合类	集聚提升类	不相符
雄孟社区	集聚提升类	集聚提升类	符合	启德村	集聚提升类	集聚提升类	符合
尚志村	集聚提升类	集聚提升类	符合	寺圩村	集聚提升类	集聚提升类	符合
三粟村	集聚提升类	集聚提升类	符合	那化村	集聚提升类	集聚提升类	符合
群兴村	集聚提升类	集聚提升类	符合	八桥村	集聚提升类	特色保护类	不相符
旧圩村	集聚提升类	集聚提升类	符合	平陆村	集聚提升类	城郊融合类	不相符
二塘村	集聚提升类	集聚提升类	符合	甘圩社区	集聚提升类	集聚提升类	符合
锣圩社区	集聚提升类	集聚提升类	符合	聚群村	集聚提升类	集聚提升类	符合
双龙村	集聚提升类	集聚提升类	符合	汉安村	集聚提升类	集聚提升类	符合
培联村	集聚提升类	集聚提升类	符合	平等村	集聚提升类	集聚提升类	符合
弄七村	集聚提升类	搬迁撤并类	不相符	新泉村	集聚提升类	集聚提升类	符合
高二村	集聚提升类	集聚提升类	符合	伏林村	集聚提升类	城郊融合类	不相符
仙山村	集聚提升类	集聚提升类	符合	达洞村	集聚提升类	集聚提升类	符合
卢覃村	集聚提升类	城郊融合类	不相符	镇南村	集聚提升类	城郊融合类	不相符
马香村	集聚提升类	城郊融合类	不相符	夏黄村	集聚提升类	城郊融合类	不相符
莫阳村	集聚提升类	集聚提升类	符合	桥北村	集聚提升类	集聚提升类	符合

续表

村庄	实地调研的乡村分类情况	本研究确定的乡村分类结果	对比结果	村庄	实地调研的乡村分类情况	本研究确定的乡村分类结果	对比结果
那堤村	集聚提升类	集聚提升类	符合	唐村村	集聚提升类	城郊融合类	不相符
全曾村	集聚提升类	集聚提升类	符合	大同村	集聚提升类	城郊融合类	不相符
小陆村	集聚提升类	集聚提升类	符合	公泉村	集聚提升类	集聚提升类	符合
清江村	搬迁撤并类	集聚提升类	不相符	明山村	集聚提升类	集聚提升类	符合
灵坡村	集聚提升类	集聚提升类	符合	那琅村	集聚提升类	集聚提升类	符合
三民村	集聚提升类	集聚提升类	符合	玉泉村	集聚提升类	集聚提升类	符合
清水村	集聚提升类	集聚提升类	符合	龙口村	搬迁撤并类	集聚提升类	不相符
那龙村	集聚提升类	集聚提升类	符合	旧陆斡村	集聚提升类	城郊融合类	不相符
共和村	集聚提升类	集聚提升类	符合	陆斡社区	集聚提升类	集聚提升类	符合
凤林村	集聚提升类	集聚提升类	符合	苞张村	集聚提升类	城郊融合类	不相符
岜榄村	集聚提升类	集聚提升类	符合	九联村	集聚提升类	城郊融合类	不相符
联合村	集聚提升类	集聚提升类	符合	大梁村	集聚提升类	城郊融合类	不相符
九里村	集聚提升类	城郊融合类	不相符	邓柳村	集聚提升类	集聚提升类	符合
邓吉村	集聚提升类	集聚提升类	符合	板新村	集聚提升类	集聚提升类	符合
那羊村	集聚提升类	集聚提升类	符合	龙庆村	集聚提升类	集聚提升类	符合
忠党村	集聚提升类	集聚提升类	符合	坡江村	集聚提升类	集聚提升类	符合
渌雅村	集聚提升类	集聚提升类	符合	方和村	集聚提升类	集聚提升类	符合
灵源村	城郊融合类	城郊融合类	符合	明山村	集聚提升类	集聚提升类	符合
大同村	城郊融合类	城郊融合类	符合	那化村	集聚提升类	集聚提升类	符合
三冬村	集聚提升类	集聚提升类	符合	福江村	集聚提升类	集聚提升类	符合
共济村	集聚提升类	集聚提升类	符合	四明村	集聚提升类	集聚提升类	符合
培桂村	集聚提升类	集聚提升类	符合	文坛村	集聚提升类	城郊融合类	不相符
林洋村	集聚提升类	集聚提升类	符合	合美村	集聚提升类	城郊融合类	不相符
张朗村	集聚提升类	城郊融合类	不相符	腾翔村	集聚提升类	城郊融合类	不相符
梁新村	集聚提升类	城郊融合类	不相符	苏宫村	集聚提升类	城郊融合类	不相符
跃进村	集聚提升类	城郊融合类	不相符	府城社区	集聚提升类	集聚提升类	符合
淝阳村	集聚提升类	集聚提升类	符合	西厢村	集聚提升类	集聚提升类	符合
罗伏村	集聚提升类	集聚提升类	符合	和平村	集聚提升类	集聚提升类	符合
高楼村	集聚提升类	集聚提升类	符合	永共村	集聚提升类	集聚提升类	符合
三合村	集聚提升类	集聚提升类	符合	覃李村	集聚提升类	集聚提升类	符合
六冬村	集聚提升类	集聚提升类	符合	文桐村	集聚提升类	集聚提升类	符合
福良村	集聚提升类	集聚提升类	符合	育秀村	集聚提升类	集聚提升类	符合
苏梁村	集聚提升类	集聚提升类	符合	灵马社区	集聚提升类	集聚提升类	符合
渌韦村	集聚提升类	集聚提升类	符合	王桥村	集聚提升类	集聚提升类	符合
庆乐村	集聚提升类	城郊融合类	不相符				

附表8 南宁市隆安县分类结果与实际村庄调查的比对结果

村庄	实地调研的乡村分类情况	本研究确定的乡村分类结果	对比结果	村庄	实地调研的乡村分类情况	本研究确定的乡村分类结果	对比结果
新兴社区	集聚提升类	城郊融合类	不相符	儒浩村	集聚提升类	城郊融合类	不相符
兴阳社区	集聚提升类	集聚提升类	符合	新都村	集聚提升类	城郊融合类	不相符
四兴村	集聚提升类	城郊融合类	不相符	博浪村	集聚提升类	城郊融合类	不相符
那可村	集聚提升类	城郊融合类	不相符	廷罗村	集聚提升类	城郊融合类	不相符
宝塔村	集聚提升类	城郊融合类	不相符	新光村	集聚提升类	特色保护类	不相符
西宁村	集聚提升类	城郊融合类	不相符	龙尧村	集聚提升类	特色保护类	不相符
小林村	集聚提升类	城郊融合类	不相符	俭安村	集聚提升类	集聚提升类	符合
大林村	集聚提升类	城郊融合类	不相符	英敏村	集聚提升类	集聚提升类	符合
旺中村	集聚提升类	集聚提升类	符合	定坤村	集聚提升类	集聚提升类	符合
东安村	集聚提升类	城郊融合类	不相符	华岳村	集聚提升类	集聚提升类	符合
东信村	集聚提升类	集聚提升类	符合	乔联村	集聚提升类	集聚提升类	符合
良兴村	集聚提升类	集聚提升类	符合	红阳村	集聚提升类	集聚提升类	符合
良一村	集聚提升类	集聚提升类	符合	保湾村	集聚提升类	集聚提升类	符合
良二村	集聚提升类	集聚提升类	符合	白马村	集聚提升类	集聚提升类	符合
良安村	集聚提升类	集聚提升类	符合	联合村	集聚提升类	集聚提升类	符合
南圩社区	集聚提升类	集聚提升类	符合	森岭村	集聚提升类	集聚提升类	符合
百朝社区	集聚提升类	集聚提升类	符合	古潭社区	集聚提升类	集聚提升类	符合
光明村	集聚提升类	城郊融合类	不相符	中真村	集聚提升类	集聚提升类	符合
三宝村	集聚提升类	城郊融合类	不相符	定军村	集聚提升类	集聚提升类	符合
大同村	集聚提升类	城郊融合类	不相符	育英村	集聚提升类	集聚提升类	符合
望朝村	集聚提升类	集聚提升类	符合	振义村	集聚提升类	集聚提升类	符合
南兴村	集聚提升类	集聚提升类	符合	九甲村	集聚提升类	特色保护类	不相符
多林村	集聚提升类	集聚提升类	符合	都结社区	集聚提升类	集聚提升类	符合
四联村	集聚提升类	集聚提升类	符合	三乐村	集聚提升类	集聚提升类	符合
帮宁村	集聚提升类	集聚提升类	符合	天隆村	集聚提升类	集聚提升类	符合
古信村	集聚提升类	集聚提升类	符合	吉隆村	集聚提升类	集聚提升类	符合
灵利村	集聚提升类	城郊融合类	不相符	林利村	集聚提升类	集聚提升类	符合
连安村	集聚提升类	城郊融合类	不相符	陆连村	集聚提升类	集聚提升类	符合
万朗村	集聚提升类	集聚提升类	符合	荣朋村	集聚提升类	集聚提升类	符合
联造村	集聚提升类	集聚提升类	符合	平荣村	集聚提升类	集聚提升类	符合
那湾村	集聚提升类	集聚提升类	符合	平养村	集聚提升类	集聚提升类	符合
西安村	集聚提升类	城郊融合类	不相符	达利村	集聚提升类	集聚提升类	符合
爱华村	集聚提升类	集聚提升类	符合	念潭村	集聚提升类	集聚提升类	符合

续表

村庄	实地调研的乡村分类情况	本研究确定的乡村分类结果	对比结果	村庄	实地调研的乡村分类情况	本研究确定的乡村分类结果	对比结果
銮正村	集聚提升类	集聚提升类	符合	欧里村	集聚提升类	集聚提升类	符合
联伍村	集聚提升类	集聚提升类	符合	更明村	集聚提升类	集聚提升类	符合
雁江社区	集聚提升类	集聚提升类	符合	龙民村	集聚提升类	集聚提升类	符合
红良村	集聚提升类	集聚提升类	符合	同乐村	城郊融合类	集聚提升类	不相符
福颜村	集聚提升类	集聚提升类	符合	红光村	集聚提升类	集聚提升类	符合
和济村	集聚提升类	集聚提升类	符合	普权村	集聚提升类	集聚提升类	符合
联隆村	集聚提升类	集聚提升类	符合	新风村	集聚提升类	集聚提升类	符合
龙庄村	集聚提升类	城郊融合类	不相符	布泉社区	集聚提升类	集聚提升类	符合
那朗村	集聚提升类	城郊融合类	不相符	兴隆村	集聚提升类	集聚提升类	符合
东义村	集聚提升类	城郊融合类	不相符	岑山村	集聚提升类	搬迁撤并类	不相符
东礼村	集聚提升类	集聚提升类	符合	高峰村	集聚提升类	搬迁撤并类	不相符
渌龙村	集聚提升类	集聚提升类	符合	新盏村	集聚提升类	搬迁撤并类	不相符
那桐社区	集聚提升类	集聚提升类	符合	欧亚村	集聚提升类	集聚提升类	符合
浪湾村	集聚提升类	集聚提升类	符合	龙会村	集聚提升类	集聚提升类	符合
那元村	集聚提升类	集聚提升类	符合	巴香村	集聚提升类	集聚提升类	符合
镇流村	集聚提升类	集聚提升类	符合	龙礼村	集聚提升类	集聚提升类	符合
龙江村	集聚提升类	集聚提升类	符合	屏山社区	集聚提升类	集聚提升类	符合
大滕村	集聚提升类	集聚提升类	符合	雅梨村	集聚提升类	特色保护类	不相符
定江村	集聚提升类	特色保护类	不相符	上孟村	集聚提升类	集聚提升类	符合
那重村	集聚提升类	城郊融合类	不相符	万岭村	集聚提升类	搬迁撤并类	不相符
那门村	集聚提升类	城郊融合类	不相符	万岭村	集聚提升类	集聚提升类	符合
下邓村	集聚提升类	城郊融合类	不相符	万岭村	集聚提升类	搬迁撤并类	不相符
上邓村	集聚提升类	城郊融合类	不相符	上琴村	集聚提升类	集聚提升类	符合
乔建社区	集聚提升类	集聚提升类	符合	群力村	集聚提升类	集聚提升类	符合
太阳升村	集聚提升类	城郊融合类	不相符	刘家村	集聚提升类	集聚提升类	符合
培正村	集聚提升类	城郊融合类	不相符	团结村	集聚提升类	集聚提升类	符合
龙扶村	集聚提升类	城郊融合类	不相符	文化村	集聚提升类	集聚提升类	符合
龙弟村	集聚提升类	集聚提升类	符合	布也村	集聚提升类	集聚提升类	符合
鹭鸶村	集聚提升类	城郊融合类	不相符	业仁村	集聚提升类	集聚提升类	符合
慕恭村	集聚提升类	城郊融合类	不相符				

附表9 南宁市马山县分类结果与实际村庄调查的比对结果

村庄	实地调研的乡村分类情况	本研究确定的乡村分类结果	对比结果	村庄	实地调研的乡村分类情况	本研究确定的乡村分类结果	对比结果
新汉村	集聚提升类	集聚提升类	符合	妙圩村	集聚提升类	集聚提升类	符合
尚新村	搬迁撤并类	集聚提升类	不相符	上荣村	集聚提升类	集聚提升类	符合
上龙村	集聚提升类	城郊融合类	不相符	大坛村	集聚提升类	集聚提升类	符合
大同村	城郊融合类	城郊融合类	符合	爱旗村	集聚提升类	集聚提升类	符合
内学村	城郊融合类	集聚提升类	不相符	双联村	集聚提升类	集聚提升类	符合
造华村	集聚提升类	集聚提升类	符合	杨树村	集聚提升类	集聚提升类	符合
立星村	城郊融合类	集聚提升类	不相符	拔翠村	集聚提升类	集聚提升类	符合
兴华村	集聚提升类	集聚提升类	符合	智超村	集聚提升类	集聚提升类	符合
玉业村	搬迁撤并类	集聚提升类	不相符	台山村	集聚提升类	集聚提升类	符合
民新村	搬迁撤并类	集聚提升类	不相符	青春村	集聚提升类	集聚提升类	符合
古腰村	搬迁撤并类	集聚提升类	不相符	五弄村	集聚提升类	集聚提升类	符合
三联村	集聚提升类	城郊融合类	不相符	胜利村	集聚提升类	集聚提升类	符合
民族村	集聚提升类	城郊融合类	不相符	俊龙村	集聚提升类	集聚提升类	符合
南新村	城郊融合类	城郊融合类	符合	大旺村	集聚提升类	集聚提升类	符合
勉圩村	集聚提升类	城郊融合类	不相符	造加村	集聚提升类	集聚提升类	符合
大龙村	集聚提升类	集聚提升类	符合	德育村	集聚提升类	集聚提升类	符合
大完村	集聚提升类	集聚提升类	符合	宁寿村	集聚提升类	集聚提升类	符合
龙昌村	特色保护类	特色保护类	符合	三村村	集聚提升类	集聚提升类	符合
大塘村	集聚提升类	集聚提升类	符合	州圩村	集聚提升类	集聚提升类	符合
新华村	集聚提升类	集聚提升类	符合	平山村	集聚提升类	集聚提升类	符合
七贤村	集聚提升类	集聚提升类	符合	亲爱村	集聚提升类	集聚提升类	符合
苏仪村	集聚提升类	集聚提升类	符合	永久村	集聚提升类	集聚提升类	符合
合理村	集聚提升类	集聚提升类	符合	那料村	集聚提升类	集聚提升类	符合
伏兴村	集聚提升类	集聚提升类	符合	东良村	集聚提升类	集聚提升类	符合
东庄村	集聚提升类	集聚提升类	符合	东鸡村	集聚提升类	集聚提升类	符合
六马村	集聚提升类	集聚提升类	符合	北良村	集聚提升类	集聚提升类	符合
东七村	集聚提升类	集聚提升类	符合	古楼村	集聚提升类	城郊融合类	不相符
兴隆村	集聚提升类	集聚提升类	符合	乐圩村	集聚提升类	集聚提升类	符合
甘豆村	集聚提升类	集聚提升类	符合	兴科村	集聚提升类	集聚提升类	符合
黄番村	集聚提升类	集聚提升类	符合	三乐村	集聚提升类	集聚提升类	符合
高德村	集聚提升类	集聚提升类	符合	苏博村	集聚提升类	集聚提升类	符合
三和村	集聚提升类	集聚提升类	符合	加乐村	集聚提升类	集聚提升类	符合

续表

村庄	实地调研的乡村分类情况	本研究确定的乡村分类结果	对比结果	村庄	实地调研的乡村分类情况	本研究确定的乡村分类结果	对比结果
片圩村	集聚提升类	集聚提升类	符合	民治村	集聚提升类	集聚提升类	符合
九平村	集聚提升类	集聚提升类	符合	龙开村	集聚提升类	集聚提升类	符合
联合村	集聚提升类	集聚提升类	符合	加春村	集聚提升类	集聚提升类	符合
羊山村	集聚提升类	特色保护类	不相符	大陆村	集聚提升类	集聚提升类	符合
乔老村	集聚提升类	特色保护类	不相符	龙岗村	集聚提升类	集聚提升类	符合
古统村	集聚提升类	集聚提升类	符合	忠党村	集聚提升类	集聚提升类	符合
上岭村	集聚提升类	集聚提升类	符合	内双村	集聚提升类	集聚提升类	符合
新黄村	集聚提升类	集聚提升类	符合	内金村	集聚提升类	集聚提升类	符合
乐平村	集聚提升类	集聚提升类	符合	福兰村	集聚提升类	集聚提升类	符合
上级村	集聚提升类	集聚提升类	符合	加让村	集聚提升类	集聚提升类	符合
六合村	特色保护类	搬迁撤并类	不相符	琴让村	集聚提升类	集聚提升类	符合
安善村	集聚提升类	集聚提升类	符合	花衣村	集聚提升类	搬迁撤并类	不相符
里民村	集聚提升类	集聚提升类	符合	新联村	集聚提升类	集聚提升类	符合
石丰村	集聚提升类	集聚提升类	符合	局仲村	集聚提升类	集聚提升类	符合
杨圩村	集聚提升类	集聚提升类	符合	龙头村	集聚提升类	搬迁撤并类	不相符
新杨村	集聚提升类	集聚提升类	符合	本立村	集聚提升类	特色保护类	不相符
东屏村	集聚提升类	集聚提升类	符合	民兴村	集聚提升类	集聚提升类	符合
龙塘村	集聚提升类	集聚提升类	符合	民乐村	集聚提升类	集聚提升类	符合
独秀村	搬迁撤并类	集聚提升类	不相符	古棠村	集聚提升类	集聚提升类	符合
把读村	集聚提升类	集聚提升类	符合	古今村	集聚提升类	集聚提升类	符合
加雅村	集聚提升类	集聚提升类	符合	加善村	集聚提升类	集聚提升类	符合
加妙村	集聚提升类	集聚提升类	符合	加显村	集聚提升类	集聚提升类	符合
龙印村	集聚提升类	集聚提升类	符合	龙林村	集聚提升类	集聚提升类	符合
里龙村	集聚提升类	集聚提升类	符合	北屏村	集聚提升类	集聚提升类	符合
琴马村	集聚提升类	集聚提升类	符合	龙琴村	集聚提升类	集聚提升类	符合
马周村	集聚提升类	集聚提升类	符合	内钱村	集聚提升类	集聚提升类	符合
周水村	集聚提升类	集聚提升类	符合	加荣村	集聚提升类	集聚提升类	符合
三星村	集聚提升类	集聚提升类	符合	太平村	集聚提升类	集聚提升类	符合
武平村	集聚提升类	集聚提升类	符合	青龙村	集聚提升类	集聚提升类	符合
石塘村	集聚提升类	集聚提升类	符合	雅联村	集聚提升类	集聚提升类	符合
坛沙村	集聚提升类	集聚提升类	符合	龙那村	集聚提升类	集聚提升类	符合
坛利村	集聚提升类	集聚提升类	符合	龙桂村	集聚提升类	集聚提升类	符合
南邦村	集聚提升类	集聚提升类	符合				

附表10 南宁市上林县分类结果与实际村庄调查的比对结果

村庄	实地调研的乡村分类情况	本研究确定的乡村分类结果	对比结果	村庄	实地调研的乡村分类情况	本研究确定的乡村分类结果	对比结果
下丹村	集聚提升类	集聚提升类	符合	安宁村	集聚提升类	城郊融合类	不相符
龙贵村	集聚提升类	集聚提升类	符合	高仁村	集聚提升类	集聚提升类	符合
弄周村	集聚提升类	集聚提升类	符合	绿浪村	集聚提升类	搬迁撤并类	不相符
弄贬村	集聚提升类	集聚提升类	符合	江林村	集聚提升类	城郊融合类	不相符
三黎村	集聚提升类	搬迁撤并类	不相符	马里村	集聚提升类	集聚提升类	符合
那良村	集聚提升类	集聚提升类	符合	万福村	集聚提升类	集聚提升类	符合
长岭村	集聚提升类	集聚提升类	符合	恭睦村	集聚提升类	特色保护类	不相符
狮螺村	集聚提升类	城郊融合类	不相符	双吴村	集聚提升类	集聚提升类	符合
石塘村	集聚提升类	集聚提升类	符合	恭睦村	集聚提升类	特色保护类	不相符
玉峰村	集聚提升类	集聚提升类	符合	东吴村	集聚提升类	集聚提升类	符合
大龙洞村	特色保护类	集聚提升类	不相符	东春村	特色保护类	特色保护类	符合
覃浪村	集聚提升类	集聚提升类	符合	古登村	集聚提升类	集聚提升类	符合
九龙村	集聚提升类	城郊融合类	不相符	怀因村	集聚提升类	集聚提升类	符合
陆永村	集聚提升类	城郊融合类	不相符	东罗村	集聚提升类	集聚提升类	符合
文岭村	集聚提升类	城郊融合类	不相符	望河村	集聚提升类	集聚提升类	符合
登山村	集聚提升类	集聚提升类	符合	邑独村	集聚提升类	集聚提升类	符合
云桃村	集聚提升类	特色保护类	不相符	石逢村	集聚提升类	集聚提升类	符合
朝韦村	集聚提升类	集聚提升类	符合	佛子村	集聚提升类	集聚提升类	符合
甘六村	集聚提升类	城郊融合类	不相符	云里村	集聚提升类	特色保护类	不相符
繁荣社区	集聚提升类	集聚提升类	符合	塘昶村	集聚提升类	特色保护类	不相符
六联村	集聚提升类	集聚提升类	符合	云龙村	集聚提升类	城郊融合类	不相符
长联村	集聚提升类	特色保护类	不相符	高顶村	集聚提升类	集聚提升类	符合
覃排社区	集聚提升类	集聚提升类	符合	龙宝村	集聚提升类	城郊融合类	不相符
大浪村	集聚提升类	集聚提升类	符合	云姚村	集聚提升类	城郊融合类	不相符
赵坐村	集聚提升类	集聚提升类	符合	韦寺村	集聚提升类	集聚提升类	符合
苏仁村	集聚提升类	集聚提升类	符合	洋渡村	集聚提升类	城郊融合类	不相符
寨鹿村	集聚提升类	集聚提升类	符合	西燕社区	集聚提升类	集聚提升类	符合
五村村	特色保护类	搬迁撤并类	不相符	北林村	集聚提升类	城郊融合类	不相符
侯面村	集聚提升类	集聚提升类	符合	江卢村	集聚提升类	集聚提升类	符合
森隆村	集聚提升类	城郊融合类	不相符	东敢村	集聚提升类	集聚提升类	符合
木字村	集聚提升类	搬迁撤并类	不相符	云灵村	集聚提升类	集聚提升类	符合

续表

村庄	实地调研的乡村分类情况	本研究确定的乡村分类结果	对比结果	村庄	实地调研的乡村分类情况	本研究确定的乡村分类结果	对比结果
东红村	城郊融合类	搬迁撤并类	不相符	大坡村	集聚提升类	城郊融合类	不相符
新联村	集聚提升类	城郊融合类	不相符	塘隆村	集聚提升类	城郊融合类	不相符
三水村	集聚提升类	集聚提升类	符合	长岗村	集聚提升类	集聚提升类	符合
高贤社区	集聚提升类	特色保护类	不相符	覃黄村	集聚提升类	城郊融合类	不相符
耀河村	集聚提升类	集聚提升类	符合	漫桥村	集聚提升类	城郊融合类	不相符
卢柱村	集聚提升类	集聚提升类	符合	皇主村	集聚提升类	城郊融合类	不相符
圩底村	集聚提升类	城郊融合类	不相符	万古村	集聚提升类	城郊融合类	不相符
白境村	集聚提升类	集聚提升类	符合	爱长村	集聚提升类	集聚提升类	符合
古楼村	集聚提升类	集聚提升类	符合	光全村	集聚提升类	集聚提升类	符合
邕森村	集聚提升类	集聚提升类	符合	大山村	集聚提升类	集聚提升类	符合
双罗村	集聚提升类	集聚提升类	符合	万嘉村	集聚提升类	集聚提升类	符合
黄境村	集聚提升类	集聚提升类	符合	琴水村	集聚提升类	集聚提升类	符合
大黄村	集聚提升类	集聚提升类	符合	高长村	集聚提升类	集聚提升类	符合
长塘村	集聚提升类	集聚提升类	符合	下江村	集聚提升类	城郊融合类	不相符
双良村	集聚提升类	集聚提升类	符合	三里社区	集聚提升类	集聚提升类	符合
黄楚村	集聚提升类	集聚提升类	符合	山河村	集聚提升类	集聚提升类	符合
石门村	集聚提升类	集聚提升类	符合	云温村	城郊融合类	城郊融合类	符合
弄陈村	集聚提升类	集聚提升类	符合	罗勘村	集聚提升类	城郊融合类	不相符
古春村	集聚提升类	集聚提升类	符合	溯浪村	集聚提升类	城郊融合类	不相符
中可社区	集聚提升类	集聚提升类	符合	排红村	特色保护类	特色保护类	符合
正万村	集聚提升类	集聚提升类	符合	镇马社区	集聚提升类	集聚提升类	符合
洋造村	集聚提升类	集聚提升类	符合	龙保村	集聚提升类	集聚提升类	符合
龙祥村	集聚提升类	集聚提升类	符合	兴塘村	集聚提升类	集聚提升类	符合
龙头村	集聚提升类	集聚提升类	符合	那君村	集聚提升类	集聚提升类	符合
水头村	集聚提升类	搬迁撤并类	不相符	拥军村	集聚提升类	搬迁撤并类	不相符
塘红社区	集聚提升类	集聚提升类	符合	云城村	集聚提升类	城郊融合类	不相符
寨受村	集聚提升类	集聚提升类	符合	里丹村	集聚提升类	城郊融合类	不相符
厂圩村	集聚提升类	集聚提升类	符合	三联村	集聚提升类	城郊融合类	不相符
横岭村	集聚提升类	集聚提升类	符合	云蒙村	集聚提升类	城郊融合类	不相符
木山社区	集聚提升类	集聚提升类	符合	龙楼村	集聚提升类	集聚提升类	符合
乔贤社区	集聚提升类	集聚提升类	符合	龙联村	集聚提升类	集聚提升类	符合
正浪村	集聚提升类	集聚提升类	符合				

附表11 南宁市宾阳县分类结果与实际村庄调查的比对结果

村庄	实地调研的乡村分类情况	本研究确定的乡村分类结果	对比结果	村庄	实地调研的乡村分类情况	本研究确定的乡村分类结果	对比结果
芦圩农业村	搬迁撤并类	城郊融合类	不相符	新华村	集聚提升类	集聚提升类	符合
新宾农业村	城郊融合类	城郊融合类	符合	永和村	城郊融合类	城郊融合类	符合
陆村村	集聚提升类	城郊融合类	不相符	长安村	集聚提升类	城郊融合类	不相符
新廖村	集聚提升类	城郊融合类	不相符	长新村	集聚提升类	城郊融合类	不相符
宝水村	城郊融合类	城郊融合类	符合	高龙村	集聚提升类	城郊融合类	不相符
北街村	城郊融合类	城郊融合类	符合	中南村	集聚提升类	集聚提升类	符合
新模村	城郊融合类	城郊融合类	符合	同仁村	集聚提升类	集聚提升类	符合
顾明村	城郊融合类	城郊融合类	符合	同礼村	集聚提升类	集聚提升类	符合
国太村	集聚提升类	城郊融合类	不相符	同德村	集聚提升类	集聚提升类	符合
王明村	城郊融合类	城郊融合类	符合	七星村	集聚提升类	集聚提升类	符合
黄卢村	特色保护类	城郊融合类	不相符	白山村	集聚提升类	集聚提升类	符合
吴村村	集聚提升类	城郊融合类	不相符	龙塘村	集聚提升类	集聚提升类	符合
蒙田村	集聚提升类	城郊融合类	不相符	大桥社区	集聚提升类	集聚提升类	符合
古城村	城郊融合类	城郊融合类	符合	罗江村	集聚提升类	城郊融合类	不相符
六明村	城郊融合类	城郊融合类	符合	新道村	集聚提升类	集聚提升类	符合
碗窑村	集聚提升类	城郊融合类	不相符	大程村	集聚提升类	城郊融合类	不相符
恭村村	集聚提升类	城郊融合类	不相符	连朋村	集聚提升类	城郊融合类	不相符
六岭村	城郊融合类	城郊融合类	符合	三王村	集聚提升类	集聚提升类	符合
六和村	城郊融合类	城郊融合类	符合	周岭村	集聚提升类	集聚提升类	符合
七里村	城郊融合类	城郊融合类	符合	红村村	集聚提升类	集聚提升类	符合
勒马村	集聚提升类	城郊融合类	不相符	红桥村	集聚提升类	集聚提升类	符合
长岗村	集聚提升类	城郊融合类	不相符	水美村	集聚提升类	集聚提升类	符合
沓塘村	城郊融合类	城郊融合类	符合	兴宁村	集聚提升类	集聚提升类	符合
展志村	集聚提升类	城郊融合类	不相符	明新村	集聚提升类	城郊融合类	不相符
文伟村	集聚提升类	城郊融合类	不相符	长范村	集聚提升类	集聚提升类	符合
太乡村	集聚提升类	城郊融合类	不相符	石壁村	集聚提升类	城郊融合类	不相符
基塘村	集聚提升类	集聚提升类	符合	六龙村	集聚提升类	集聚提升类	符合
三韦村	集聚提升类	集聚提升类	符合	五七村	集聚提升类	集聚提升类	符合
南山村	特色保护类	城郊融合类	不相符	理化村	集聚提升类	城郊融合类	不相符
中兴村	集聚提升类	城郊融合类	不相符	沙井村	集聚提升类	集聚提升类	符合
德明村	特色保护类	城郊融合类	不相符	马王村	集聚提升类	城郊融合类	不相符
青山村	集聚提升类	集聚提升类	符合	云岭村	集聚提升类	城郊融合类	不相符
司马村	集聚提升类	集聚提升类	符合	云梯村	集聚提升类	城郊融合类	不相符
三李村	集聚提升类	集聚提升类	符合	廖寨村	集聚提升类	城郊融合类	不相符

续表

村庄	实地调研的乡村分类情况	本研究确定的乡村分类结果	对比结果	村庄	实地调研的乡村分类情况	本研究确定的乡村分类结果	对比结果
龙胜村	集聚提升类	集聚提升类	符合	杨山村	集聚提升类	城郊融合类	不相符
帽子村	集聚提升类	集聚提升类	符合	留寺村	集聚提升类	特色保护类	不相符
启明村	集聚提升类	集聚提升类	符合	武陵村	集聚提升类	特色保护类	不相符
新圩村	集聚提升类	特色保护类	不相符	廖村村	集聚提升类	集聚提升类	符合
凤鸣村	集聚提升类	集聚提升类	符合	白沙村	集聚提升类	城郊融合类	不相符
欧阳村	特色保护类	集聚提升类	不相符	六蒙村	特色保护类	集聚提升类	不相符
三和村	集聚提升类	集聚提升类	符合	四才村	集聚提升类	集聚提升类	符合
吴江村	集聚提升类	集聚提升类	符合	育才村	集聚提升类	集聚提升类	符合
龙公村	集聚提升类	集聚提升类	符合	上施村	集聚提升类	特色保护类	不相符
补塘村	集聚提升类	集聚提升类	符合	蒙记村	集聚提升类	城郊融合类	不相符
甘棠社区	集聚提升类	集聚提升类	符合	新塘村	集聚提升类	城郊融合类	不相符
洪信村	集聚提升类	集聚提升类	符合	三军村	集聚提升类	集聚提升类	符合
六律村	集聚提升类	集聚提升类	符合	义陈社区	城郊融合类	城郊融合类	符合
八德村	集聚提升类	集聚提升类	符合	古辣社区	城郊融合类	特色保护类	不相符
邓村村	集聚提升类	集聚提升类	符合	联泉村	集聚提升类	集聚提升类	符合
那河村	集聚提升类	集聚提升类	符合	马界村	集聚提升类	集聚提升类	符合
那冷村	特色保护类	集聚提升类	不相符	新胜村	集聚提升类	集聚提升类	符合
那宁村	集聚提升类	集聚提升类	符合	刘村村	集聚提升类	集聚提升类	符合
高棠村	城郊融合类	集聚提升类	不相符	平龙村	特色保护类	特色保护类	符合
五合村	城郊融合类	集聚提升类	不相符	龙额村	集聚提升类	集聚提升类	符合
八合村	城郊融合类	集聚提升类	不相符	稔竹村	集聚提升类	集聚提升类	符合
合庄村	集聚提升类	集聚提升类	符合	六窑村	集聚提升类	集聚提升类	符合
南桥村	集聚提升类	集聚提升类	符合	新兴村	集聚提升类	集聚提升类	符合
新宁村	集聚提升类	集聚提升类	符合	露圩社区	城郊融合类	特色保护类	不相符
旺龙村	集聚提升类	集聚提升类	符合	浪利村	特色保护类	集聚提升类	不相符
祥华社区	集聚提升类	集聚提升类	符合	周黎村	集聚提升类	集聚提升类	符合
太守社区	集聚提升类	城郊融合类	不相符	上塘村	集聚提升类	集聚提升类	符合
马岭村	集聚提升类	城郊融合类	不相符	百合村	集聚提升类	集聚提升类	符合
六盘村	集聚提升类	城郊融合类	不相符	八凤村	集聚提升类	集聚提升类	符合
贵龙村	集聚提升类	集聚提升类	符合	王灵社区	集聚提升类	集聚提升类	符合
六高村	集聚提升类	集聚提升类	符合	秀山村	集聚提升类	集聚提升类	符合
黄冠村	集聚提升类	集聚提升类	符合	七新村	集聚提升类	集聚提升类	符合
平安村	集聚提升类	集聚提升类	符合	大宁村	集聚提升类	集聚提升类	符合

续表

村庄	实地调研的乡村分类情况	本研究确定的乡村分类结果	对比结果	村庄	实地调研的乡村分类情况	本研究确定的乡村分类结果	对比结果
六岑村	集聚提升类	集聚提升类	符合	八岭村	集聚提升类	集聚提升类	符合
益宪村	集聚提升类	城郊融合类	不相符	三择村	集聚提升类	集聚提升类	符合
兰田村	集聚提升类	集聚提升类	符合	义和村	集聚提升类	集聚提升类	符合
秀英村	集聚提升类	城郊融合类	不相符	黄兴村	集聚提升类	集聚提升类	符合
南关村	集聚提升类	城郊融合类	不相符	张安村	集聚提升类	集聚提升类	符合
六合村	集聚提升类	集聚提升类	符合	芳雷村	集聚提升类	集聚提升类	符合
六章村	特色保护类	集聚提升类	不相符	大邦社区	集聚提升类	集聚提升类	符合
太新村	集聚提升类	集聚提升类	符合	燕山村	集聚提升类	集聚提升类	符合
新桥社区	城郊融合类	集聚提升类	不相符	华罗村	集聚提升类	集聚提升类	符合
大林村	集聚提升类	城郊融合类	不相符	伶俐村	集聚提升类	集聚提升类	符合
民范村	集聚提升类	城郊融合类	不相符	平桥村	集聚提升类	集聚提升类	符合
三才村	集聚提升类	城郊融合类	不相符	三民村	集聚提升类	集聚提升类	符合
大庄村	集聚提升类	城郊融合类	不相符	新安村	集聚提升类	集聚提升类	符合
立新村	集聚提升类	城郊融合类	不相符	惠良村	集聚提升类	集聚提升类	符合
甘村村	集聚提升类	城郊融合类	不相符	岭甲村	集聚提升类	集聚提升类	符合
三友村	集聚提升类	城郊融合类	不相符	洋桥社区	集聚提升类	集聚提升类	符合
林堡村	集聚提升类	城郊融合类	不相符	赤坭村	集聚提升类	集聚提升类	符合
大仙村	集聚提升类	城郊融合类	不相符	葛村村	集聚提升类	集聚提升类	符合
马村村	集聚提升类	城郊融合类	不相符	茂凌村	集聚提升类	集聚提升类	符合
新和村	集聚提升类	城郊融合类	不相符	那马村	集聚提升类	集聚提升类	符合
大罗村	集聚提升类	城郊融合类	不相符	坐椅村	集聚提升类	集聚提升类	符合
白岩村	集聚提升类	集聚提升类	符合	凌达村	集聚提升类	集聚提升类	符合
白花村	集聚提升类	集聚提升类	符合	蓬塘村	集聚提升类	集聚提升类	符合
清平村	搬迁撤并类	城郊融合类	不相符	东黎村	集聚提升类	集聚提升类	符合
四镇社区	集聚提升类	集聚提升类	符合	和平村	集聚提升类	集聚提升类	符合
三塘村	集聚提升类	城郊融合类	不相符	义平村	集聚提升类	集聚提升类	符合
共和村	城郊融合类	城郊融合类	符合	平天村	集聚提升类	集聚提升类	符合
梁凤村	集聚提升类	城郊融合类	不相符	新安村	集聚提升类	集聚提升类	符合
上国村	集聚提升类	集聚提升类	符合	五星村	集聚提升类	集聚提升类	符合
黄凤村	集聚提升类	城郊融合类	不相符	文华村	集聚提升类	城郊融合类	不相符
公义村	集聚提升类	集聚提升类	符合	上峰村	集聚提升类	集聚提升类	符合
邹圩社区	集聚提升类	集聚提升类	符合	名山村	集聚提升类	特色保护类	不相符
六新村	城郊融合类	集聚提升类	不相符				

附表12　南宁市横州市分类结果与实际村庄调查的比对结果

村庄	南宁市各乡镇反馈的乡村分类情况	本研究确定的乡村分类结果	对比结果	村庄	南宁市各乡镇反馈的乡村分类情况	本研究确定的乡村分类结果	对比结果
江南村	集聚提升类	城郊融合类	不相符	马毡村	集聚提升类	集聚提升类	符合
蒙垌村	集聚提升类	城郊融合类	不相符	小王村	集聚提升类	集聚提升类	符合
太平村	集聚提升类	城郊融合类	不相符	承朴村	集聚提升类	集聚提升类	符合
东郭村	城郊融合类	城郊融合类	符合	覃寨村	集聚提升类	集聚提升类	符合
龙池村	城郊融合类	城郊融合类	符合	石板村	集聚提升类	集聚提升类	符合
宋村村	城郊融合类	集聚提升类	不相符	化龙村	集聚提升类	集聚提升类	符合
新桥村	集聚提升类	集聚提升类	符合	木塘村	集聚提升类	集聚提升类	符合
蒙村村	城郊融合类	集聚提升类	不相符	佛渡村	集聚提升类	集聚提升类	符合
长江村	集聚提升类	集聚提升类	符合	红花村	集聚提升类	集聚提升类	符合
龙首村	集聚提升类	城郊融合类	不相符	利垌村	集聚提升类	集聚提升类	符合
曹村村	集聚提升类	集聚提升类	符合	那帽村	集聚提升类	集聚提升类	符合
清江村	集聚提升类	集聚提升类	符合	陇西村	搬迁撤并类	集聚提升类	不相符
北村村	集聚提升类	集聚提升类	符合	亭茶村	城郊融合类	集聚提升类	不相符
石村村	城郊融合类	城郊融合类	符合	泗英村	集聚提升类	集聚提升类	符合
谢圩村	城郊融合类	集聚提升类	不相符	良村村	集聚提升类	集聚提升类	符合
学明村	城郊融合类	集聚提升类	不相符	张村村	集聚提升类	集聚提升类	符合
周塘村	城郊融合类	集聚提升类	不相符	高沙村	集聚提升类	集聚提升类	符合
长寨村	集聚提升类	集聚提升类	符合	竹塘村	集聚提升类	集聚提升类	符合
大和村	集聚提升类	集聚提升类	符合	大料村	集聚提升类	集聚提升类	符合
长淇村	集聚提升类	集聚提升类	符合	大料村	集聚提升类	集聚提升类	符合
上淇村	集聚提升类	集聚提升类	符合	禾仓村	集聚提升类	集聚提升类	符合
罗凤村	集聚提升类	集聚提升类	符合	禾塘村	集聚提升类	集聚提升类	符合
高祝村	集聚提升类	集聚提升类	符合	木道村	集聚提升类	集聚提升类	符合
黄村村	集聚提升类	集聚提升类	符合	瑶埠村	集聚提升类	集聚提升类	符合
武留村	集聚提升类	集聚提升类	符合	芦村村	集聚提升类	集聚提升类	符合
洪庐村	集聚提升类	集聚提升类	符合	沙江村	集聚提升类	集聚提升类	符合
山江村	集聚提升类	集聚提升类	符合	下垌村	集聚提升类	集聚提升类	符合
大炉村	集聚提升类	集聚提升类	符合	五福村	集聚提升类	集聚提升类	符合
六答村	集聚提升类	集聚提升类	符合	陆村村	集聚提升类	集聚提升类	符合
庙庄村	集聚提升类	集聚提升类	符合	潘六村	集聚提升类	集聚提升类	符合
田共村	集聚提升类	集聚提升类	符合	三联村	集聚提升类	集聚提升类	符合
圩背村	集聚提升类	集聚提升类	符合	双河村	集聚提升类	集聚提升类	符合
平阳村	集聚提升类	集聚提升类	符合	古逢村	集聚提升类	集聚提升类	符合
百联村	集聚提升类	集聚提升类	符合	古逢村	集聚提升类	集聚提升类	符合

续表

村庄	南宁市各乡镇反馈的乡村分类情况	本研究确定的乡村分类结果	对比结果	村庄	南宁市各乡镇反馈的乡村分类情况	本研究确定的乡村分类结果	对比结果
江口村	集聚提升类	集聚提升类	符合	古逢村	集聚提升类	集聚提升类	符合
马平村	集聚提升类	集聚提升类	符合	谢村村	集聚提升类	集聚提升类	符合
坡塘村	集聚提升类	集聚提升类	符合	上塘村	城郊融合类	集聚提升类	不相符
陆屋村	集聚提升类	集聚提升类	符合	上塘村	城郊融合类	集聚提升类	不相符
芳岭村	集聚提升类	集聚提升类	符合	六秀村	集聚提升类	集聚提升类	符合
新圩村	城郊融合类	集聚提升类	不相符	善塘村	集聚提升类	集聚提升类	符合
平福村	集聚提升类	集聚提升类	符合	泮林村	集聚提升类	集聚提升类	符合
南岸村	集聚提升类	集聚提升类	符合	平林村	集聚提升类	集聚提升类	符合
芦塘村	集聚提升类	集聚提升类	符合	那良村	集聚提升类	特色保护类	不相符
永新村	集聚提升类	集聚提升类	符合	龙门村	集聚提升类	集聚提升类	符合
河塘村	集聚提升类	集聚提升类	符合	大塘村	集聚提升类	集聚提升类	符合
妙门村	集聚提升类	集聚提升类	符合	苏村村	集聚提升类	集聚提升类	符合
同菜村	集聚提升类	集聚提升类	符合	刘村村	集聚提升类	城郊融合类	不相符
那阳村	集聚提升类	集聚提升类	符合	福旺村	集聚提升类	集聚提升类	符合
上茶村	集聚提升类	城郊融合类	不相符	令里村	集聚提升类	集聚提升类	符合
岭鹩村	集聚提升类	城郊融合类	不相符	外服村	集聚提升类	集聚提升类	符合
涟塘村	集聚提升类	集聚提升类	符合	镇海村	集聚提升类	集聚提升类	符合
东安村	集聚提升类	集聚提升类	符合	罗塘村	搬迁撤并类	集聚提升类	不相符
周杨村	集聚提升类	集聚提升类	符合	旺塘村	集聚提升类	集聚提升类	符合
大六村	集聚提升类	集聚提升类	符合	杨梅村	集聚提升类	集聚提升类	符合
莫大村	集聚提升类	城郊融合类	不相符	韦村村	集聚提升类	集聚提升类	符合
莫大村	集聚提升类	城郊融合类	不相符	樟西村	搬迁撤并类	集聚提升类	不相符
大联村	集聚提升类	城郊融合类	不相符	畨汶村	集聚提升类	集聚提升类	符合
政华村	集聚提升类	城郊融合类	不相符	龙省村	集聚提升类	集聚提升类	符合
维新村	特色保护类	集聚提升类	不相符	横塘村	集聚提升类	集聚提升类	符合
平联村	集聚提升类	城郊融合类	不相符	石井村	集聚提升类	集聚提升类	符合
三合村	集聚提升类	城郊融合类	不相符	贺桂村	集聚提升类	集聚提升类	符合
宝华村	集聚提升类	集聚提升类	符合	六凤村	集聚提升类	集聚提升类	符合
红宜村	集聚提升类	城郊融合类	不相符	东圩村	集聚提升类	集聚提升类	符合
陈塘村	集聚提升类	集聚提升类	符合	罗村村	城郊融合类	集聚提升类	不相符
桥板村	集聚提升类	集聚提升类	符合	罗村村	城郊融合类	集聚提升类	不相符
碑塘村	集聚提升类	集聚提升类	符合	白衣村	集聚提升类	集聚提升类	符合
蔡村村	集聚提升类	特色保护类	不相符	六蓝村	集聚提升类	集聚提升类	符合
合山村	集聚提升类	集聚提升类	符合	临江村	集聚提升类	集聚提升类	符合
天亮村	集聚提升类	集聚提升类	符合	旺安村	集聚提升类	集聚提升类	符合
松柏村	集聚提升类	集聚提升类	符合	草木村	集聚提升类	集聚提升类	符合

续表

村庄	南宁市各乡镇反馈的乡村分类情况	本研究确定的乡村分类结果	对比结果	村庄	南宁市各乡镇反馈的乡村分类情况	本研究确定的乡村分类结果	对比结果
五合村	集聚提升类	集聚提升类	符合	青桐村	集聚提升类	特色保护类	不相符
高山村	集聚提升类	集聚提升类	符合	六味村	集聚提升类	集聚提升类	符合
社头村	集聚提升类	集聚提升类	符合	畓桥村	集聚提升类	集聚提升类	符合
大沙村	集聚提升类	集聚提升类	符合	畓冷村	集聚提升类	集聚提升类	符合
三畓村	集聚提升类	集聚提升类	符合	中团村	集聚提升类	集聚提升类	符合
高义村	集聚提升类	集聚提升类	符合	大良村	集聚提升类	集聚提升类	符合
竹莲村	集聚提升类	集聚提升类	符合	旺庄村	集聚提升类	集聚提升类	符合
广龙村	集聚提升类	集聚提升类	符合	福塘村	集聚提升类	集聚提升类	符合
民生村	集聚提升类	城郊融合类	不相符	甲俭村	集聚提升类	集聚提升类	符合
竹瓦村	集聚提升类	集聚提升类	符合	甲俭村	集聚提升类	集聚提升类	符合
三阳村	集聚提升类	集聚提升类	符合	邓圩村	集聚提升类	集聚提升类	符合
塔竹村	集聚提升类	集聚提升类	符合	宿龙村	集聚提升类	集聚提升类	符合
彭岭村	集聚提升类	集聚提升类	符合	南康村	集聚提升类	集聚提升类	符合
那河村	集聚提升类	集聚提升类	符合	山口村	集聚提升类	集聚提升类	符合
畓湴村	集聚提升类	集聚提升类	符合	站圩村	集聚提升类	集聚提升类	符合
潘村村	集聚提升类	集聚提升类	符合	六河村	集聚提升类	集聚提升类	符合
平恩村	集聚提升类	集聚提升类	符合	周璞村	集聚提升类	集聚提升类	符合
白沙村	集聚提升类	集聚提升类	符合	飘竹村	集聚提升类	集聚提升类	符合
那恩村	集聚提升类	集聚提升类	符合	富津村	搬迁撤并类	集聚提升类	不相符
独村村	集聚提升类	集聚提升类	符合	龙坪村	搬迁撤并类	集聚提升类	不相符
新妙村	集聚提升类	集聚提升类	符合	莲新村	搬迁撤并类	集聚提升类	不相符
北联村	集聚提升类	集聚提升类	符合	飞马村	搬迁撤并类	集聚提升类	不相符
团富村	集聚提升类	集聚提升类	符合	振兴村	搬迁撤并类	集聚提升类	不相符
丕地村	集聚提升类	集聚提升类	符合	兴华村	搬迁撤并类	集聚提升类	不相符
平塘村	集聚提升类	集聚提升类	符合	双平村	搬迁撤并类	集聚提升类	不相符
瓦灶村	集聚提升类	集聚提升类	符合	观江村	搬迁撤并类	集聚提升类	不相符
佛子村	集聚提升类	集聚提升类	符合	新塘村	搬迁撤并类	集聚提升类	不相符
六香村	集聚提升类	集聚提升类	符合	良和村	搬迁撤并类	集聚提升类	不相符
六坡村	集聚提升类	集聚提升类	符合	清泉村	搬迁撤并类	集聚提升类	不相符
六坡村	集聚提升类	集聚提升类	符合	南新村	搬迁撤并类	城郊融合类	不相符
龙田村	集聚提升类	集聚提升类	符合	南面村	集聚提升类	集聚提升类	符合
六莲村	集聚提升类	城郊融合类	不相符	公平村	集聚提升类	集聚提升类	符合
山柏村	城郊融合类	城郊融合类	符合	六壮村	集聚提升类	集聚提升类	符合
山柏村	城郊融合类	城郊融合类	符合	新龙村	集聚提升类	集聚提升类	符合
杨彭村	集聚提升类	城郊融合类	不相符	克安村	集聚提升类	集聚提升类	符合
新张村	集聚提升类	城郊融合类	不相符	太宁村	集聚提升类	集聚提升类	符合

续表

村庄	南宁市各乡镇反馈的乡村分类情况	本研究确定的乡村分类结果	对比结果	村庄	南宁市各乡镇反馈的乡村分类情况	本研究确定的乡村分类结果	对比结果
小涖村	集聚提升类	集聚提升类	符合	象旺村	集聚提升类	集聚提升类	符合
廖村村	集聚提升类	集聚提升类	符合	长塘村	集聚提升类	集聚提升类	符合
石柱村	集聚提升类	城郊融合类	不相符	平安村	集聚提升类	集聚提升类	符合
苏光村	集聚提升类	集聚提升类	符合	小向村	集聚提升类	集聚提升类	符合
良水村	集聚提升类	集聚提升类	符合	金石村	集聚提升类	集聚提升类	符合
苏安村	集聚提升类	集聚提升类	符合	双桥村	集聚提升类	集聚提升类	符合
五权村	集聚提升类	集聚提升类	符合	龙棉村	集聚提升类	集聚提升类	符合
快龙村	集聚提升类	集聚提升类	符合	龙棉村	集聚提升类	集聚提升类	符合
大茶村	集聚提升类	集聚提升类	符合	汗桥村	集聚提升类	集聚提升类	符合
丁村村	集聚提升类	集聚提升类	符合	西竹村	集聚提升类	集聚提升类	符合
长安村	集聚提升类	集聚提升类	符合	罗板村	集聚提升类	集聚提升类	符合
泮塘村	集聚提升类	集聚提升类	符合	上颜村	集聚提升类	集聚提升类	符合
高村村	集聚提升类	集聚提升类	符合	下颜村	集聚提升类	集聚提升类	符合
那檀村	集聚提升类	集聚提升类	符合	双窑村	集聚提升类	集聚提升类	符合
刘奇村	集聚提升类	集聚提升类	符合	秋江村	集聚提升类	集聚提升类	符合
方村村	集聚提升类	集聚提升类	符合	黄强村	集聚提升类	集聚提升类	符合
下滕村	集聚提升类	集聚提升类	符合	南乐村	集聚提升类	集聚提升类	符合
良塘村	集聚提升类	集聚提升类	符合	笔山村	集聚提升类	特色保护类	不相符
莫村村	集聚提升类	集聚提升类	符合	滩晚村	集聚提升类	集聚提升类	符合
安平村	集聚提升类	特色保护类	不相符	稔歌村	集聚提升类	集聚提升类	符合
彭村村	集聚提升类	集聚提升类	符合	池鹏村	集聚提升类	集聚提升类	符合
滩头村	集聚提升类	集聚提升类	符合	宝鼎村	集聚提升类	集聚提升类	符合
明新村	集聚提升类	集聚提升类	符合	那眉村	集聚提升类	集聚提升类	符合
杨江村	集聚提升类	集聚提升类	符合	飞洒村	集聚提升类	集聚提升类	符合
格木村	集聚提升类	集聚提升类	符合	马兰村	集聚提升类	集聚提升类	符合
新兴村	集聚提升类	集聚提升类	符合	凤丹村	集聚提升类	集聚提升类	符合
布文村	特色保护类	集聚提升类	不相符	苷可村	集聚提升类	集聚提升类	符合
竹标村	集聚提升类	集聚提升类	符合	盐田村	集聚提升类	集聚提升类	符合
官山村	集聚提升类	集聚提升类	符合	那旭村	集聚提升类	集聚提升类	符合
石洲村	集聚提升类	集聚提升类	符合	六昌村	集聚提升类	集聚提升类	符合
那莫村	集聚提升类	集聚提升类	符合	大站村	集聚提升类	集聚提升类	符合
大浪村	集聚提升类	集聚提升类	符合	大站村	集聚提升类	集聚提升类	符合
八联村	集聚提升类	集聚提升类	符合	古楼村	集聚提升类	集聚提升类	符合
龙口村	集聚提升类	集聚提升类	符合	六谢村	集聚提升类	集聚提升类	符合
民塘村	集聚提升类	集聚提升类	符合	合源村	集聚提升类	集聚提升类	符合

附表13 资源县分类结果与实际村庄调查的比对结果

乡镇	村庄	本研究确定的乡村分类结果		实地调研的乡村分类情况		对比结果	
		一级	二级	一级	二级	一级	二级
资源镇	大合村	城郊融合类	城镇近郊型村庄	城郊融合类	城镇近郊型村庄	相符	相符
	城关村	城郊融合类	城镇近郊型村庄	城郊融合类	城镇近郊型村庄	相符	相符
	石溪头村	集聚提升类	存续提升型村庄	集聚提升类	集聚发展型村庄	相符	不相符
	石溪村	城郊融合类	城镇近郊型村庄	城郊融合类	城镇近郊型村庄	相符	相符
	浦田村	城郊融合类	城镇近郊型村庄	城郊融合类	城镇近郊型村庄	相符	相符
	金山村	集聚提升类	存续提升型村庄	集聚提升类	存续提升型村庄	相符	相符
	修睦村	城郊融合类	城镇近郊型村庄	城郊融合类	城镇近郊型村庄	相符	相符
	官洞村	集聚提升类	集聚发展型村庄	集聚提升类	集聚发展型村庄	相符	相符
	马家村	集聚提升类	存续提升型村庄	特色保护类	历史人文保护型村庄	不相符	不相符
	文洞村	集聚提升类	存续提升型村庄	集聚提升类	集聚发展型村庄	相符	不相符
	永兴村	集聚提升类	存续提升型村庄	集聚提升类	存续提升型村庄	相符	相符
	天门村	集聚提升类	治理改善型村庄	集聚提升类	治理改善型村庄	相符	相符
	晓锦村	集聚提升类	存续提升型村庄	特色保护类	历史人文保护型村庄	不相符	不相符
	同禾村	集聚提升类	集聚发展型村庄	集聚提升类	集聚发展型村庄	相符	相符
中峰镇	车田湾村	集聚提升类	集聚发展型村庄	城郊融合类	城镇近郊型村庄	不相符	不相符
	大庄田村	集聚提升类	集聚发展型村庄	集聚提升类	集聚发展型村庄	相符	相符
	中峰村	城郊融合类	城镇近郊型村庄	城郊融合类	城镇近郊型村庄	相符	相符
	官田村	城郊融合类	城镇近郊型村庄	集聚提升类	集聚发展型村庄	不相符	不相符
	大源村	集聚提升类	存续提升型村庄	集聚提升类	存续提升型村庄	相符	相符
	枫木村	集聚提升类	存续提升型村庄	集聚提升类	存续提升型村庄	相符	相符
	社岭村	集聚提升类	治理改善型村庄	集聚提升类	治理改善型村庄	相符	相符
	福景村	集聚提升类	治理改善型村庄	集聚提升类	治理改善型村庄	相符	相符
	八坊村	集聚提升类	存续提升型村庄	集聚提升类	存续提升型村庄	相符	相符
	上洞村	集聚提升类	治理改善型村庄	集聚提升类	治理改善型村庄	相符	相符
梅溪镇	茶坪村	集聚提升类	治理改善型村庄	集聚提升类	治理改善型村庄	相符	相符
	三茶村	特色保护类	自然生态景观型村庄	集聚提升类	集聚发展型村庄	不相符	不相符
	大坨村	特色保护类	自然生态景观型村庄	特色保护类	自然生态景观型村庄	相符	相符
	梅溪村	特色保护类	自然生态景观型村庄	特色保护类	历史人文保护型村庄	相符	不相符
	随滩村	特色保护类	自然生态景观型村庄	特色保护类	自然生态景观型村庄	相符	相符
	坪水底村	集聚提升类	治理改善型村庄	集聚提升类	治理改善型村庄	相符	相符

续表

乡镇	村庄	本研究确定的乡村分类结果		实地调研的乡村分类情况		对比结果	
		一级	二级	一级	二级	一级	二级
梅溪镇	戈洞坪村	集聚提升类	治理改善型村庄	集聚提升类	治理改善型村庄	相符	相符
	沙坪村	集聚提升类	存续提升型村庄	集聚提升类	存续提升型村庄	相符	相符
	咸水口村	城郊融合类	城镇近郊型村庄	集聚提升类	集聚发展型村庄	不相符	不相符
	胡家田村	特色保护类	自然生态景观型村庄	特色保护类	自然生态景观型村庄	相符	相符
	大滩头村	集聚提升类	存续提升型村庄	集聚提升类	存续提升型村庄	相符	相符
	咸水洞村	集聚提升类	治理改善型村庄	集聚提升类	治理改善型村庄	相符	相符
	铜座村	集聚提升类	治理改善型村庄	集聚提升类	治理改善型村庄	相符	相符
车田苗族乡	脚骨冲村	集聚提升类	治理改善型村庄	集聚提升类	存续提升型村庄	相符	不相符
	木厂村	集聚提升类	治理改善型村庄	集聚提升类	治理改善型村庄	相符	相符
	海棠村	集聚提升类	存续提升型村庄	集聚提升类	存续提升型村庄	相符	相符
	田头水村	集聚提升类	存续提升型村庄	集聚提升类	存续提升型村庄	相符	相符
	粗石村	集聚提升类	存续提升型村庄	集聚提升类	存续提升型村庄	相符	相符
	白洞村	集聚提升类	存续提升型村庄	集聚提升类	存续提升型村庄	相符	相符
	龙塘村	集聚提升类	集聚发展型村庄	集聚提升类	集聚发展型村庄	相符	相符
	黄龙村	城郊融合类	城镇近郊型村庄	城郊融合类	城镇近郊型村庄	相符	相符
	车田村	城郊融合类	城镇近郊型村庄	集聚提升类	集聚发展型村庄	不相符	不相符
	黄宝村	集聚提升类	集聚发展型村庄	集聚提升类	集聚发展型村庄	相符	相符
	坪寨村	集聚提升类	存续提升型村庄	集聚提升类	存续提升型村庄	相符	相符
	石寨村	集聚提升类	存续提升型村庄	集聚提升类	存续提升型村庄	相符	相符
瓜里乡	香草村	集聚提升类	治理改善型村庄	集聚提升类	治理改善型村庄	相符	相符
	文溪村	集聚提升类	治理改善型村庄	集聚提升类	治理改善型村庄	相符	相符
	白竹村	城郊融合类	城镇近郊型村庄	城郊融合类	城镇近郊型村庄	相符	相符
	义林村	城郊融合类	城镇近郊型村庄	集聚提升类	集聚发展型村庄	不相符	不相符
	大坪头村	集聚提升类	治理改善型村庄	集聚提升类	治理改善型村庄	相符	相符
	田洞里村	集聚提升类	存续提升型村庄	集聚提升类	存续提升型村庄	相符	相符
	瓜里村	城郊融合类	城镇近郊型村庄	特色保护类	历史人文保护型村庄	不相符	不相符
	大田村	集聚提升类	存续提升型村庄	集聚提升类	存续提升型村庄	相符	相符
	金江村	集聚提升类	治理改善型村庄	集聚提升类	治理改善型村庄	相符	相符
	水头村	集聚提升类	存续提升型村庄	集聚提升类	存续提升型村庄	相符	相符
	白水村	集聚提升类	存续提升型村庄	集聚提升类	存续提升型村庄	相符	相符

续表

乡镇	村庄	本研究确定的乡村分类结果		实地调研的乡村分类情况		对比结果	
		一级	二级	一级	二级	一级	二级
两水苗族乡	白石村	集聚提升类	治理改善型村庄	集聚提升类	治理改善型村庄	相符	相符
	烟竹村	特色保护类	历史人文保护型村庄	特色保护类	历史人文保护型村庄	相符	相符
	和平村	集聚提升类	存续提升型村庄	集聚提升类	存续提升型村庄	相符	相符
	凤水村	城郊融合类	城镇近郊型村庄	特色保护类	历史人文保护型村庄	不相符	不相符
	社水村	特色保护类	历史人文保护型村庄	特色保护类	历史人文保护型村庄	相符	相符
	塘垌村	特色保护类	历史人文保护型村庄	特色保护类	历史人文保护型村庄	相符	相符
河口瑶族乡	高山村	集聚提升类	治理改善型村庄	集聚提升类	存续提升型村庄	相符	不相符
	立寨村	集聚提升类	治理改善型村庄	集聚提升类	治理改善型村庄	相符	相符
	大湾村	集聚提升类	治理改善型村庄	集聚提升类	治理改善型村庄	相符	相符
	猴背村	集聚提升类	治理改善型村庄	集聚提升类	治理改善型村庄	相符	相符
	葱坪村	特色保护类	历史人文保护型村庄	特色保护类	历史人文保护型村庄	相符	相符

参考文献

中文参考文献

专著

［1］李小建. 经济地理学（第二版）［M］. 北京：高等教育出版社，2006.

［2］王德第，荣卓著. 县域经济发展问题研究［M］. 天津：南开大学出版社，2012.

期刊文献

［3］张荣天，焦华富，张小林. 长三角地区县域乡村类型划分与乡村性评价［J］. 南京师大学报（自然科学版），2014，37（3）：132-136.

［4］董越，华晨. 基于经济、建设、生态平衡关系的乡村类型分类及发展策略［J］. 规划师，2017，33（1）：128-133.

［5］黄京. 基于"三区三线"空间统筹管控下的村庄分类研究［J］. 城市建筑，2019，16（36）：40-41.

［6］伍志凌，张冬. 乡村振兴战略下的村庄分类探索——以罗平县旧屋基彝族乡为例［J］. 四川水泥，2020（2）：310.

［7］于水，王亚星，杜焱强. 异质性资源禀赋、分类治理与乡村振兴［J］. 西北农林科技大学学报（社会科学版），2019，19（4）：52-60.

［8］李裕瑞，卜长利，曹智，等. 面向乡村振兴战略的村庄分类方法与实证研究［J］. 自然资源学报，2020，35（2）：243-256.

［9］陆学，罗倩倩，王龙. 村庄分类方法——两级三步法探讨［J］. 城乡建设，2018（3）：40-43.

［10］宋宁. 庄河市市域乡村建设规划之村庄分类管控初探［J］. 中国集体经济，2021（9）：11-12.

［11］朱彬，马晓冬. 苏北地区乡村聚落的格局特征与类型划分［J］. 人文地理，2011，26（4）：66-72.

［12］孙婧雯. A级景区村庄分类集群化发展研究［J］. 合作经济与科技，2019（12）：39-41.

［13］彭震伟，陆嘉. 基于城乡统筹的农村人居环境发展［J］. 城市规划，2009，33（5）：66-68.

[14] 赵勇，王嘉成. 乡镇域村庄多级分类方法探究——以河北省滦州市榛子镇为例[J]. 山西师范大学学报（自然科学版），2021，35（2）：45-53.

[15] 张磊，叶裕民，孙玥，等. 特大城市城乡结合部村庄分类研究与特征分析——以广州市农村地区为例[J]城市规划，2019，43（8）：47-53.

[16] 罗文. 两级村庄分类方法探讨[J]. 中国土地，2020，(6)：49-50.

[17] 周游，李升松，周慧，等. 乡村空间分类量化评价体系构建及南宁实践[J]. 规划师，2019（21）：59-64.

[18] 曹先密，徐杰. 耦合用地适宜性评价和发展潜力评价的村庄分类方法研究[J]. 城市勘测，2021（2）：6-64，68.

[19] 王梦婧，吕悦风，吴次芳，等. 国土空间规划背景下的县域村庄分类模式研究——以山东省莱州市为例[J]. 城市发展研究，2020，27（9）：1-7.

[20] 史秋洁，刘涛，曹广忠. 面向规划建设的村庄分类指标体系研究[J]人文地理，2017，32（6）：121-128.

[21] 文琦，郑殿元. 西北贫困地区乡村类型识别与振兴途径研究[J]. 地理研究，2019，38（3）：509-521.

[22] 杨秀，余龄敏，赵秀峰，等. 乡村振兴背景下的乡村发展潜力评估、分类与规划引导[J]. 规划师，2019，35（19）：62-67.

[23] 郑兴明. 基于分类推进的乡村振兴潜力评价指标体系研究——来自福建省3县市6个村庄的调查数据[J]. 社会科学，2019，(6)：36-47.

[24] 欧维新，邹怡，刘敬杰，等. 基于乡村振兴潜力和土地利用效率的村庄分类研究[J]. 上海城市规划，2021（6）：15-21.

[25] 朱泽，杨颢，胡月明，等. 基于多源数据的村庄发展潜力评价及村庄分类[J]. 农业资源与环境学报，2021，38（6）：1142-1151.

[26] 樊彤彤. 面向乡村振兴的村庄分类、评价——以平利县为例[J]. 建筑与文化，2021（5）：74-75.

[27] 计忠飙，毕庆生，裴贝贝，等. 基于灰色聚类和耕作半径的自然村村庄分类研究——以商丘市宋集镇为例[J]. 小城镇建设，2022，40（5）：40-47.

[28] 段琳琼，陈亚南. 国土空间规划背景下的村庄分类研究[J]. 农村经济与科技，2022，33（5）：45-48.

[29] 周游，廖婧茹，鲍梓婷. 乡村振兴战略下乡村分类方法的探讨——以天等县为例[J]. 南方建筑，2021（6）：38-45.

[30] 马晓冬，李全林，沈一. 江苏省乡村聚落的形态分异及地域类型[J]. 地理学报，2012，67（4）：

516-525.

[31] 孟欢欢，李同昇，于正松，等. 安徽省乡村发展类型及乡村性空间分异研究［J］. 经济地理，2013，33（4）：144-148，185.

[32] 李义龙，廖和平，李涛，等. 都市近郊区乡村性评价及精准脱贫模式研究——以重庆市渝北区138个行政村为例［J］. 西南大学学报（自然科学版），2018，40（8）：56-66.

[33] 王诗文，杨柳，赵杨茜. 基于引力模型的中心村空间布局分析——以贵州省锦屏县为例［J］. 江西农业学报，2019，31（5）：144-150.

[34] 乔陆印. 乡村振兴村庄类型识别与振兴策略研究：以山西省长子县为例［J］. 地理科学进展，2019，38（9）：1340-1348.

[35] 江雪怡，时雨欣，汪宜漾，等. 自然聚落尺度下村庄分类方法的研究——以天等县为例［J］. 小城镇建设，2020，38（10）：66-75.

[36] 荣玥芳，曹圣婕，刘津玉. 国土空间规划背景下村庄分类技术与方法研究——以天津市蓟州区为例［J］. 北京建筑大学学报，2021，37（1）：51-58.

[37] 王娜，芮东健，王辉，等. 面向乡村振兴战略的菏泽市定陶区村庄分类与布局研究［J］. 乡村科技，2021（9）：23-28.

[38] 张子替，祁丽艳，张云涛，等. 乡村振兴战略背景下安丘市景芝镇村庄分类研究［J］. 青岛理工大学学报，2020，41（3）：59-66.

[39] 史芸婷，李浩，陈小杰. 桂林市辖区村庄分类研究［J］. 城乡建设，2021(9)：60-61.

[40] 李宏轩，王丽丹，王晓颖，等. 沈阳市村庄分类布局策略探索［J］. 规划师，2020，36(S1)：85-90.

[41] 陈思. 高原地区县域村庄分类方法研究——以西藏昂仁县为例［J］. 城市建筑，2022（4）：69-71.

[42] 冯丹玥，金晓斌，梁鑫源，等. 基于“类型—等级—潜力”综合视角的村庄特征识别与整治对策［J］. 农业工程学报，2020，36（8）：226-237，326.

[43] 韩欣宇，闫凤英. 乡村振兴背景下乡村发展综合评价及类型识别研究［J］. 中国人口•资源与环境，2019，29（9）：156—165.

[44] 杨绪红，吴晓莉，范渊，等. 规划引导下利津县村庄分类与整治策略［J］. 农业机械学报，2020，51（5）：233-241.

[45] 褚书顶，张乐益，黄文圣. 国土空间规划体系下村庄分类研究——以“开化县村庄规划编制路径研究”为例［J］. 浙江国土资源，2020（S1）：91-94.

[46] 陈伟强，代亚强，耿艺伟，等. 基于POI数据和引力模型的村庄分类方法研究［J］. 农业机械学

报，2020，51（10）：195-202.

［47］ 赵哲，吕楠，姜翠梅. 基于SOM神经网络的秦岭北麓保护区域村庄分类与发展策略［J］. 桂林理工大学学报，2023，43（4）：1-8.

［48］ 李彦潼，朱雅琴，周游，等. 基于分形理论下村落空间形态特征量化研究——以南宁市村落为例［J］. 南方建筑，2020,（5）：64-69.

［49］ 胡晓斐. 传统村落空间布局形态变迁的影响因素——以山西省沁水县窦庄村为例［J］. 西部皮革，2018，40（24）：85.

［50］ 康建萍. 基于中国传统风水观的乡村景观设计探析［J］. 居舍，2018,（21）：141，143.

学位论文

［51］ 姜洪宇. 空间竞争力视角下的皖北地区村庄类型划分及发展对策研究［D］. 合肥：安徽建筑大学，2011.

［52］ 葛娴娴. 秦汉新城村庄布局规划研究［D］. 西安：长安大学，2019.

［53］ 张坤. 乡村振兴背景下县域村庄分类评价与发展策略研究［D］. 合肥：合肥工业大学，2020.

［54］ 代亚强. 基于互联网大数据和引力模型的村庄分类方法研究——以河南省叶县为例［D］. 郑州：河南农业大学，2020.

［55］ 彭茜君. 地方政府治理视角下南宁市乡村空间分布特征与分类研究［D］. 南宁：广西大学，2022.

会议论文

［56］ 刘李，刘静，郑溢芳，等. 乡村振兴战略下村庄分类规划方法与实证研究［A］. 中国城市规划学会，成都市人民政府. 面向高质量发展的空间治理——2020中国城市规划年会论文集（16乡村规划）［C］. 湖南省建筑设计院有限公司：长沙市建筑设计院有限责任公司，2021：9.

［57］ 冯宗周，胡小强，欧阳洁. 新农村建设视角下中山市村庄分类的实证研究［A］. 中国城市规划学会. 城市规划和科学发展——2009中国城市规划年会论文集［C］. 中山市规划设计院编制研究所：中山市规划设计院，2009：8.

［58］ 邓楠，侯建辉，姚文山. 国土空间视角下的剑阁县村庄分类及策略研究［C］. 中国城市规划学会，成都市人民政府. 面向高质量发展的空间治理——2020中国城市规划年会论文集（16乡村规划）［C］. 北京清华同衡规划设计研究院有限公司，2021：10.

［59］ 戴余庆，易维良，李圣，等. 基于综合发展评价的县域村庄分类方法研究——以涟源市为例［A］. 中

国城市规划学会，成都市人民政府. 面向高质量发展的空间治理——2020中国城市规划年会论文集（16乡村规划）[C]. 湖南省建筑设计院有限公司，2021：9.

其他文献

[60] 中共中央 国务院. 乡村振兴战略规划（2018—2022年）[Z]. 2018.

[61] 国务院. 村庄和集镇规划建设管理条例[Z]. 1993.

[62] 中共中央 国务院. 中共中央 国务院关于建立国土空间规划体系并监督实施的若干意见[Z]. 2019.

[63] 中共中央 国务院. 关于加强和改进乡村治理的指导意见[Z]. 2020.

[64] 中央农办 农业农村部 自然资源部 国家发展改革委 财政部. 关于统筹推进村庄规划工作的意见[Z]. 2019.

[65] 自然资源部. 自然资源部办公厅关于加强村庄规划促进乡村振兴的通知[Z]. 2019.

[66] 自然资源部. 自然资源部办公厅关于进一步做好村庄规划工作的意见[Z]. 2020.

[67] 广西壮族自治区第十三届人民代表大会常务委员会. 广西壮族自治区乡村规划建设管理条例[Z]. 2019.

[68] 广西壮族自治区人民政府. 2021年度广西乡村风貌提升工作实施方案[Z]. 2021.

[69] 广西壮族自治区自然资源厅. 广西壮族自治区村庄规划编制技术导则（试行）[Z]. 2019.

[70] 广西壮族自治区自然资源厅. 广西壮族自治区低成本实用性简易型村庄规划编制技术导则（试行）[Z]. 2023.

[71] 广西壮族自治区统计局. 广西统计年鉴[M]. 北京：中国统计出版社，2021-2023.

[72] 南宁市统计局. 南宁统计年鉴[M]. 北京：中国统计出版社，2021-2023.

[73] 广西南宁市人民政府地方志编纂办公室网站. 南宁概况-历史人文. [DB/OL].（2023-08-08）[2024-02-02].

[74] 南宁市文广旅局. 南宁市非物质文化遗产代表性项目统计表[DB/OL].（2022-08-16）[2024-02-02].

[75] 桂林市统计局. 桂林统计年鉴[M]. 北京：中国统计出版社，2021-2023.

[76] 广西壮族自治区统计局，国家统计局广西调查总队. 广西壮族自治区国民经济和社会发展统计公报[R]. 2021-2023.

[77] 南宁市统计局. 南宁市国民经济和社会发展统计公报[R]. 2021-2023.

[78] 桂林市统计局，国家统计局桂林调查队. 桂林市国民经济和社会发展统计公报[R]. 2021-2023.

[79] 资源县统计局. 资源县国民经济和社会发展统计公报[R]. 2021-2023.

[80] 中国共产党南宁市第十二届委员会. 中共南宁市委员会关于实施乡村振兴战略的决定 [Z]. 2018.

[81] 桂林市自然资源局. 桂林市村庄规划编制技术导则（试行）[Z]. 2021.

[82] 广西壮族自治区人民政府. 广西壮族自治区国土空间规划 [Z]. 2023.

[83] 南宁市人民政府. 南宁市国土空间规划 [Z]. 2023.

[84] 桂林市人民政府. 桂林市国土空间规划 [Z]. 2023.

[85] 资源县人民政府. 桂林市资源县国土空间规划 [Z]. 2023.

[86] 宾阳县宾州镇人民政府 南宁市宾阳县宾州镇王明村村庄规划（2022-2035）[Z]. 2022.

[87] 隆安县那桐镇人民政府 南宁市隆安县那桐镇浪湾村村庄规划（2022-2035）[Z]. 2022.

[88] 南宁市兴宁区三塘镇人民政府. 南宁市兴宁区三塘镇创新村村庄规划（2021-2035）[Z]. 2022.

[89] 南宁市兴宁区三塘镇人民政府. 南宁市兴宁区三塘镇六村村村庄规划（2022-2035）[Z]. 2022.

[90] 资源县梅溪镇人民政府. 资源县梅溪镇大坨村村庄规划（2022-2035）[Z]. 2022.

[91] 资源县两水苗族乡人民政府. 资源县两水苗族乡烟竹村村庄规划（2022-2035）[Z]. 2022.

[92] 资源县梅溪镇人民政府. 资源县梅溪镇梅溪村村庄规划（2022-2035）[Z]. 2022.

[93] 资源县梅溪镇人民政府. 桂林市资源县梅溪镇咸水口村村庄规划（2022-2035）[Z]. 2022.

[94] 资源县车田苗族乡人民政府. 资源县车田苗族乡坪寨村庄规划（2022-2035）[Z]. 2022.

国外参考文献

专著

[95] Marsden T, Murdoch J, Lowe P, et al. Constructuring the countryside: An approach to rural development [M]. London: UCL Press, 1993.

[96] Halfacree K, Walford N, Everitt JC, Napton DE. A New Space Or Spatial Effacement?: Alternative Futures for the Post-productivist Countryside [M]. CABI Pub. 1999 May 29.

[97] Radovanović, Methodological issues regarding typological classification of rural settlements with special focus on Serbia [M]. Zbornik radova, Prirodno-matematički fakultet Univerziteta u Beogradu, Geografski zavod, 1965, 12, 97–110.

[98] Cvijić J. Balkansko poluostrvo i južnoslovenske zemlje: osnove antropogeografije [M]. Hrvatski štamparski zavod, 1922.

[99] Hill M. Rural settlement and the urban impact on the countryside [J]. (No Title), 2003.

[100] Grčić M. Funkcionalna klasifikacija naselja Mačve, Šabačke posavine i pocerine [M]. 1999. 79 (1), 3–20.

[101] Malinen P, Keränen R, Keränen H. Rural area typology in Finland: a tool for rural policy [M]. Oulun yliopisto, 1994.

期刊论文

[102] Cloke P J. An index of rurality for England and Wales [J]. Regional studies, 1977, 11 (1) : 31-46.

[103] Marsden T. New rural territories: regulating the differentiated rural spaces [J]. Journal of rural studies, 1998, 14 (1) : 107-117.

[104] Murdoch J, Pratt A C. Rural studies: modernism, postmodernism and the 'post-rural' [J]. Journal of rural studies, 1993, 9 (4) : 411-427.

[105] Woods M. New directions in rural studie? [J]. Journal of Rural Studies, 2012, 28 (1) : 1-4.

[106] Halfacree K. Rural space: constructing a three-fold architecture [J]. Handbook of rural studies, 2006, 44: 62.

[107] Drobnjaković M. Methodology of typological classification in the study of rural settlements in Serbia [J]. Зборник радова Географског института" Јован Цвијић" САНУ, 2019, 69 (2) : 157-173.

[108] Ban M. Naselja u Jugoslaviji i njihov razvoj u periodu 1948-1961 [M]. Institut društvenih nauka-Centar za demografska istraživanja, 1970.

[109] Stamenković, S. Sistematizacija naselja vranjskog kraja prema populacionoj veličini [Systematization of settlements in Vranje area according to the number of inhabitants]. Bulletin of Serbian Geographical Society [J], 1985, 65 (2), 59–68.

[110] Tošić D. Prostorno-funkcijski odnosi i veze u nodalnoj regiji Užica [Spatial-functional relations in nodal region of Užice] (Unpublished doctoral dissertation) [J]. University of Belgrade, Faculty of Geography, Belgrade, Serbia, 1999.

[111] Penev G. Demografske determinante starenja stanovništva SR Jugoslavije. Modelski pristup [J]. Stanovnistvo, 1997, 35 (3-4) : 109-129.

[112] Skinner G W. Marketing and social structure in rural China, Part I [J]. The Journal of Asian Studies, 1964, 24 (1) : 3-43.

[113] Bibby P, Brindley P. The 2011 rural-urban classification for small area geographies: a user guide and frequently asked questions (v1. 0) [J]. Office for National Statistics, 2013.

[114] Van Eupen M, Metzger M J, Pérez-Soba M, et al. A rural typology for strategic European policies [J]. Land use policy, 2012, 29 (3) : 473-482.

[115] Gulumser A A, Baycan-Levent T, Nijkamp P. Mapping rurality: analysis of rural structure in Turkey [J]. International journal of agricultural resources, governance and ecology, 2009, 8 (2-4) : 130-157.

[116] Gajić A, Krunić N, Protić B. Towards a new methodological framework for the delimitation of rural and urban areas: a case study of Serbia [J]. Geografisk Tidsskrift-Danish Journal of Geography, 2018, 118 (2) : 160-172.

[117] Bogdanov N, Meredith D, Efstratoglou S. A typology of rural areas in Serbia [J]. Ekonomski anali, 2008, 53 (177) : 7-29.

[118] Martinović M, Ratkaj I. Sustainable rural development in Serbia: Towards a quantitative typology of rural areas [J]. Carpathian journal of earth and environmental sciences, 2015, 10 (3) :37-48.

[119] Aleksandra G , Nikola K, Branko P . Classification of Rural Areas in Serbia: Framework and Implications for Spatial Planning [J]. Sustainability, 2021, 13 (4) : 1596-1596.

[120] McHugh C. A Spatial Analysis of Socio-economic Adjustments in Rural Ireland 1986-1996 [D]. National University of Ireland, Maynooth, 2001.

[121] Kim J H, Yoon S S, Rhee S H. Classification of Rural village of Eum-Seong Gun by Amenity investigation base on village [C]//Proceedings of the Korean Society of Agricultural Engineers Conference. The Korean Society of Agricultural Engineers, 2005: 461-466.

[122] Ballas D, Kalogeresis T, Labrianidis L. A comparative study of typologies for rural areas in Europe [J]. 2003.

[123] Blunden J R, Pryce W T R, Dreyer P. The classification of rural areas in the European context: An exploration of a typology using neural network applications [J]. Regional Studies, 1998, 32 (2) : 149-160.

[124] Böhme K, Hanell T, Pflanz K, et al. ESPON Typology Compilation [J]. Scientific Platform and Tools, 2013, 3: 022.

[125] Copus A, Psaltopoulos D, Skuras D, et al. Approaches to rural typology in the European Union [J]. Luxembourg: Office for Official Publications of the European Communities, 2008: 47-54.

[126] Šuvar S. Tipologijska metoda u našem istraživanju, u: Stipe Šuvar i Vlado Puljiz (red.) : Tipologija ruralnih sredina u Jugoslaviji: zbornik teorijskih i metodoloških radova [J]. Zagreb: Centar za sociologiju sela, grada i prostora Instituta za društvena istraživanja Sveučilišta u Zagrebu, 1972: 137-159.

[127] Jovanović, R. B. Sistem naselja u Šumadiji (Posebna izdanja, Knjiga 35) [System of settlements in Šumadija (Special issue, Book 35)]. [J]. 1988. Belgrade, Serbia: Geografski institut “Jovan

Cvijić" SANU.

[128] Stamenković, S., & Gatarić, D. Dnevne migracije učeničke seoske omladine prema Svilajncu, kao indikator perspektive ruralnog razvoja [Daily Migrations of Village Schoolchildren towards Svilajnac as an Indicator of the Rural Development Perspective] [J]. Demografija, 2005, 2, 81–95. Retrieved from http://www. gef. bg. ac. rs/img/ upload/files/TEKST-6-strane81-94%20a. pdf

[129] Monika S , Łukasz K, Andrzej R. The Socio-Economic Heterogeneity of Rural Areas: Towards a Rural Typology of Poland [J]. Energies, 2021, 14 (16) : 5030-5030.

[130] Ba ń ski J , Mazur M . Classification of rural areas in Poland as an instrument of territorial policy [J]. Land Use Policy, 2016, 54: 1-17.

[131] Kim Y T, Choi S M, Kim H G, et al. Development of evaluation indicators system by rural village types [J]. Journal of Korean Society of Rural Planning, 2014, 20 (1) : 37-49.

[132] Molestina R C, Orozco M V, Sili M, et al. A methodology for creating typologies of rural territories in Ecuador [J]. Social Sciences & Humanities Open, 2020, 2 (1) : 100032.

后记

《乡村振兴战略规划（2018–2022 年）》将乡村划分为集聚提升类、城郊融合类、特色保护类、搬迁撤并类四大类，广西壮族自治区在此四大类基础上，增加了固边兴边类乡村类型。乡村分类与村庄规划编制不只是技术层面的工作，也是国家和自治区自上而下行政管理的需要，因此本研究涉及的乡村分类完全基于国家和自治区已有的类型，结合广西乡村发展实际和分类编制的需求，主要是对原有的乡村分类进行细化。

本研究在借鉴已有的乡村分类研究结果基础上，构建了一套定性识别核心差异、定量多维度评价、可灵活调整“滤网”、分类结果检验反馈、可指导实践应用的“沙漏法”乡村分类模型，该模型按照“确定乡村类型—实施定性沙漏法—实施定量沙漏法—检验与反馈—制定发展指引”的操作步骤开展分类工作。本书选取广西首府南宁市和桂北资源县作为案例进行实证研究，并技术验证了分类思路和分类模型的科学性和适用性。乡村地域空间辽阔，不同地区的乡村发展差异比较明显，乡村分类思路、技术方法和乡村潜力评价指标不一定完全适用于所有地域的乡村，各地实际开展分类工作时应充分考虑自身特点有选择性地使用。

在实际运用沙漏法技术工作时，需要收集大量详细的自然资源、社会经济、人口产业、历史文化、生态环境等基础资料，还要采用ArcGIS等技术手段对数据资料进行处理、计算，对于规划技术人员存在一定难度；在指标选取时，应探讨如何快速且准确的评价乡村潜力，在减轻数据收集难度的基础上，提高乡村分类的准确度，更好地服务村庄规划编制。

乡村分类根本目的在于差异化、精准化推进乡村振兴战略实施，因此乡村分类需要考虑行政层面的管理需求，技术层面确定的乡村分类结果还要在实际工作中不断修正完善才能具体应用到管理中。乡村分类结果侧重于宏观层面的目标协同，需要将其纳入国土空间规划中为实用性的村庄规划编制提供基础依据。